21世纪高等学校计算机类专业
核心课程系列教材

嵌入式
系统设计与应用（第3版）

微课视频版

◎ 张思民 编著

清華大学出版社

北京

内 容 简 介

本书针对嵌入式系统的开发与设计需要，系统介绍了嵌入式系统的基本概念、原理、设计原则与方法。本书简要介绍了嵌入式系统及 Linux 操作系统的基础知识，详细讲解了嵌入式 Linux 开发环境的建立、在 Linux 开发环境下 C 语言程序设计及编译方法、嵌入式系统的文件 I/O 处理、设备驱动程序设计等，还介绍了移动设备通过云端网关控制远程嵌入式设备驱动程序运行的应用示例。全书讲解深入浅出，从基本概念到具体应用都给出了大量示例和图示加以说明，并用短小的典型案例进行详细的分析解释，对读者学习会有很大帮助。

本书可作为计算机及电子信息类专业"嵌入式系统"课程教材，也可供从事嵌入式系统产品开发的工程技术人员参考使用。

图书在版编目（CIP）数据

嵌入式系统设计与应用：微课视频版/张思民编著.—3 版.—北京：清华大学出版社，2021.3(2024.7重印)
21 世纪高等学校计算机类专业核心课程系列教材
ISBN 978-7-302-56275-7

Ⅰ.①嵌… Ⅱ.①张… Ⅲ.①微型计算机－系统设计－高等学校－教材 Ⅳ.①TP360.21

中国版本图书馆 CIP 数据核字(2020)第 152956 号

策划编辑：魏江江
责任编辑：王冰飞
封面设计：刘 键
责任校对：时翠兰
责任印制：曹婉颖

出版发行：清华大学出版社
      网 址：https://www.tup.com.cn,https://www.wqxuetang.com
      地 址：北京清华大学学研大厦 A 座 邮 编：100084
      社 总 机：010-83470000 邮 购：010-62786544
      投稿与读者服务：010-62776969,c-service@tup.tsinghua.edu.cn
      质量反馈：010-62772015,zhiliang@tup.tsinghua.edu.cn
      课件下载：https://www.tup.com.cn,010-83470236
印 装 者：三河市铭诚印务有限公司
经 销：全国新华书店
开 本：185mm×260mm 印 张：17.75 字 数：432 千字
版 次：2008 年 7 月第 1 版 2021 年 5 月第 3 版 印 次：2024 年 7 月第 8 次印刷
印 数：44101～46100
定 价：49.80 元

产品编号：083671-01

第3版前言

党的二十大报告指出：教育、科技、人才是全面建设社会主义现代化国家的基础性、战略性支撑。必须坚持科技是第一生产力、人才是第一资源、创新是第一动力，深入实施科教兴国战略、人才强国战略、创新驱动发展战略，开辟发展新领域新赛道，不断塑造发展新动能新优势。高等教育与经济社会发展紧密相连，对促进就业创业、助力经济社会发展、增进人民福祉具有重要意义。

本书第3版以 Cortex A8 系列的 S5PV210 处理器为例，介绍嵌入式系统开发的各个主要环节。与本书的前两个版本相比较，第3版主要加强了对 Cortex A8 微处理器的 GPIO 寄存器的设置应用，增加了寄存器的位运算应用示例，修改了内核裁剪与编译的应用示例，重新编写了设备驱动程序的应用示例，并在原版的基础上增加了一章内容，主要介绍移动设备通过云端网关控制远程嵌入式设备驱动程序运行的应用示例。

在本书再版过程中，作者根据计算机的发展状况，对软件操作环境的版本进行全面的升级，在此基础上，对全书的体系结构进行重新梳理，对例题的内容进行精心的选择和设计。在例题中给出详细的操作步骤，并对规律性或常规性的操作进行归纳，使读者不仅掌握基本操作，还能触类旁通，获得整体的认识。

与其他同类嵌入式系统书籍相比较，本书有以下几个特点。

(1) 特别注重基础知识的讲解，适合没有 Linux 操作系统基础的学生学习。

(2) 书中选取的实例能举一反三，同时规模适中，不大不小，适合在课堂中讲授。

(3) 既阐明了原理和方法，又注意了实用性，同时兼顾了一定的深度和广度。

(4) 教学内容先进，反映了嵌入式系统的最新发展成果。

建议教学安排：根据课程学时设置了3种学时分配方案。

章节	学时分配一/学时	学时分配二/学时	学时分配三/学时
第1章　嵌入式系统基础	2	2	2
第2章　嵌入式系统硬件体系结构	2	4	6
第3章　嵌入式 Linux 操作系统	2	2	4
第4章　嵌入式 Linux 程序开发基础	4	4	8
第5章　嵌入式系统开发环境的建立	4	6	6
第6章　嵌入式 Linux 文件处理与进程控制	4	6	8
第7章　嵌入式 Linux 网络应用开发	2	4	6

续表

章节	学时分配一/学时	学时分配二/学时	学时分配三/学时
第8章　嵌入式设备驱动程序设计	4	6	8
第9章　设备驱动程序应用设计实例	4	6	6
第10章　Android系统开发环境的建立	2	2	4
第11章　综合应用实例——通过云端控制远程设备	2	4	4
期末总复习		2	2
合计	32	48	64

　　学习嵌入式系统设计必须多动手才能见到成效,本书在设计上特别强调讲练结合,注重实践,不仅在讲解的过程中结合大量代码示例,同时穿插小项目演练,以锻炼读者嵌入式系统的设计能力。

　　本书配套资源丰富,包括教学大纲、教学课件、电子教案、习题答案、程序源码和教学进度表,作者还精心录制了180分钟的微课视频。

资源下载提示

　　课件等资源：扫描封底的"课件下载"二维码,在公众号"书圈"下载。

　　素材(源码)等资源：扫描目录上方的二维码下载。

　　视频等资源：扫描封底刮刮卡中的二维码,再扫描书中相应章节中的二维码,可以在线学习。

作　者

2021年1月

目 录

源码下载

第1章

嵌入式系统基础

本章讲解嵌入式系统的基础知识,学习本章内容后读者应掌握如下知识。

- 嵌入式系统的概念。
- 嵌入式系统的体系结构。
- 嵌入式系统的发展趋势。
- 嵌入式操作系统的概念。
- 嵌入式系统的开发过程。
- 嵌入式系统的应用方案。

1.1 嵌入式系统简介

视频讲解

1.1.1 嵌入式系统的基本概念

嵌入式系统(Embedded System)是当今最为热门的领域之一,它迅猛的发展势头引起了社会各方面人士的关注。如家用电器、手持通信设备、平板电脑、信息终端、仪器仪表、工业制造、航空航天、军事装备等都有嵌入式系统的身影。各种新型嵌入式设备在数量上已经远远超过了通用计算机。那么究竟什么是嵌入式系统呢?

嵌入式系统以应用为中心,以计算机技术为基础,软硬件可裁剪、适用应用系统对功能、可靠性、成本、体积、功耗等严格要求的专用计算机系统。

可以说,嵌入式系统是嵌入产品设备中的专用计算机系统。"嵌入式""专用性"和"计算机系统"是嵌入式系统的 3 个基本要素。

从嵌入式系统的定义可以看出,人们日常广泛使用的手机、平板电脑、电视机顶盒等都属于嵌入式系统设备;车载 GPS 系统、智能家电、机器人也属于嵌入式系统。嵌入式系统已经进入了人们生活的方方面面。

嵌入式系统设备如图 1.1 所示。

本书要介绍的内容是嵌入式系统开发的基础知识,所讲述的开发都是在开发板上进行的。嵌入式系统开发板如图 1.2 所示。

1.1.2 嵌入式系统的体系结构

嵌入式系统作为一类特殊的计算机系统,一般包括 3 个方面:硬件设备、嵌入式操作系统和应用软件。它们之间的关系如图 1.3 所示。

(a) 刷脸支付的智能POS机

(b) 智能手环

(c) 智能扫地机器人

图 1.1　嵌入式系统设备

图 1.2　嵌入式系统开发板

1. 硬件设备

　　硬件设备包括嵌入式处理器和外围设备。其中,嵌入式处理器(CPU)是嵌入式系统的核心部分,它与通用处理器最大的不同点在于,嵌入式 CPU 大多工作在为特定用户群所专门设计的系统中,它将通用处理器中许多由板卡完成的任务集成到芯片内部,从而有利于嵌入式系统在设计时趋于小型化,同时还具有很高的效率和可靠性。

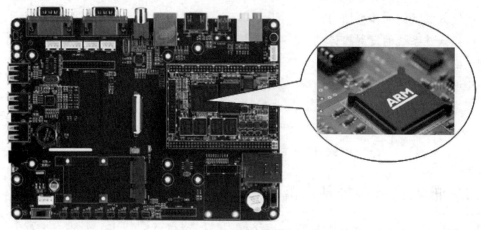
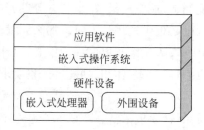

图 1.3　嵌入式系统的体系结构

　　如今,大多数半导体制造商都生产嵌入式处理器,并且越来越多的公司开始拥有自主的处理器设计部门。据不完全统计,全世界嵌入式处理器已经超过 1000 种,流行的体系结构有 30 多个系列,其中以 ARM、PowerPC、MC 68000、MIPS 等使用得最为广泛。

　　外围设备是嵌入式系统中用于完成存储、通信、调试、显示等辅助功能的其他部件。目前常用的嵌入式外围设备按功能可以分为存储设备、通信设备和显示设备 3 类。

　　存储设备主要用于各类数据的存储,常用的有静态易失型存储器(RAM、SRAM)、动态存储器(DRAM)和非易失型存储器(ROM、EPROM、EEPROM、Flash)3 种。其中,Flash 凭借其可擦写次数多、存储速度快、存储容量大、价格便宜等优点,在嵌入式领域得到了广泛应用。

应用于嵌入式系统中的通信设备包括 RS-232 接口(串行通信接口)、SPI(串行外围设备接口)、IrDA(红外线接口)、I²C(现场总线)、USB(通用串行总线接口)、Ethernet(以太网接口)等。

应用于嵌入式系统中的外围显示设备通常是阴极射线管(CRT)、液晶显示器(LCD)和触摸板(Touch Panel)等。

2. 嵌入式操作系统

这里所说的嵌入式操作系统指通用嵌入式实时操作系统,它具有通用操作系统的一般功能,如向上提供对用户的接口(如图形界面、库函数 API 等),向下提供与硬件设备交互的接口(如硬件驱动程序等),管理复杂的系统资源;同时,它还在系统实时性、硬件依赖性、软件固化性以及应用专用性等方面,具有更加鲜明的特点。

3. 应用软件

应用软件是针对特定应用领域,基于某一固定的硬件平台,用来实现预期目标的计算机软件。由于嵌入式系统自身的特点,决定了嵌入式系统的应用软件不仅要求达到准确、安全和稳定的标准,而且还要进行代码精简,以减少对系统资源的消耗,降低硬件成本。

1.1.3　嵌入式系统的特点

嵌入式系统与通用计算机系统相比,具有以下特点。

(1) 嵌入式系统功耗低、体积小、专用性强。嵌入式 CPU 大多工作在为特定用户群设计的系统中,具有低功耗、体积小、集成度高、移动能力强、与网络的耦合紧密等特点。

(2) 嵌入式系统是将先进的计算机技术、半导体技术和电子技术与各个行业的具体应用相结合的产物。这一点就决定了它必然是一个技术密集、资金密集、高度分散、不断创新的知识集成系统。

(3) 由于空间和各种资源相对不足,嵌入式系统的硬件和软件都必须高效率地设计,系统要精简,量体裁衣、去除冗余,力争在同样的硅片面积上实现更高的性能,这样才能在具体应用对处理器的选择中更具有竞争力。

(4) 为了提高执行速度和系统可靠性,嵌入式系统中的软件一般都固化在存储器芯片中,而不是存储于磁盘等载体中。由于嵌入式系统的运算速度和存储容量仍然存在一定程度的限制,且大部分嵌入式系统必须具有较高的实时性,因此对程序的质量、可靠性有着更高的要求。

(5) 嵌入式系统本身不具备自举开发能力,必须有一套开发工具和环境才能对其进行开发。

1.2　嵌入式系统的发展和应用领域

1.2.1　嵌入式系统的发展历史

1. 始于微型机时代的嵌入式应用

电子数字计算机诞生于 1946 年,在其后漫长的历史进程中,计算机一直是供养在特殊的机房中实现数值计算的大型昂贵设备。直到 20 世纪 70 年代,微处理器的出现,计算机才出现了历史性的变化。以微处理器为核心的微型计算机以其小型、廉价、高可靠性的特点,迅速走出机房;基于高速数值解算能力的微型机,表现出的智能化水平引起了控制专业人士的兴趣,要求将微型机嵌入一个对象体系中,实现对象体系的智能化控制。例如,将微型计算机经电气加固、机械加固,并配置各种外围接口电路,安装到大型舰船中构成自动驾驶仪或轮机状态监测系统。这样,计算机便失去了原来的形态与通用的计算机功能。为了区别于原有的通用计算机系统,把其嵌入对象体系中,实现对象体系智能化控制的计算机,称作嵌入式计算机系统。因此,嵌入式系统诞生于微型机时代,嵌入式系统的嵌入性本质是将一个计算机嵌入一个对象体系中去,这些是理解嵌入式系统的基本出发点。

2. 现代计算机技术的两大分支

嵌入式计算机系统要嵌入对象体系中,实现的是对对象的智能化控制,因此,它有着与通用计算机系统完全不同的技术要求与技术发展方向。

通用计算机系统的技术要求是高速、海量的数值计算;技术发展方向是总线速度的无限提升,存储容量的无限扩大。嵌入式计算机系统的技术要求则是对象的智能化控制能力;技术发展方向是与对象系统密切相关的嵌入性能、控制能力与控制的可靠性。

早期,人们勉为其难地将通用计算机系统进行改装,在大型设备中实现嵌入式应用。然而,还有众多的对象系统(如家用电器、仪器仪表、工控单元……),无法嵌入通用计算机系统,况且嵌入式系统与通用计算机系统的技术发展方向完全不同,因此,必须独立地发展通用计算机系统与嵌入式计算机系统,这就形成了现代计算机技术发展的两大分支。

微型机的出现,使计算机进入现代计算机发展阶段;嵌入式计算机系统的诞生,则标志着计算机进入通用计算机系统与嵌入式计算机系统两大分支并行发展的时代,从而导致20世纪末计算机的高速发展。

3. 两大分支发展的里程碑事件

通用计算机系统与嵌入式计算机系统的专业化分工发展,导致20世纪末21世纪初,计算机技术的飞速发展。计算机专业领域集中精力发展通用计算机系统的软、硬件技术,不必兼顾嵌入式应用要求,通用微处理器迅速从286、386、486到奔腾系列;操作系统则迅速扩张计算机基于高速海量的数据文件处理能力,使通用计算机系统进入尽善尽美阶段。

嵌入式计算机系统则走上了一条完全不同的道路,这条独立发展的道路就是单芯片化道路。它动员了原有的传统电子系统领域的厂家与专业人士,接过起源于计算机领域的嵌入式系统,承担起发展与普及嵌入式系统的历史任务,迅速地将传统的电子系统发展到智能化的现代电子系统时代。

因此,现代计算机技术发展的两大分支的里程碑意义在于:它不仅形成了计算机发展的专业化分工,而且将发展计算机技术的任务扩展到传统的电子系统领域,使计算机成为人类社会进入全面智能化时代的有力工具。

1.2.2 嵌入式系统的发展前景及趋势

嵌入式系统是面向应用的,如果独立于项目应用自行发展,则会失去市场。和通用计算机不同,嵌入式系统的硬件和软件都必须高效率地设计,量体裁衣,去除冗余,在功耗、体积、成本、可靠性、速度、处理能力等方面实现更高的性能。

在市场和技术进步的双重推动下,嵌入式系统技术未来的发展前景更为广阔。

1. 应用领域的发展

1）家庭信息网络

家用电器将向数字化和网络化发展,许多家用电器都可以嵌入微处理机并通过家庭网关与 Internet 连接,构成家庭信息网络。人们可以远程控制家里的电器设备,可以实现远程医疗、远程教育,还可以获得各种网上服务等。不论是高度集成的智能数字终端,还是各类数字融合产品,都离不开嵌入式系统的支持。

2）移动计算设备

移动计算设备包括智能手机、工业 PDA、便携式游戏机等各种移动设备。中国拥有最大的手机用户群,可以说智能手机就是一台嵌入式系统。工业 PDA 由于易于使用、携带方便、价格便宜,广泛应用于国土、电力、林业、环境、物流、海洋等行业,可以定制各种特定要求的行业应用功能。

3）网络设备

各种网络设备,包括路由器、交换机、Web Server、网络接入网关等,都是一类嵌入式系统。将 IP 嵌入一个芯片中的关键技术,既包括设备终端技术,也包括设备网关技术。随着新一代 Internet 的应用,有更多、更强的嵌入式网络设备和产品面世,这意味着巨大的嵌入式网络设备和产品市场需求。

4）自动化与仪器仪表测控

在工控和仿真领域,嵌入式设备也早已得到广泛应用。我国的工业生产需要完成智能化、数字化改造,智能控制设备、智能仪表、自动控制等为嵌入式系统提供了巨大的市场。工控、仿真、数据采集、军用等领域一般都要求实时操作系统支持。

5）交通电子与嵌入式系统

在交通系统,嵌入式的作用也日益重要。无人驾驶汽车、汽车模拟驾驶器、轮船智能驾驶设备等迅速发展。这类新型设备也都离不开嵌入式系统。

6）机器人技术与嵌入式系统

机器人技术的发展与嵌入式系统的发展是紧密相关的,由于嵌入式系统的低功耗、低成本、小体积和高可靠性等特点,它在微型机器人、特种机器人研究领域获得了极大的发展。

7）人工智能算法与嵌入式系统

嵌入式产品也具备对人工智能算法的需求,如人脸识别、语音识别等。嵌入式系统可以作为复杂人工智能产品的数据采集终端,或者人机交互终端,依靠云端完成人工智能系统的复杂计算任务。

8）物联网技术与嵌入式系统

物联网与嵌入式是密不可分的,虽然物联网拥有传感器、无线网络、射频识别,但物联网系统的控制操作、数据处理操作,都是通过嵌入式的技术实现的。各种嵌入式产品实现万物互联。

2. 嵌入式系统自身的发展

从嵌入式系统自身的发展来说,有以下几个方面的趋势。

（1）平台化、集成化趋势：有助于缩短产品开发周期,提高产品开发效率。

（2）标准化趋势：行业性开放系统日趋流行,统一的行业标准是增强行业性产品竞争力的有效手段。

（3）构件化、可重用趋势：软件在嵌入式系统中的比重越来越高，越来越复杂，占整个系统的成本也越来越高，对系统的影响也越来越大；提高软件质量，降低产品开发风险；提高开发效率，缩短开发周期。

（4）精简系统内核、算法，降低功耗和软硬件成本：嵌入式产品是软硬件紧密结合的设备，为了减小功耗和成本，需要设计者尽量精简系统内核，只保留和系统功能紧密相关的软硬件，利用最低的资源实现最恰当的功能，这就要求设计者选用最佳的编程模型，不断改进算法，优化编译器性能。

图1.4是嵌入式系统近几年的一个发展趋势图。

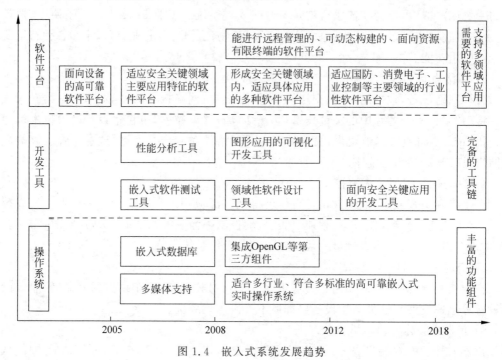

图1.4　嵌入式系统发展趋势

1.3　嵌入式操作系统

1.3.1　嵌入式操作系统的发展

嵌入式操作系统作为嵌入式系统极为重要的组成部分，通常包括与硬件相关的底层驱动软件、系统内核、设备驱动接口、通信协议、图形界面、标准化浏览器等。它具有通用操作系统的基本特点，如能够有效管理越来越复杂的系统资源；能够把硬件虚拟化，使开发人员从繁忙的驱动程序移植和维护中解脱出来；能够提供库函数、驱动程序、工具集以及应用程序。与通用操作系统相比，嵌入式操作系统在系统实时高效性、硬件的相关依赖性、软件固态化以及应用的专用性等方面具有较为突出的特点。

嵌入式操作系统伴随着嵌入式系统的发展经历了4个阶段。

第1阶段：无操作系统的嵌入算法阶段，以单芯片为核心的可编程控制器形式的系统，具有与监测、伺服、指示设备相配合的功能；应用于一些专业性极强的工业控制系统中，通过汇编语言编程对系统进行直接控制,运行结束后清除内存;系统结构和功能相对单一,处理效率较低,存储容量较小,几乎没有用户接口。

第 2 阶段:以嵌入式 CPU 为基础、简单操作系统为核心的嵌入式系统。CPU 种类繁多,通用性比较差;系统开销小,效率高;一般配备系统仿真器,操作系统具有一定的兼容性和扩展性;应用软件较专业,用户界面不够友好;系统主要用来控制系统负载以及监控应用程序运行。

第 3 阶段:通用的嵌入式实时操作系统阶段,以嵌入式操作系统为核心的嵌入式系统。能运行于各种类型的微处理器上,兼容性好;内核精小、效率高,具有高度的模块化和扩展性;具备文件和目录管理、设备支持、多任务、网络支持、图形窗口以及用户界面等功能;具有大量的应用程序接口(API);嵌入式应用软件丰富。

第 4 阶段:以基于 Internet 为标志的嵌入式系统。这是一个正在迅速发展的阶段。目前大多数嵌入式系统还孤立于 Internet 之外,随着 Internet 的发展以及 Internet 技术与信息家电、工业控制技术等结合日益密切,嵌入式设备与 Internet 的结合将代表着嵌入式技术的真正未来。

1.3.2　几种有代表性的嵌入式操作系统

1. VxWorks

VxWorks 操作系统是美国 WindRiver 公司于 1983 年设计开发的一种嵌入式实时操作系统(RTOS),是 Tornado 嵌入式开发环境的关键组成部分。良好的持续发展能力、高性能的内核以及友好的用户开发环境,使它在嵌入式实时操作系统领域逐渐占据一席之地。

VxWorks 具有可裁剪微内核结构、高效的任务管理、灵活的任务间通信、微秒级的中断处理,还支持多种物理介质及标准的、完整的 TCP/IP 网络协议。

VxWorks 操作系统本身以及开发环境是专有的,因此价格一般都比较高,通常至少需花费 10 万元人民币才能建起一个可用的开发环境,对每个应用还要另外收取版税。一般不提供源代码,只提供二进制代码。由于它是专用操作系统,需要专门的技术人员掌握开发和维护技术,所以软件的开发和维护成本都非常高,支持的硬件数量有限。

2. Windows CE

Windows CE 是微软公司专门为各种移动和便携电子设备、消费类电子产品、嵌入式应用系统等非台式或笔记本电脑领域设计开发的高性能嵌入式操作系统。它具有一个简单、高效的多任务操作核心,支持强大的通信和图形显示功能,能够适应各种应用系统需求。

Windows CE 内核借鉴了台式机上 Windows 系统的许多优点,采用动态链接库(DLL)对内存的使用进行最优化,因此应用程序可以做得很小,使得驻留于内存的代码量可以减少到最低程度。

Windows CE 文件系统支持多达 9 个文件分配表,每个文件分配表可视为一个存储卡,为了避免因电源掉电等故障造成的数据丢失,Windows CE 文件系统能跟踪对文件分配表的操作,从而实现数据的恢复。

3. 嵌入式 Linux

由于 Linux 所具备的开源、高效、稳定、易裁剪、硬件支持广泛等优点,使得它在嵌入式系统领域的应用非常广泛。

（1）开放源码，软件丰富。Linux 是开放源代码的操作系统，它为用户提供了大限度的自由度。由于各种应用的嵌入式系统千差万别，往往需要针对具体的应用进行修改和优化，因而获得源代码就变得至关重要了。Linux 的软件资源十分丰富，每一种通用程序在 Linux 中几乎都可以找到，并且数量还在不断增加。在 Linux 中开发嵌入式应用软件一般不用从头做起，而是可以选择一个类似的自由软件作为原型，在其上进行二次开发。

（2）内核高效、稳定、易裁剪。Linux 内核的高效和稳定已经在各领域的应用中得到验证。Linux 的内核设计非常精巧，分成进程调度、内存管理、进程间通信、虚拟文件系统和网络接口五大部分，其独特的模块机制可以根据用户的需要，实时地将某些模块插入内核或从内核中移走。这些特性使得 Linux 系统内核可以裁剪得非常小巧，很适合于嵌入式系统的需要。

（3）广泛的硬件支持。Linux 目前已经成功移植到数十种硬件平台，几乎能够运行在所有流行的 CPU 上。Linux 有着异常丰富的驱动程序资源，支持各种主流硬件设备和新硬件技术，甚至可以在没有存储管理单元（MMU）的处理器上运行，这些都进一步促进了 Linux 在嵌入式系统中的应用。

（4）优秀的开发工具。开发嵌入式系统的关键是有一套完善的开发和调试工具。嵌入式 Linux 为开发者提供了一套完整的工具链，它利用 GNU 的 gcc 做编译器，用 gdb、kgdb、xgdb 做调试工具，能够很方便地实现从操作系统到应用软件各个级别的调试。

（5）完善的网络通信和文件管理机制。Linux 自诞生之日起就与 Internet 密不可分，支持所有标准的 Internet 网络协议，并且很容易移植到嵌入式系统中。此外，Linux 还支持 ext2、fat16、fat32、romfs 等文件系统，这些都为开发嵌入式系统应用打下了很好的基础。

4. μC/OS-Ⅱ

μC/OS-Ⅱ 是著名的源代码公开的实时内核，是专为嵌入式应用设计的，可用于 8 位、16 位和 32 位单片机或数字信号处理器（DSP）。它在原版本 μC/OS 的基础上做了重大改进与升级，并有多年的使用实践，有许多成功应用的实例。它的主要特点如下。

（1）公开源代码。容易把操作系统移植到各个不同的硬件平台上。

（2）可移植性。绝大部分源代码是用 C 语言写的，便于移植到其他微处理器系统中。

（3）可固化。能够和应用程序一起固化到 ROM 芯片中。

（4）可裁剪性。有选择地使用需要的系统服务，以减少所需的存储空间。

（5）占先式。完全是占先式的实时内核，即总是运行就绪条件下优先级最高的任务。

（6）多任务。可管理 64 个任务，任务的优先级必须是不同的，不支持时间片轮转调度法。

（7）可确定性。函数调用与服务的执行时间具有可确定性，不依赖于任务的多少。

（8）实用性和可靠性。成功应用该实时内核的实例，是实用性和可靠性的最好证据。

（9）由于 μC/OS-Ⅱ 仅是一个实时内核，这就意味着它不像其他实时操作系统那样提供给用户的只是一些 API 函数接口，还有很多工作需要用户自己去完成。

5. Android

Android 系统是 2007 年底由 Google 公司推出的一种基于 Linux 内核的面向智能便携式设备（如智能手机、平板电脑）的操作系统。为了推动 Android 系统的发展，Google 与手机制造商、电信运营商、半导体公司、软件公司等行业的 65 家企业联手组成了一个商业联盟组织 OHA(Open Handset Alliance,开放手机联盟),制定了基于 Android 的移动设备生产和开发标准。

Android 系统一经推出,便在智能手机领域掀起了"Android 风暴",成为目前最流行的手机智能平台。Android 系统还将应用在平板电脑、微波炉、电冰箱等家用电器和安防设备等嵌入式产品上,应用发展前景很好。

Android 系统诞生在开放时代的背景下,其全开放的智能移动平台、多硬件平台的支持、使用众多标准化的技术、核心技术完整、完善的 SDK 和文档、完善的辅助开发工具等特点正与智能手机发展方向紧密相连,它将代表并引领着新时代的技术潮流。

对于开发者而言,Android 的应用开发分为以下两大类。

(1) 移植开发嵌入式设备。移植开发是为了使 Android 系统能在嵌入式设备上运行,在具体的硬件系统上构建 Android 软件系统。这种类型的开发在 Android 底层进行,需要移植开发 Linux 中相关的设备驱动程序及 Android 本地框架中的硬件抽象层,即需要将设备驱动与 Android 系统联系起来。Android 系统对硬件抽象层都有标准的接口定义,移植时,只需实现这些接口即可。

(2) Android 应用程序开发。应用程序开发可以基于硬件设备(嵌入式系统开发板),也可以基于 Android 模拟器。应用开发处于 Android 系统的最上层,使用 Android 系统提供的 Java 框架(API)进行开发设计工作。开发人员使用 Android SDK 开发应用程序。Android 应用程序使用 Java 语言编写并在 Dalvik 虚拟机上运行。Dalvik 是一款专为嵌入式系统应用设计的虚拟机,运行在 Linux 内核上层。

1.4 嵌入式系统的开发过程

视频讲解

嵌入式系统的开发与通用系统的开发方法不同,它涉及软件和硬件两个部分,其开发流程如图 1.5 所示。

下面对系统开发流程的各个模块进行简要说明。

1. 系统需求分析

根据项目需求,确定设计任务和设计目标,对系统的功能、性能、生产成本、功耗、物理尺寸及重量等内容进行设定,并根据这些需求分析,制订出设计说明书。

2. 体系结构设计

描述系统如何实现所述的功能需求,包括对硬件、软件和执行装置的功能划分,软件、硬件的组成及设备选型等。

在嵌入式系统的开发过程中,很难把系统的软件和硬件完全分开。因此,在考虑系统设计时,先考虑系统软件的结构,再考虑它的硬件实现。

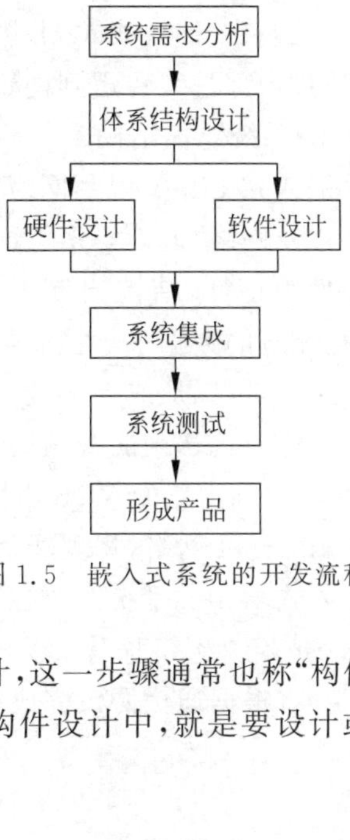

图 1.5 嵌入式系统的开发流程

3. 硬件/软件协同设计

根据体系结构设计结果,对系统的硬件、软件进行详细设计,这一步骤通常也称"构件设计"。在体系结构设计中,告诉人们需要什么样的构件;而在构件设计中,就是要设计或选择符合体系结构和规格说明中所需求的构件。构件通常既包括硬件,如芯片、电路板等,也包括软件模块。

4. 系统集成

把系统的硬件、软件和执行装置集成在一起,以得到一个可以运行的目标系统。在目标系统调试过程中,通常会发现以前设计上的错误或不足。良好的设计可以帮助我们快速发现系统错误并加以改正。

5. 完成测试并形成产品

把设计好的系统放到实际运行环境中进行测试,检验系统是否满足实际需要。经多种场合测试合格后,设计好的系统就可以形成产品,批量生产。

1.5　嵌入式系统的应用方案

1.5.1　基于嵌入式系统的视频网络监控系统

1. 引言

随着计算机技术及网络技术的迅猛发展,公安、安防行业的发展趋势必然是全面数字化、网络化。传统的模拟闭路电视监控系统有很多局限性:传输距离有限、无法联网,而且模拟视频信号数据的存储会耗费大量的存储介质(如录像带),查询取证时十分烦琐。基于个人计算机的视频监控系统终端功能较强,但稳定性不好,视频前端(如电压耦合元件等视频信号的采集、压缩、通信)较为复杂,可靠性不高。基于嵌入式 Linux 的视频网络监控系统不需要用于处理模拟视频信号的个人计算机,而是在视频服务器中内置一个嵌入式 Web 服务器,采用嵌入式实时多任务操作系统。由于把视频压缩和 Web 功能集中到一个体积很小的设备内,可以直接联入局域网,即插即看,省掉复杂的电缆,安装方便(仅需设置一个 IP 地址),用户也无须安装任何硬件设备,仅用浏览器即可观看。

基于嵌入式 Linux 的视频网络监控系统将嵌入式 Linux 系统连接上 Web,即视频服务器中内置一个嵌入式 Web 服务器,摄像机传送来的视频信号数字化后由高效压缩芯片压缩,通过内部总线传送到内置的 Web 服务器上。

2. 系统总体结构

嵌入式 Linux 视频网络监控系统是电工电子装置、计算机软硬件以及网络、通信等多方面的有机组合体,它以智能化、网络化、交互性为特征,结构比较复杂。利用 OSI 七层模型的内容和形式,把相应的数据采集控制模块硬件和应用软件以及应用环境等有机组合,可以形成一个统一的系统总体框架,如图 1.6 所示。

摄像机传送来的视频信号数字化后,经过压缩,通过 RS-232/RS-485 送到内置的 Web 服务器,嵌入式 Linux 系统经以太网口接入 Internet 网络,将现场信号发送到客户端。整个系统的核心是嵌入式 Linux 系统。监控系统启动后,嵌入式 Linux 系统启动 Web Server 服务程序,接收授权客户端浏览器的请求,Web Server 将根据通信协议完成相应的监测。

图 1.6　系统总体结构图

3．系统实现

1）硬件平台设计

本系统以嵌入式 Linux 为基础,根据设计的嵌入式目标板编写相应的 BootLoader 程序,然后裁剪出合适的内核和文件系统。目标板的 CPU 采用嵌入式处理器 S5PV210。它只需很少的外围芯片就可以实现 RS-232 串行口和 100/10Mb/s 的以太网接口,并能够与常用的外围设备(如 SDRAM、ISDN 收发器)实现无缝连接,从而简化了外围电路的设计,降低了产品成本、体积和功耗。

2）软件设计与实现

视频监控系统软件结构采用的是浏览器/服务器(B/S)网络模型,即由客户端通过 Web 向服务器提出请求,服务器对请求做出确认响应并执行相应的任务(如向客户端发送组播地址、图像格式、压缩格式等),建立连接后就可以在客户端监控被控点,从而实现远程网络监控。服务器(Web Server)端即现场监控点的软件结构包括采集模块、压缩编码模块、网络通信模块、控制模块等,如图 1.7 所示。

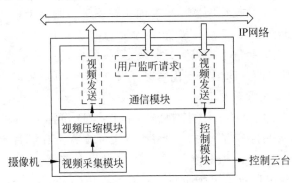

图 1.7　服务器软件结构

基于嵌入式 Linux 的视频网络监控系统的 Web 服务器直接连入网络,没有线缆长度和信号衰减的限制,同时网络是没有距离概念的,彻底抛弃了地域的概念,扩展了布控区域。又由于视频压缩和 Web 功能集中到一个体积很小的设备内,直接联入局域网或广域网,即插即看,系统的实时性、稳定性、可靠性大大提高,无须专人管理,非常适合于无人值守的环境。随着计算机技术、网络技术的迅速发展,人们对视频监控系统的要求会越来越高。相信该系统在电子商务、视频会议、远程监控、远程教学、远程医疗、水利和电力监控等方面有广阔的应用前景。

1.5.2　基于嵌入式系统的锅炉控制方案

1．引言

锅炉微计算机控制,是近年开发的一项新技术,它是微型计算机软硬件、自动控制、锅炉节能等几项技术紧密结合的产物。我国现有中、小型锅炉 30 多万台,大多数工业锅炉目前仍处于人工操作的生产状态。采用微计算机控制技术,可以自动检测并控制锅炉,减轻操作人员的劳动强度。

锅炉微机控制系统,一般由锅炉本体、一次仪表、微机、手自动切换操作、执行机构及阀、滑差电机等部分组成。一次仪表将锅炉的温度、压力、流量、氧量、转速等量转换成电压、电流等送入微机。手自动切换操作部分，手动操作时由工作人员手动控制，用操作器控制水泵、吹风机及各种阀门等；自动操作时对微机发出控制信号，经执行部件进行自动操作。微机对整个锅炉的运行进行监测、报警、控制，以保证锅炉正常、可靠地运行。除此以外，为保证锅炉安全运行，在进行微机系统设计时，对锅炉水位、锅炉汽包压力等重要参数设置常规仪表及报警装置，确保水位和汽包压力有双重甚至三重报警装置，以免锅炉发生重大事故。

2. 基于单片机的锅炉控制系统的不足及解决方案

基于单片机的锅炉控制系统由 8 位 MCU、控制执行机构、LED 数码管、发光二极管、按键等组成。这种系统可以完成以下功能：实时准确检测锅炉的运行参数，综合分析及时发出控制指令；诊断故障与报警管理；历史记录运行参数；计算运行参数，保证锅炉的安全、稳定运行。

这样的锅炉控制器存在很多不足。首先，由于数据存储空间非常有限，系统要记录的数据不全面，造成提高锅炉燃烧效率的分析数据不足，而且在少量记录数据的情况下很难实现对锅炉的智能控制。其次，数据存储器一般都固化在锅炉控制器上，不能将数据导出到 PC 上分析。再次，"LED 数码管＋LED 二极管"的显示方式表达信息的能力有限，操作者难以直观地理解所显示的信息，而且不能以运行曲线、图表的形式来显示锅炉运行状态，操作者很难获悉锅炉状态在某时间区间内的变化情况。另外，基于单片机的锅炉控制器一般都缺乏网络功能，难以适应现代管理要求。

基于上述以单片机为中心的锅炉控制器的不足之处，下面介绍构建高性能的嵌入式平台对锅炉控制器功能进行多方面扩展的解决方案。本方案在硬件上采用 ARM 芯片大大提升处理能力；以 LCD 显示器和触摸屏为用户提供友善易用的人机交互界面；增加 USB 接口，方便导入导出数据；增加 RS-232（或 RS-485）和以太网接口，增强锅炉基于网络的信息管理功能。软件上采用嵌入式 Linux 操作系统，增强系统的可靠性；嵌入数据库，增强数据管理功能；以 MiniGUI 作为图形用户界面支持系统，使用户界面美观易用。

3. 系统总体设计

本方案设计以 S5PV210 微处理器开发板作为硬件平台。锅炉控制器要检测和控制大量的信号量：输入信号包括 43 个开关信号、33 个模拟量，输出信号包括 33 个开关量、8 个模拟量。加上 LCD 显示功能，触摸屏控制，音频报警输出，以太网接口，USB 接口等功能，综合分析得到硬件系统的总体设计，如图 1.8 所示。以 ARM 芯片 S5PV210 作为系统微处理器芯片，和 Flash 以及 RAM 一起组成系统的核心；在外围添加 LCD 控制器和触摸屏控制器以支持用户的交互控制。增加以太网控制器以支持网络功能，再增加 A/D 转换芯片、D/A 转换芯片、I/O 扩展芯片作为系统执行监控的部分。

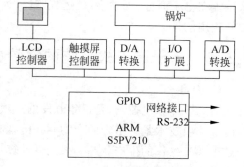

图 1.8　总体设计

1）A/D 转换

本系统需要 A/D 转换器采集锅炉的烟温。锅炉烟温的可能范围为 0℃～500℃。根据锅炉厂方的要求,本系统采样的精度要达到 ±0.5℃。从式(1.1)可得,必须采用转换精度达到 9 位或以上的 A/D 转换芯片。

$$2^5 < (500℃-0℃)/(1℃)=500 < 2^9 \tag{1.1}$$

2) D/A 转换

D/A 转换芯片在本系统中主要是用于控制阀门和变频器。MAX521 是一个八通道 8 位轨对轨输出 D/A 转换芯片,由 5V 单电源供电,I^2C 兼容两线串行接口,每个 DAC 有各自独立的基准输入,能满足本系统用于多个不同的控制对象的要求。

3) I/O 扩展

锅炉控制器需要接收锅炉里面传感器给出的大量开关信号,并要向锅炉发出开关信号以驱动继电器实现对锅炉的控制,所以控制器要使用大量 I/O 口。由于需要的 I/O 口多达 70 多个(43 个输入开关量、33 个输出开关量),必须扩展 I/O 口。GM8166 芯片通过串入并出、并入串出、并入并出转换完成 I/O 口的扩展,最高工作频率为 10MHz,具备 SPI 总线接口,用于配合 CPU 完成对多个外围电路的控制和信号采集工作。该芯片设计时充分考虑了抗电磁干扰和工作温度范围,完全适用于工业领域,所以本系统采用 GM8166 扩展 I/O 口。

4) 存储要求

本系统的软件实现要嵌入操作系统,需要加载多个驱动程序和运行应用程序,需要约 10MB 的 RAM 和 ROM,加上系统要求记录锅炉运行时出现的各种情况以及工人的操作记录,因而需要更大的存储空间。本系统设计使用 16MB 的 Nand Flash 和 16MB 的 Nor Flash 以及 32MB 的 SDRAM 作为系统启动和运行的存储器,通过 USB 接口挂载 U 盘作为外部数据存储器,把运行数据记录到 U 盘上的数据库文件中,既可以被锅炉控制器读取,又可以方便地取出插入 PC 上进行备份处理。因此,本系统需要实现 USB 功能。由于通常 ARM 嵌入式系统芯片已经集成了 USB 接口,故不需另选芯片扩展。

5) 主要测控程序流程图

系统的控制流程完成参数设置、锅炉信号检测控制、故障记录、报警等功能。系统启动后,在界面中显示锅炉当前状态并接收用户的输入设置,同时由另一条线程实现锅炉的检测控制。

系统主要测控程序流程如图 1.9 所示。

锅炉启动,先从数据库里读取配置信息,对全局变量进行赋值,完成系统初始化工作。接着检测锅炉各检测点并将检测值赋值给全局应变量,由图形用户界面线程显示给用户。当需要点火时,检测锅炉是否满足点火条件。如果满足,记录启动时刻各检测点的值后点火,然后监控锅炉,直到停炉。停炉时,记录停炉时刻各检测点的值,然后停炉关机。

锅炉运行时监控子程序的工作如下:首先检测锅炉运行数据,按照预设规则进行控制。当发生异常情况,分两种情况分别处理:如果被控量偏离正常控制水平,则按控制规则修正、报警并记录情况;如果发生了危险情况,则停炉、报警并记录情况。锅炉运行监控流程如图 1.10 所示。

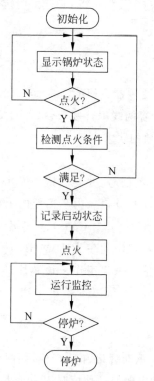

图 1.9　主要测控程序流程图

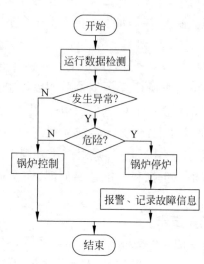

图 1.10　运行监控流程

1.5.3　基于嵌入式系统的网关实现方案

1. 引言

近年来,互联网以其便捷、高速传输数据的特点越来越受到人们的青睐。以太网/互联网等网络架构逐渐在通信、自动化控制领域被广泛地采用,以 TCP/IP 网络传输通信协议为代表,成熟度较高的开放式网络通信技术,正向各种自动化系统渗透,连接并控制所有设备。在工业控制和通信设备中,更多的是符合 RS-232 标准的串行口设备。如何将串行口的数据转发到网络上,实现设备的远程控制和数据的远程传输便成了一个亟待解决的问题。本节介绍基于嵌入式系统实现串口和网口之间数据的相互转发的方案。

2. 硬件系统设计

硬件系统结构原理如图 1.11 所示。

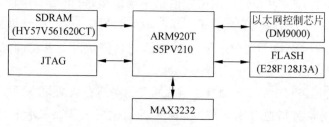

图 1.11　硬件系统结构

各主要模块基本组成描述如下。

- 嵌入式微处理器：本系统采用的嵌入式微处理器是 Samsung 公司的 S5PV210。S5PV210 芯片基于 Cortex A8 内核,是一种高性能、低功耗的微处理器。它内部集成了微处理器和常用外围组件,可用于各种领域,特别适用于手持设备。它是应用于手持设备的低成本实现,提供了更高性价比。
- 10/100Mb/s 以太网接口：网卡芯片采用的是 DM9000,DM9000 是一块全集成的单片快速 MAC 控制器,带通用处理器接口,4KB 双字节 DRAM,提供 10/100Mb/s 的以太网接入,支持媒体独立接口(MMI)。
- Flash 存储器：采用一片 E28F128J3A Flash 存储器,大小为 16MB,用于存放已调试好的用户应用程序、嵌入式操作系统以及其他系统掉电后需要保存的用户数据。
- SDRAM 存储器：用两片 HY57V561620CT 并联构建 32 位的 SDRAM 存储系统,共 64MB。
- JTAG 接口：可对芯片内部的所有部件进行访问,通过该接口可对系统进行调试、编程等。
- 串行接口：S5PV210 自身带有两个 UART 控制器,因此只要把它们与 MAX3232 相连,进行电平转换,就可以得到两个标准 RS-232 串行接口。

3. 软件系统设计

网关的主要功能就是实现串口数据和网络数据的转发。由于移植了 Linux 操作系统,只需在 Linux 操作系统上编写串口应用程序和网络应用程序就可以实现网关的设计要求。网关的软件设计框图如图 1.12 所示。

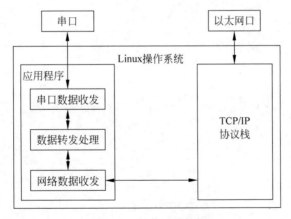

图 1.12　软件系统结构

软件系统主要包括 3 个应用程序：串口数据的收发程序(Linux 下的串口编程)、网络数据的收发程序(Linux 下的 socket 编程)和数据转发处理程序(进程间通信)。

本 章 小 结

本章介绍了嵌入式系统的基本概念,包括嵌入式系统的定义、特点和体系结构；介绍了嵌入式系统的发展历史和未来发展趋势；介绍了有代表性的嵌入式操作系统。在这里,重点要掌握嵌入式系统的体系结构及应用,以加深对嵌入式系统的了解。通过本章内容的学习,读者会对嵌入式系统及其应用有　个比较完整的初步印象。

习　　题

1. 比较嵌入式系统与通用计算机系统的区别。
2. 试说明嵌入式操作系统的特点。
3. 试说明编制嵌入式系统应用方案的方法。

第2章

嵌入式系统硬件体系结构

嵌入式系统开发与硬件平台是紧密相连的,没有硬件支持的嵌入式开发是空中楼阁。本章将学习嵌入式处理器硬件体系结构及其相关知识,为后面章节的学习打下基础。学习本章后,读者将掌握和了解如下知识内容。

- 嵌入式硬件的相关基础知识。
- 嵌入式硬件平台基本组成。
- ARM 系列微处理器简介。

2.1　相关基础知识

为了学习嵌入式系统硬件知识,有必要对一些与硬件相关的基础知识做简单介绍。

2.1.1　嵌入式微处理器

1. 嵌入式微处理器的组成

嵌入式系统的中央微处理器,简称 CPU,是嵌入式系统中最重要的一个部分。CPU 又由运算器和控制器两大部分组成,如图 2.1 所示。

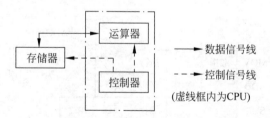

图 2.1　微处理器的组成

- 运算器:用来完成算术运算和逻辑运算,运算的中间结果被暂存在运算器内。
- 控制器:用来控制、指挥程序和数据的输入、运行,处理运算结果。它是计算机组成的神经中枢,指挥全机各部件自动、协调地工作。

2. 微处理器的重要指标

1) 主频、倍频、外频

主频指 CPU 的时钟频率,即 CPU 运算时的工作频率。一般说来,主频越高,CPU 的处理速度也就越快。外频指系统总线的工作频率,CPU 的外频决定整块主板的运行速度。倍频则指 CPU 外频与主频相差的倍数。三者是有十分密切的关系的：主频＝外频×倍频。

2) 缓存

缓存大小是 CPU 的重要指标之一，缓存的结构和大小对 CPU 速度的影响非常大。CPU 内缓存的运行频率极高，一般是和微处理器同频运作，工作效率远大于系统内存和硬盘。

L1 Cache(一级缓存)是 CPU 第一层高速缓存，分为数据缓存和指令缓存。内置的 L1 高速缓存的容量和结构对 CPU 的性能影响较大，不过高速缓冲存储器均由静态 RAM 组成，结构较复杂，在 CPU 管芯面积不能太大的情况下，L1 级高速缓存的容量不可能做得太大。一般服务器 CPU 的 L1 缓存的容量通常在 32～256KB。

L2 Cache(二级缓存)是 CPU 的第二层高速缓存，分内部和外部两种芯片。内部的芯片二级缓存运行速度与主频相同；外部的二级缓存则只有主频的一半。L2 高速缓存容量也会影响 CPU 的性能，原则是越大越好。以前家庭用 CPU 容量最大的是 512KB；现在笔记本电脑中也可以达到 2MB；而服务器和工作站用 CPU 的 L2 高速缓存更高，可以达到 8MB。

L3 Cache(三级缓存)分为两种，早期的是外置，现在则都是内置的。它的应用可以进一步降低内存延迟，同时提升大数据量计算时处理器的性能。

2.1.2　嵌入式微处理器的流水线技术

1. 微处理器的流水线技术

通常微处理器处理一条指令要经过3个步骤：取指(从存储器装载一条指令)、译码(识别将要被执行的指令)、执行(处理指令并将结果写回寄存器)。流水线技术通过多个功能部件并行工作缩短程序执行时间，提高微处理器的运行效率和吞吐率。微处理器的三级流水线技术如图2.2所示。它在同一时间周期并行执行若干指令的取指、译码、执行操作，运行效率是逐条执行指令的3倍。

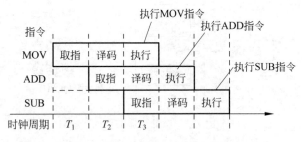

图 2.2　微处理器的三级流水线技术

2. 嵌入式微处理器的流水线

嵌入式微处理器 ARM7 采用典型的三级流水线，嵌入式微处理器 ARM9 则采用五级流水线技术，ARM11 更是使用了八级流水线。通过增加流水线级数，简化了流水线的各级逻辑，进一步提高了处理器的性能。各型号嵌入式微处理器的流水线技术如图2.3所示。

图 2.3   各型号微处理器的流水线技术

2.1.3   寄存器与存储器

寄存器在 CPU 内部,它的访问速度快,但容量小、成本高,它没有地址,用名字来标识(如 AX、BX 等);存储器在 CPU 的外部,它的访问速度比寄存器慢,容量大、成本低,存储单元用地址来标识。下面分别进行介绍。

1. 寄存器

寄存器(register)是 CPU 的组成部分,是 CPU 内部用来存放数据的一些小型存储区域,用于暂时存放参与运算的数据和运算结果。寄存器是一种时序逻辑电路,这种时序逻辑电路只包含存储电路。寄存器的存储电路是由锁存器或触发器构成的,一个锁存器或触发器能存储 1 位二进制数,所以由 N 个锁存器或触发器可以构成 N 位寄存器。寄存器是 CPU 内部的元件,它拥有非常高的读写速度,所以寄存器之间的数据传送非常快。

根据寄存器的作用,可分为控制寄存器、状态寄存器和数据寄存器 3 大类。控制寄存器用来控制外部设备;状态寄存器用于外部设备向 CPU 报告设备目前的工作状态;数据寄存器用于暂时存放数据。

有些外部设备把一些特定功能的存储单元称为寄存器,这些特定功能的存储单元,其物理结构跟内存单元不一样,但作用跟内存单元一样,都能保存信息。设计人员给外部设备的每个寄存器都分配一个地址,CPU 根据地址访问某个寄存器,该寄存器则发生相应的动作:或接收数据总线上的数据(对应写操作),或把自己的数据送到数据总线上(对应读操作)。当 CPU 访问某个寄存器时,同一个外设的其他寄存器和其他外设的寄存器由于没有 CPU 的指令不会发生动作。

2. 随机存储器(RAM)

存储器芯片是一种由数以百万计的晶体管和电容器构成的集成电路(IC)。嵌入式系统的存储器中,最常见的一种是动态随机存储器(DRAM),在 DRAM 中晶体管和电容器合在一起就构成一个存储单元,代表一个数据位。电容器保存一位二进制信息位——0 或 1(电容器有无电荷表示数据 1 或 0)。晶体管在电路中起开关的作用,它能让内存芯片上的控制线路读取电容器上的数据,或改变其状态,如图 2.4 所示。

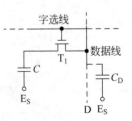

图 2.4   DRAM 的存储单元

电路中的电容器就像一个会泄漏的小桶,只需几毫秒,一个充满电子的小桶就会漏得一干二净。因此,为了确保动态存储器能正常工作,必须由 CPU 或内存控制器对所有电容器不断地进行充电,使它们在电子流失殆尽之前能保持 1 值。为此,内存控制器会先行读取存储器中的数据,然后再把数据写回去。这种刷新操作每秒钟要自动进行数千次。

将很多 DRAM 基本存储单元连接到同一个列线(位线)和同一个行线(字线)组成一个矩阵结构,位线和字线相交,就形成了存储单元的地址,如图 2.5 所示。

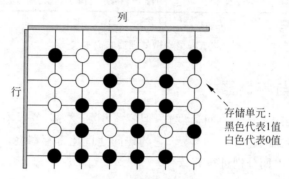

图 2.5　存储单元矩阵

DRAM 工作时会向选定的列线发送电荷,以激活该列上每个位元处的晶体管。写入数据时,行线路会使电容保持应有状态。读取数据时,由灵敏放大器测定电容器中的电量水平。如果电量水平大于 50%,就读取 1 值;否则读取 0 值。计数器会跟踪刷新序列,即记录哪些行被访问过,以及访问的次序。完成全部工作所需的时间极短,需要以纳秒(十亿分之一秒)计算。

3. 内存中数据存放的大小端模式

嵌入式系统中,存储是以字节为单位的,每个地址单元对应着一字节,一字节为 8 位。位数大于 8 位的处理器(如 16 位或 32 位的处理器),由于寄存器宽度大于一字节,因此根据多字节存储方式的不同,就有了大端存储模式和小端存储模式。

(1) 大端模式:数据的高字节保存在内存的低地址中,而数据的低字节保存在内存的高地址中。

(2) 小端模式:数据的高字节保存在内存的高地址中,而数据的低字节保存在内存的低地址中。

例如,一个 32 位宽的数的十六进制表示为 0x01234567,如果是小端模式,则存储方式(地址从低位开始)为 0x67 0x45 0x23 0x01,如果是大端模式,则存储方式为 0x01 0x23 0x45 0x67,如图 2.6 所示。

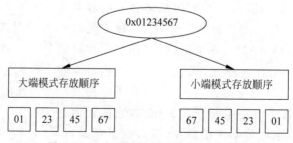

图 2.6　内存中数据存放的大、小端模式

2.1.4　总线

总线(BUS)是接口电路与 CPU 或者接口电路与 I/O 外部设备之间连接的主要形式，是各功能部件之间传送信息的公共通路。嵌入式系统大都采用总线结构，这种结构的特点是采用一组公共的信号线作为嵌入式系统各部件之间的通信线，这组公共信号线称为总线。

在嵌入式系统的应用中，有些场合所用的系统结构并不需要很复杂，只需要用微处理器与为数不多的外围设备构成一个小系统；有些场合则需要在若干插件之间或子系统之间，都有各自的总线，把各功能部件连接起来，组成一个彼此传递信息和对信息进行处理的整体。因此，总线是各功能部件联系的纽带，在接口技术中扮演着重要的角色。

总线的基本功能是实现信息交换和信息共享。它主要由传输信息的物理介质和管理信息传输的协议组成。

通信协议是指通信双方的一种约定。约定包括对数据格式、同步方式、传送速度、传送步骤等问题做出的统一规定，通信双方必须共同遵守。

1. 总线时序协议

连接到总线上的模块分为主设备和从设备两种形式。主设备可以启动一个总线事务(总线周期)，从设备则响应主设备的请求。每次只能有一个主设备控制总线，但同一时间可以有一个或多个从设备响应主设备的请求。为了同步主/从设备的操作，必须制定一个时序协议。

时序指总线上协调事件操作运行的时间顺序，也叫定时。时序协议分为同步时序协议和异步时序协议。

对于同步时序，总线上所有事件共用同一时钟脉冲进行过程的控制。

总线中包含时钟信号，它传送由相同长度的 0、1 交替的规则信号组成的时钟序列。一次 1 和 0 的转换称为一个时钟周期或总线周期，它定义了一个时间槽。总线上所有其他设备都能读取时钟线，而且所有的事件都在时钟周期的开始时发生。总线信号可以在时钟上升沿发生(稍有延迟)，大多数事件占用一个时钟周期。

同步读操作的时序如图 2.7 所示。图中设备 1 发出起始信号(Start)来标识总线上地址和控制信号的出现，它同时发出读信号(Read)，并将设备 2 的地址放到地址总线上。设备 2 检测到识别地址则在延迟 1 个时钟周期后，将数据和响应信号放到总线上。

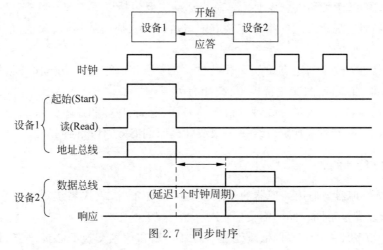

图 2.7　同步时序

在同步时序协议中,事件出现在总线的时刻由总线时钟来确定。所有事件都出现在时钟的前沿,大多数事件只占据单一时钟周期。在异步时序协议中,事件出现在总线的时刻取决于前一事件的出现,即建立在握手或互锁机制的基础上。

2. 异步时序协议的握手协议

异步时序操作由源或目的模块发出特定的信号来确定,双方相互提供联络信号。

总线异步时序协议的基本构件是握手协议,所谓"握手",即当两个设备要通信时,一个设备准备好接收,另一个设备准备好发送。实现握手功能需要两根信号线,一根表示查询(enq),另一根表示应答(ack)。在握手过程中,有专用通信线来传输数据。

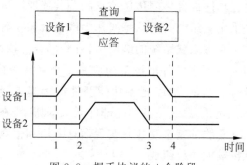
图 2.8 握手协议的 4 个阶段

握手协议的数据传送过程有 4 个阶段,如图 2.8 所示。

握手协议工作过程的各个阶段说明如下。

- 阶段 1:设备 1 升高输出电平发出查询信号,它告诉设备 2 应准备接收数据。
- 阶段 2:当设备 2 准备好接收数据时,它升高它的输出电平发出应答信号。这时,设备 1 和设备 2 均已准备就绪,并开始发送或接收。
- 阶段 3:一旦数据传送完毕,设备 2 降低它的输出电平,表示它已经接收完数据。
- 阶段 4:设备 1 检测到设备 2 的应答信号变低,设备 1 也降低它的输出电平。

在握手结束时,双方握手信号均为低电平,就像开始握手前一样。因此,系统回到其初始状态,为下一次以握手方式传输数据作准备。

3. 总线仲裁方式

对多个主设备提出的占用总线请求,必须在优先级或公平抢占的基础上进行仲裁。由中央仲裁器或设备的仲裁器根据优先级策略进行裁决。

4. 总线标准

总线标准指通过总线将各个设备连接成一个系统所必须遵循的规范。设备只要遵循相应总线标准就可以连接到该总线上去。总线标准主要包括以下内容。

- 机械特性:规定总线的物理连接方式,包括插头、插座的形状、大小,信号针的大小、间距、排列方式等。
- 电气特性:规定与电有关的一些特性,如信号电平的定义,建立时间、保持时间、转换时间,直流特性、交流特性、负载能力等。
- 引脚功能特性:规定总线每一根线的名称、定义、功能和逻辑关系。
- 协议(时序)特性:规定总线每一根线什么时间有效,什么时间失效。

2.1.5 I/O 端口

嵌入式微处理器与通用处理器的一个重要区别在于,嵌入式系统集成了众多不同功能的 I/O 模块,以满足不同产品的需要。

I/O 端口又称 I/O 接口,它是微处理器对外控制和信息交换的必经之路,是 CPU 与外部设备连接的桥梁,在 CPU 与外部设备之间起信息转换和匹配的作用。I/O 端口有串行和并行之分,串行 I/O 端口一次只能传送一位二进制数信息,而并行 I/O 端口一次能传送一组二进制数信息。

I/O 接口电路由寄存器和逻辑电路组成。I/O 接口的引脚通常会提供多种功能。设计时究竟选用多功能引脚的哪种功能,可以根据用户需要来确定。I/O 接口电路的位置,如图 2.9 所示。

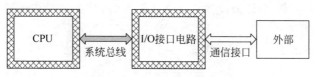

图 2.9 I/O 接口电路的位置

每种外设的操作都是通过读写设备上的寄存器进行的。外设寄存器也称为 I/O 端口,通常被连续编址。

CPU 对外设 I/O 端口物理地址的编址方式有两种:一种是 I/O 映射方式(I/O-mapped),另一种是内存映射方式(Memory-mapped)。具体采用哪种取决于 CPU 的体系结构。

有些体系结构的 CPU(如 PowerPC、m68k)通常只实现一个物理地址空间(RAM)。在这种情况下,外设 I/O 端口的物理地址就被映射到 CPU 的单一物理地址空间中,成为内存的一部分。此时,CPU 可以像访问一个内存单元那样访问外设 I/O 端口,而不需设立专门的外设 I/O 指令。这就是内存映射方式(Memory-mapped)。

另外一些体系结构的 CPU(如 X86)为外设专门实现了一个单独的地址空间,称"I/O 地址空间"或者"I/O 端口空间"。这是一个与 RAM 物理地址空间不同的地址空间,所有外设的 I/O 端口均在这一空间进行编址。CPU 通过设立专门的 I/O 指令(如 x86 的 IN 和 OUT 指令)来访问这一空间的地址单元(即 I/O 端口)。这就是所谓的"I/O 映射方式"(I/O-mapped)。与 RAM 物理地址空间相比,I/O 地址空间通常都比较小,如 x86 CPU 的 I/O 空间就只有 64KB(0～0xffff)。这是 I/O 映射方式的一个主要缺点。

嵌入式系统开发板中,常用的 I/O 接口有以下几种。

(1) UART 接口,这是一种遵循工业异步通信标准的接口,又称串行接口。

(2) 通用并行接口,嵌入式系统的通用并行接口主要提供输入、输出、双向功能。

(3) I^2C 接口,是一种由 PHILIPS 公司开发的两线式串行总线,为音频和视频设备而开发设计,如今应用更为广泛。

(4) LCD 显示屏接口,用以支持 LCD 控制器、LCD 驱动器、LCD 显示屏和背光电路。

(5) 触摸屏接口,用于支持触摸屏操作。

(6) A/D 接口,用于连接模拟量的输入、输出,进行 A/D 和 D/A 转换。

(7) 以太网接口,用于连接网络。

2.1.6 中断

微处理器与外部设备的数据传输方式通常有以下 3 种:查询方式、中断方式和直接存储器访问(DMA)方式。

查询方式指 CPU 不断查询外部设备的状态。如果外设准备就绪则开始进行数据传输;如果外设还没准备好,CPU 则进入循环等待状态。显然,这种方式会浪费 CPU 大量时间,降低了 CPU 的利用率。

中断方式指,当外部设备准备与 CPU 进行数据传输时,外部设备首先向 CPU 发出中断请求,CPU 接收到中断请求并在一定条件下,暂时停止原来的程序并执行中断服务处理程序,执行完毕以后再返回原来的程序继续执行。

所有的处理器至少有一个引脚被用作中断输入,外设控制芯片也有个引脚用作中断输出,把这些管脚连接起来,当外部设备上有事件发生时,其控制器将通过产生一个硬件中断的方式来通知处理器。

中断处理的各个阶段如图 2.10 所示。

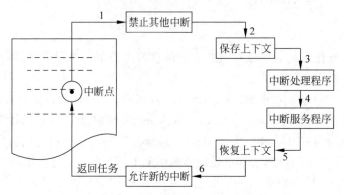

图 2.10　中断处理的各个阶段

（1）禁止其他中断：当发生中断时,嵌入式微处理器将禁止其他中断的产生,以便进行中断处理。

（2）保存上下文：进入处理程序,首先要保存当前模式下没有被自动分组保护的部分寄存器。

（3）中断处理程序：处理程序确定外部中断源,并执行相应的中断服务程序。

（4）中断服务程序：针对中断源的具体要求进行处理,并复位该中断。

（5）恢复上下文：从中断服务返回到中断处理程序后,处理程序负责恢复上下文。

（6）允许新的中断：从中断处理返回,回到被中断的程序继续执行。

直接存储器访问（DMA,Direct Memory Access）指一种快速传送数据的机制。数据传递可以从适配卡到内存、从内存到适配卡或从一段内存到另一段内存。DMA 技术的重要性在于,利用它进行数据传送时不需要 CPU 的参与。每台计算机主机板上都有 DMA 控制器,在实现 DMA 传输时,是由 DMA 控制器直接掌管总线,因此,存在着一个总线控制权转移问题。即在 DMA 传输前,CPU 要把总线控制权交给 DMA 控制器,DMA 脱离 CPU,独立完成数据传送。在结束 DMA 传输后,DMA 控制器立即把总线控制权再交回给 CPU。

2.1.7　数据编码

视频讲解

带有微处理器的硬件系统设计离不开数据编码。为了对这一问题有比较清楚的认识,下面举一个简单示例说明是如何进行数据编码的。

设用微处理器控制一串彩灯（LED 发光二极管）,如图 2.11 所示。

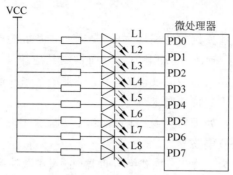

图 2.11　微处理器控制彩灯

　　假设当连接微处理器的引脚处于低电平时相应的彩灯发光,处于高电平时相应的彩灯不发光(灭)。进一步假设不发光的引脚电平为 1(高电平),发光的引脚电平为 0(低电平)。

　　(1) 当彩灯 L1 发光时,PD0 引脚为低电平,其余引脚均为高电平,可以表示为以下对应值:

PD7	PD6	PD5	PD4	PD3	PD2	PD1	PD0
1	1	1	1	1	1	1	0

这时,可用二进制数表示为:11111110。若将这种情况按十六进制编码,其值为:FEH。

　　(2) 若要彩灯 L8 发光,其余均不发光,则有:

PD7	PD6	PD5	PD4	PD3	PD2	PD1	PD0
0	1	1	1	1	1	1	1

这时,用二进制数表示为:01111111。它的十六进制编码:7FH。

　　(3) 若希望两边亮,中间暗,则有:

PD7	PD6	PD5	PD4	PD3	PD2	PD1	PD0
0	1	1	1	1	1	1	0

这时,用二进制数表示为:01111110。它的十六进制编码为:7EH。
以此类推,可以编写出各种情况的编码来。

2.2　嵌入式系统硬件平台

　　嵌入式微处理器芯片不能独立工作,它需要必要的外围设备给它提供基本的工作条件。嵌入式硬件平台由嵌入式处理器和嵌入式系统外围设备组成,其结构如图 2.12 所示。

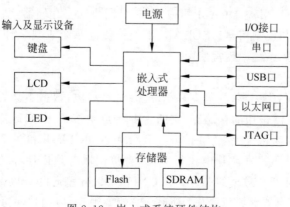

图 2.12　嵌入式系统硬件结构

1. 嵌入式处理器

嵌入式处理器与普通计算机的处理器一样,是嵌入式系统的核心部件。但由于其功耗、体积、成本、可靠性、稳定性、速度、处理能力等方面均受到应用要求的制约,在实际应用中,只保留和嵌入式应用紧密相关的功能硬件,去除了其他的冗余功能部分,这样就以最低的功耗和资源实现了嵌入式应用的特殊要求。

嵌入式处理器通常包括处理器内核、地址总线、数据总线、控制总线、片上I/O接口电路及辅助电路(如时钟、复位电路等)。

嵌入式处理器可以分为3类:嵌入式微处理器、嵌入式微控制器和嵌入式DSP(Digital Signal Processor,数字信号处理器),简要介绍如下。

(1) 嵌入式微处理器:嵌入式微处理器和通用计算机中的微处理器相对应(通常称CPU)。在实际应用中,一般将嵌入式微处理器装配在专门设计的一小块电路板上,使用时,插接到应用电路板上,这样可以满足嵌入式系统体积小、功耗低、应用灵活的要求。

(2) 嵌入式微控制器:嵌入式微控制器通常又称单片机,它将CPU、存储器和其他外设封装在同一片集成电路里。

(3) 嵌入式DSP:这种微处理器专门对离散时间信号进行快速计算,以提高执行速度。DSP广泛应用于数字滤波、图像处理等领域。

本书中所讲的嵌入式处理器主要指嵌入式微处理器。

2. 嵌入式系统中的存储设备

嵌入式系统中的外围设备指嵌入式系统中用于完成存储、通信、调试、显示等辅助功能的其他部件。常用的嵌入式外围设备按功能可以分为存储设备、通信设备和显示设备。

存储设备在嵌入式系统开发过程中非常重要,常见的存储设备有RAM、SRAM、ROM、Flash等。根据掉电后数据是否丢失,存储器可以分为RAM(随机存取存储器)和ROM(只读存储器),其中RAM的访问速度比较快,但掉电后数据会丢失,而ROM掉电后数据不会丢失。

1) RAM、SRAM、DRAM

RAM即通常所说的内存。RAM分为SRAM(静态存储器)和DRAM(动态存储器)。

SRAM利用双稳态触发器保存信息,只要不掉电,信息不会丢失。

DRAM利用MOS(金属氧化物半导体)电容存储电荷来储存信息,因此必须通过不停地给电容充电来维持信息。DRAM的成本、集成度、功耗等明显优于SRAM。

通常所说的SDRAM是DRAM的一种,它是同步动态存储器,利用单一的系统时钟同步所有的地址、数据和控制信号。SDRAM不但能提高系统表现,还能简化设计,提供高速的数据传输,在嵌入式系统中经常使用。

2) Flash

Flash是一种非易失闪存,它具有和ROM一样掉电后数据不会丢失的特性。Flash是目前嵌入式系统中广泛采用的存储器,它的主要特点是按整体/扇区擦除和按字节编程,具有低功耗、高密度、小体积等优点。Flash主要分为NOR Flash和NAND Flash两种。

NOR Flash的特点是在芯片内执行,可以直接读取芯片内储存的数据,因而速度比较快。NOR Flash地址线与数据线分开,所以NOR Flash型芯片可以像SRAM一样连在数据线上,可以以"字"为基本单位操作,因此传输效率很高,应用程序可以直接在Flash内运行,不必再把代码读到系统 RAM 中运行。它与 SRAM 的最大不同在于,写操作需要经过擦除和写入两个过程。Flash 在写入信息前必须擦除,否则写入数据会导致错误;每次擦除只能擦除一个扇区,不能逐字节地擦除。

NAND Flash 能提供极高的单元密度,可以达到高存储密度。NAND Flash 读和写操作采用 512 字节的块,每个块的最大擦写次数超过 100 万次,是 NOR Flash 的 10 倍,这些特性使 NAND Flash 越来越受到人们的青睐。

NAND Flash 芯片共用地址线与数据线,内部数据以块为单位进行存储,直接将其作为启动芯片比较难。NAND Flash 是连续存储介质,适合放大文件。擦除 NOR Flash 时是以 64～128KB 的块进行的,执行一个写入或擦除操作的时间为 5s;擦除 NAND Flash 是以 8～32KB 的块进行的,执行相同的操作最多只需要 4ms。

NAND Flash 的单元尺寸几乎是 NOR Flash 器件的一半,生产过程更为简单,NAND Flash 结构可以在给定的模具尺寸内提供更高的容量,也就相应地降低了价格。

在使用寿命(耐用性)方面,NAND Flash 中每个块的最大擦写次数是 100 万次,而 NOR Flash 的最大擦写次数是 10 万次。NAND Flash 存储器除了具有 10∶1 的块擦除周期优势,典型的 NAND Flash 块尺寸要比 NOR Flash 器件小 8 倍,每个 NAND Flash 存储器块在给定的时间内的删除次数要少一些。

NOR Flash 与 NAND Flash 的比较见表 2.1。

表 2.1　NOR Flash 与 NAND Flash 的比较

NOR Flash	NAND Flash
接口时序同 SRAM,易使用	地址/数据线复用,数据位较窄
读取速度较快	读取速度较慢
擦除速度慢,以 64～128KB 的块为单位	擦除速度快,以 8～32KB 的块为单位
写入速度慢	写入速度快
随机存取速度较快,支持 XIP(eXecute In Place,芯片内执行),适用于代码存储。在嵌入式系统中,常用于存放引导程序、根文件系统等	顺序读取速度较快,随机存取速度慢,适用于数据存储(如大容量的多媒体应用)。在嵌入式系统中,常用于存放用户文件系统等
单片容量较小	单片容量较大,提高了单元密度
最大擦写次数 10 万次	最大擦写次数 100 万次

3. JTAG 接口

JTAG(Joint Test Action Group,联合测试行动小组)是一种国际标准测试协议(IEEE 1149.1 兼容),主要用于芯片内部测试。现在多数的高档微处理器都支持 JTAG 协议。

JTAG 最初是用来对电路和芯片进行边界扫描测试的,JTAG 的基本原理是在器件内部定义一个 TAP(Test Access Port,测试访问端口),通过专用的 JTAG 测试工具对器件内部节点进行测试。通过电路的边界扫描测试技术,对由具有边界扫描功能的芯片构成的印制电路板,通过相应的测试设备,可检测已安装在印制电路板上的芯片功能,检测印制电路板连线的正确性,同时,可以方便地检测该印制电路板是否具有预定的逻辑功能,进而对由这块印制电路板构成的数字电路设备进行故障检测和故障定位。

现在 JTAG 除用于电路边界扫描测试之外,还常用于可编程芯片的在线编程。

由于 JTAG 经常使用排线连接，为了增强抗干扰能力，在每条信号线间都加上一根地线。JTAG 电路原理及实物如图 2.13 所示，其中 74HC244 起隔离及驱动作用，通常被称为"JTAG 小板"或"仿真器"。图中电阻单位为 Ω。

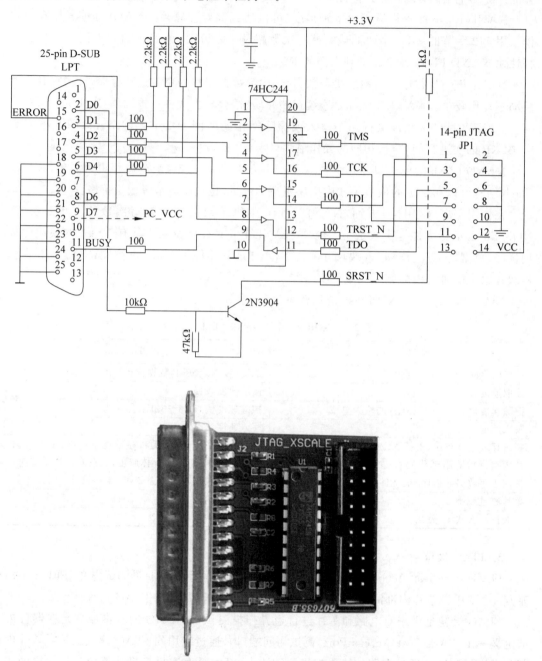

图 2.13 JTAG 电路原理图及实物图

JTAG 引脚定义如下。

（1）TCK 为 TAP 操作提供一个独立、基本的时钟信号，TAP 的所有操作都是通过这个时钟信号来驱动的。

（2）TMS 用来控制 TAP 状态机的转换，通过 TMS 信号可以控制 TAP 在不同的状态间相互转换，TMS 信号在 TCK 信号的上升沿有效。

（3）TDI 是数据输入的接口，所有输入特定寄存器的数据都要通过 TDI 一位一位串行输入。

（4）TDO 是数据输出的接口，所有从特定寄存器输出的数据都要通过 TDO 一位一位串行输出。

（5）TRST 可以用来对 TAP 控制器进行复位，该信号线可选，TMS 也可以对其复位。

（6）VTREF 接口信号电平参考电压一般直接接 Vsupply，它可以用来确定 ARM 的 JTAG 接口逻辑电平。

（7）RTCK 可选项，由目标端反馈给仿真器的时钟信号，用来同步 TCK 信号的产生，不使用时直接接地。

（8）System Reset 可选项，与目标板上的系统复位信号相连，可以直接对目标系统复位，同时可以检测目标系统的复位情况。为了防止误触发应在目标端加上适当的上拉电阻。

（9）USER IN 用户自定义输入，可以接到一个 I/O 口上，用来接受上位机的控制。

（10）USER OUT 用户自定义输出，可以接到一个 I/O 口上，用来向上位机反馈一个状态。

在嵌入式系统中，通过 JTAG 接口既可以对目标板系统进行测试，也可以对目标板系统的存储单元（Flash）编程。我们经常用简易 JTAG 接口直接烧写嵌入式系统 Flash 存储器。这种烧写方式通过一根并口电缆和一块信号转换集成电路板，建立起 PC 与开发板之间的通信。这样就可以将启动引导程序烧入空 Flash 存储器中，从而实现自启动。

嵌入式系统目标板的 JTAG 接口通过"JTAG 小板"与宿主机连接的方式如图 2.14 所示。

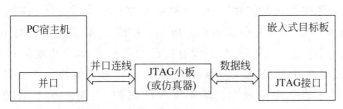

图 2.14　JTAG 接口与宿主机的连接

关于 JTAG 和 IEEE 1149 标准

随着芯片的整合度越来越高、尺寸越来越小，芯片内部的复杂度也随之不断上升，半导体制程中可能的各种失效状况、材料的缺陷以及制程偏差等，都有可能导致芯片中电路连接的短路、断路以及元件穿隧效应等问题。而这样的物理性失效必然导致电路功能或者性能方面的缺陷，因此产业界需要具备广泛的高效率测试方式，来提供大规模集成电路设计的完整的验证解决方案。

JTAG 小组在 1986 年，针对芯片、印刷电路板以及完整系统上的标准化测试技术，提出了标准的边界扫描体系架构（Boundary-Scan Architecture Standard Proposal）；在 1988 年，该小组与 IEEE 组织合作，开始进行标准的开发，并命名为 1149.1，并于 1990 年正式发布。

2.3 ARM 微处理器体系

2.3.1 ARM 公司及 ARM 体系结构

1. ARM 公司简介

ARM(Advanced RISC Machines)，可以认为是一个公司的名字，也可以认为是对一类微处理器的通称，还可以认为是一种技术的名字。ARM 公司是专门从事基于 RISC 技术芯片设计开发的公司，作为知识产权供应商，本身不直接从事芯片生产，靠转让设计许可，由合作公司生产各具特色的芯片。世界各大半导体生产商从 ARM 公司购买其 ARM 微处理器核，根据各自不同的应用领域，加入适当的外围电路，从而形成自己的 ARM 微处理器芯片进入市场。

ARM 公司的产品以耗电少、成本低、重用性为特点，并以优异的产品性能和合作伙伴模式著称于世。20 世纪 90 年代初，ARM 率先推出 32 位 RISC 微处理器芯片系统(SOC)知识产权(IP)公开授权概念，从此改变了半导体行业。ARM 公司通过出售芯片技术授权，建立起新型的微处理器设计、生产和销售商业模式。正是这种商业模式，使采用 ARM 技术的微处理器在各类电子产品，汽车、消费娱乐、成像、工业控制、存储、网络、安保和无线通信等领域得到广泛应用。

这一商业模式的成功，源自 ARM 公司多年的经营经验和辉煌的发展历史。ARM 公司的前身是英国 Acorn 公司，产品主要是基于 8 位计算机的产品，最初的 4 个工程师意识到要设计自己的 CPU，必须要有出色的性能和较低的成本以及低功耗和重用性。经过两年苦心研发，1985 年 4 月，公司第一个集成了 2.5 万个晶体管的低成本 Acorn RISC 问世。1990年，Acorn 公司联合苹果公司及芯片厂商 VLSI 公司共同投资成立了 ARM 公司，公司成立伊始，就当时的市场形势，分析了公司面临的机遇和挑战，意识到虽然公司在产品的能耗、成本和系统应用方面远远超出竞争对手，但没有自己的专利技术，在市场份额和效益方面也存在不足。而当时便携式设备、嵌入式控制、汽车电子市场等新的技术正在兴起，必须依靠合作伙伴来共同发展才能把市场做大。基于这样的思想，公司开始了 ARM 产品的研发。2001 年，世界顶级的半导体公司和生产厂商纷纷取得了 ARM 公司的专利授权，ARM 公司成为 IP 市场最为炫目的一颗明珠，销售收入达到了 1.46 亿英镑(2.25 亿美元)，远远超过了其他竞争对手。

2016 年 7 月，日本软银集团以 320 亿美元收购了 ARM 公司，开始了 ARM 公司的新一轮跃进。

目前，采用 ARM 技术知识产权(IP)核的微处理器，即通常所说的 ARM 微处理器，已遍及工业控制、消费类电子产品、通信系统、网络系统、无线系统、军用系统等各类产品市场，基于 ARM 技术的微处理器应用约占据了 32 位 RISC 微处理器 70% 以上的市场份额，ARM 技术已经渗入我们生活的各个方面。

2. 处理器的架构和 ARM 微处理器体系

处理器的架构是 CPU 厂商给属于同一系列的 CPU 产品定的一个规范，是区分不同类型 CPU 的重要标示。目前市面上的 CPU 指令集分类主要分有两大阵营，一个是以 Intel、

AMD 公司为首的复杂指令集 CPU,另一个是以 IBM、ARM 公司为首的精简指令集 CPU。不同品牌的 CPU,其产品的架构也不相同。例如,Intel、AMD 的 CPU 是 X86 架构的;IBM 公司的 CPU 是 PowerPC 架构的;ARM 公司是 ARM 架构。

ARM 微处理器目前包括 ARM7 系列、ARM9 系列、ARM10 系列、Cortex-M 系列、Cortex-R 系列和 Cortex-A 系列,此外还有其他厂商基于 ARM 体系结构的处理器。除了具有 ARM 体系结构的共同特点以外,每一个系列的 ARM 微处理器都有各自的特点和应用领域。

3. 总线体系结构

根据计算机的存储器结构及其总线连接形式,计算机系统可以被分为冯·诺依曼总线体系结构和哈佛总线体系结构。

冯·诺依曼结构中,存储器内部的数据存储空间和程序存储空间是合在一起的,它们共享存储器总线,即数据和指令在同一条总线上通过时分复用的方式进行传输。这种结构在高速运行时,不能达到同时取指令和取操作数的目的,从而形成了传输过程的瓶颈。冯·诺依曼总线体系结构被大多数微处理器所采用。冯·诺依曼总线体系结构如图 2.15 所示。

随着微电子技术的发展,以 DSP 和 ARM 为应用代表的哈佛总线技术应运而生。在哈佛总线体系结构的芯片内部,数据存储空间和程序存储空间是分开的,所以哈佛总线结构在指令执行时,可以同时取指令(来自程序空间)和取操作数(来自数据空间),因此具有更高的执行效率。修正的哈佛总线结构还可以在程序空间和数据空间之间相互传送数据。哈佛总线体系结构如图 2.16 所示。

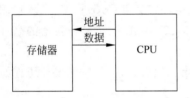
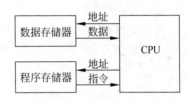

图 2.15　冯·诺依曼总线体系结构　　　　　图 2.16　哈佛总线体系结构

目前,ARM 嵌入式系统微处理器内核都采用哈佛总线体系结构,而早期的 ARM7 采用的则是冯·诺依曼结构。

4. ARM 微处理器的特点

采用 RISC 架构的 ARM 微处理器一般具有如下特点。

(1) 体积小、低功耗、低成本、高性能。

(2) 支持 Thumb(16 位)/ARM(32 位)双指令集,能很好地兼容 8/16 位器件。

(3) 大量使用寄存器,指令执行速度更快。

(4) 大多数数据操作都在寄存器中完成。

(5) 寻址方式灵活简单,执行效率高。

(6) 指令长度固定。

2.3.2　ARM 系列微处理器简介

下面简单介绍 ARM 系列的微处理器,使读者对 ARM 体系有一个较为完整的认识。

1. ARM7 系列微处理器

ARM7 系列微处理器为低功耗的 32 位 RISC 处理器,最适合用于对价位和功耗要求比较严格的消费类应用。

其中，ARM7 的 S3C44B0 是目前使用较为广泛的 32 位嵌入式 RISC 处理器，属低端 ARM 处理器核，价格比较便宜。

2. ARM9 系列微处理器

ARM9 系列微处理器为可综合处理器，使用单一的处理器内核提供了微控制器、DSP、Java 应用系统的解决方案，极大地减少了芯片的面积和系统的复杂程度。ARM9 系列微处理器提供了增强的 DSP 处理能力，很适合于那些需要同时使用 DSP 和微控制器的应用场合。

前几年市场较为流行的 S3C2410 即为 ARM9E 系列微处理器。

3. Xscale 系列微处理器

Xscale 系列微处理器是基于 ARMv5TE 体系结构的解决方案，是一款全性能、高性价比、低功耗的 32 位处理器。它也支持 16 位的 Thumb 指令和 DSP 指令集，已使用在数字移动电话、个人数字助理和网络产品等场合。Xscale 处理器是 Intel 公司推出的一款源于 ARM 内核的微处理器。

4. Cortex 系列微处理器

ARM Cortex 系列处理器可向操作系统平台的设备和用户应用提供全方位的解决方案，其应用范围包括超低成本的手机、高端智能手机、平板电脑、数字电视、机顶盒、网络服务器等。该系列处理器的主频速度已经达到 2GHz。该系列微处理器包括 Cortex-A5、Cortex-A7、Cortex-A8、Cortex-A9、Cortex-A15、Cortex Λ55 和 Cortex-A75 等，它们均共享同一架构，具有完整的应用兼容性，支持传统的 ARM、Thumb 指令集和新增的高性能紧凑型 Thumb-2 指令集。

ARMCortex 系列微处理器是 ARM 公司推出的第二代微处理器，它的发展历程如图 2.17 所示。

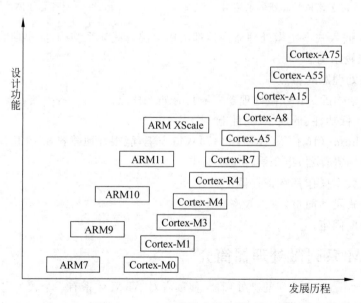

图 2.17　ARM 微处理器发展历程

2.4　微处理器的结构

2.4.1　RISC 体系结构和 ARM 设计思想

1. RISC 体系结构

传统的 CISC(Complex Instruction Set Computer,复杂指令集计算机)结构有其固有的缺点,即随着计算机技术的发展而不断引入新的复杂的指令集,为支持这些新增的指令,计算机的体系结构越来越复杂。然而,在 CISC 指令集的各种指令中,其使用频率却相差悬殊,大约有 20%的指令被反复使用,占整个程序代码的 80%。而余下的 80%的指令却不经常使用,在程序设计中只占 20%,显然,这种结构是不太合理的。

基于以上不合理性,1979 年美国加州大学伯克利分校提出了 RISC(Reduced Instruction Set Computer,精简指令集计算机)的概念。RISC 结构优先选取使用频率最高的简单指令,避免复杂指令;将指令长度固定,指令格式和寻址方式种类减少;以控制逻辑为主。到目前为止,RISC 体系结构也还没有严格的定义,一般认为,RISC 体系结构应具有如下特点。

- 采用固定长度的指令格式,指令归整、简单,基本寻址方式有 2~3 种。
- 使用单周期指令,便于流水线操作执行。
- 大量使用寄存器,数据处理指令只对寄存器进行操作,只有加载/存储指令可以访问存储器,以提高指令的执行效率。

除此以外,ARM 体系结构还采用了一些特别的技术,在保证高性能的前提下尽量缩小芯片的面积,并降低功耗。

- 所有的指令都可根据前面的执行结果决定是否被执行,从而提高指令的执行效率。
- 可用加载/存储指令批量传输数据,以提高数据的传输效率。
- 可在一条数据处理指令中同时完成逻辑处理和移位处理。
- 在循环处理中使用地址的自动增减来提高运行效率。

当然,和 CISC 架构相比较,尽管 RISC 架构有上述的优点,但不能认为 RISC 架构就可以取代 CISC 架构。事实上,RISC 和 CISC 各有优势,而且界限并不那么明显。现代的 CPU 往往采用 CISC 的外围,内部加入 RISC 的特性,如超长指令集 CPU 就是融合了 RISC 和 CISC 的优势,成为未来的 CPU 发展方向之一。

2. ARM 设计思想

有许多客观需求促使嵌入式系统的微处理器的设计与通用微处理器有很大的不同。

首先,便携式的嵌入式系统往往电源资源相对贫乏,为降低功耗,ARM 微处理器被设计成较小的核,从而延长其运行时间。

由于成本问题和物理尺寸的限制,嵌入式系统不可能使用大体积的外存设备,所以存储量有限是嵌入式系统又一个限制。这就要求嵌入式系统需要使用高密度代码。

另外,由于嵌入式系统对成本敏感,例如,对于数码相机之类的产品,在设计时每一分钱成本都需要考虑,因此,一般选用速度不高、成本较低的存储器,以降低系统成本。

ARM 内核不是纯粹的 RISC 体系结构,这是为使它能够更好地适应其嵌入式的应用领域。在某种意义上，ARM 内核的成功，正是它没有在 RISC 概念上陷入太深。因为对嵌入式系统的应用项目来说，系统的关键并不单纯在于微处理器的速度，而在于系统性能、功耗和成本的综合权衡。

2.4.2 ARM Cortex 微处理器结构的最小系统设计

1. 什么是最小系统

嵌入式微处理器芯片自己是不能独立工作的，需要一些必要的外围元器件给它提供基本的工作条件。因此，一个 ARM 最小系统一般包括以下几部分。

（1）ARM 微处理器芯片，这是嵌入式最小系统的心脏。

（2）电源电路、复位电路、晶振电路，为嵌入式最小系统提供电源以及复位和时钟信号。

（3）存储器（Flash 和 SDRAM），微处理器芯片内部没有存储器，需要外扩存储器。

（4）UART（RS232 及以太网）接口电路。这是嵌入式最小系统不可缺少的一部分，以便与外界通信联系。

（5）JTAG 调试接口。这也是不可缺少的，操作系统软件的下载与烧写都要通过它来完成。

通常，为了系统的调试方便，可以通过 I/O 口连接若干 LED，用以指示系统的工作状态。

2. Cortex A8 核心开发板

由最小系统组成的电路开发板称为核心板。嵌入式最小系统结构及 Cortex A8 核心板实物如图 2.18 所示。

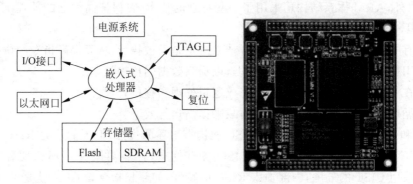

图 2.18 嵌入式最小系统结构及 Cortex A8 核心板实物图

2.4.3 Cortex A8 微处理器结构

Cortex A8 微处理器 Samsung S5PV210 核心板系统包括如下几部分。

（1）CPU：Samsung S5PV210 基于 Cortex A8，运行主频 1GHz。

（2）DDR2 RAM：512MB 工作在 200MHz 外频上。

（3）Flash：512MB SLC NAND Flash。

（4）Ethernet CON：100MB 网络控制器。

Cortex S5PV210 微处理器结构示意图及核心板实物图如图 2.19 所示。

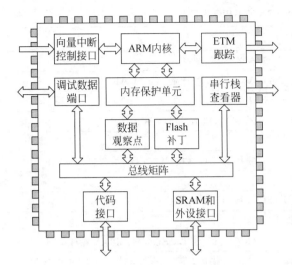

图 2.19　Cortex S5PV210 微处理器结构示意图及实物图

2.4.4　Cortex A8 的存储地址空间

嵌入式微处理器芯片 S5PV210 是采用 ARM Cortex A8 内核的微处理器,现以该处理器为例,说明 Cortex A8 的存储地址空间。S5PV210 存储器地址映射如图 2.20 所示。

从图 2.20 中可以看到,S5PV210 的引导区分为两部分,分别是 0x0000_0000 ～ 0x1FFF_FFFF 和 0xD000_0000 ～ 0xDFFF_FFFF 的地址空间。系统上电后,从引导区开始执行 BootLoader 引导程序。

0xFFFF_FFFF 0xE000_0000	特殊功能寄存区
0xDFFF_FFFF 0xD000_0000	引导区 IROM & IRAM
0xCFFF_FFFF 0xB000_0000	Flash区
0xAFFF_FFFF 0x6000_0000	静态只读存储区 SROM
0x5FFF_FFFF 0x2000_0000	动态随机存储区 DRAM
0x1FFF_FFFF 0x0000_0000	引导区 IROM & IRAM

图 2.20　S5PV10 存储器地址映射

2.4.5　Cortex A8 的 GPIO 端口

通用 I/O 接口(General Purpose IO,GPIO)是嵌入式系统中一种非常重要的 I/O 接口。它具有使用灵活、可配置性好、硬件代价小等优点,在嵌入式系统中广泛应用。

在嵌入式系统中常常有数量众多、结构简单的外部设备/电路,而且,许多这种设备/电路使用时只要求控制一位端口,即只要有开/关两种状态就够了。

例如,控制某个 LED 发光二极管的点亮与熄灭,或者通过获取某个引脚的电平属性来判断外围设备的状态。对这些设备/电路的控制,使用传统的串行口或并行口都不合适。所以在微控制器芯片上一般都会提供一个"通用可编程 I/O 接口",即 GPIO。

每个 GPIO 端口通常至少有两个寄存器,一个为"I/O 端口控制寄存器",另一个为"I/O 端口数据寄存器"。

1. S5PV210 微处理器的 GPIO 端口分组

采用 ARMCortex A8 内核的 S5PV210 微处理器共有 237 个可复用的 GPIO 端口和 142 个内存接口引脚,分成 35 组通用 GPIO 端口和两组内存端口,如表 2.2 所示。

视频讲解

表 2.2　Cortex A8 的 GPIO 端口

端口分组	端 口 引 脚 数
GPA0	8 个 输入/输出引脚-2×UART 带控制流
GPA1	4 个 输入/输出引脚-2×UART 不带控制流或 1×UART 带控制流
GPB	8 个 输入/输出引脚-2×SPI 总线接口
GPC0	5 个 输入/输出引脚-I^2S 总线接口，PCM 接口，AC97 接口
GPC1	5 个 输入/输出引脚
GPD0	4 个 输入/输出引脚-I^2C 总线接口，PWM 接口，扩展 DMA 接口，SPDIF 接口
GPD1	6 个 输入/输出引脚
GPE0,1	13 个 输入/输出引脚-摄像头接口，SD/MMC 接口
GPF0,1,2,3	30 个 输入/输出引脚-LCD 接口
GPG0,1,2,3	28 个 输入/输出引脚-3×MMC 通道，SPI，I^2S，PCM，SPDIF 各种接口
GPH0,1,2,3	32 个 输入/输出引脚-摄像头通道接口，键盘，最大支持 32 位可中断接口
GPI	低功率 I^2S，PCM 接口
GPJ0,1,2,3,4	35 个 输入/输出引脚-Modem IF，HIS，ATA 接口
MP0_1,2,3	20 个 输入/输出内存端口引脚
MP0_4,5,6,7	32 个 输入/输出内存端口引脚
MP1_0~8	71 个 DRAM1 端口引脚
MP2_0~8	71 个 DRAM2 端口引脚
ETC0,ETC1,ETC2,ETC4	28 个 输入/输出 ETC 端口及 JTAG 端口

2. Cortex A8 的常用 GPIO 寄存器

在使用 Cortex A8 微处理器时，由于大多数引脚都是可复用的，因此需要对每个引脚进行配置。Cortex A8 架构的 S5PV210 微处理器有 4 种 GPIO 寄存器，它们是控制寄存器 GPxnCON、数据寄存器 GPxnDAT、上拉/下拉寄存器 GPxnPUD、掉电模式上拉/下拉寄存器 GPxnPUDPDN。现对这 4 种 GPIO 寄存器的功能简述如下。

（1）GPIO 寄存器地址表。

S5PV210 微处理器手册给出了 GPIO 寄存器地址，下面以 GPC0 端口组为例，列出各 GPIO 端口地址，如表 2.3 所示。

表 2.3　GPC0 端口组控制寄存器地址（基址＝0xE020_0060）

寄 存 器	地　　址	描　　述	初 始 值
GPC0CON	0xE020_0060	GPC0 端口组控制寄存器	0x00000000
GPC0DAT	0xE020_0064	GPC0 端口组数据寄存器	0x00
GPC0PUD	0xE020_0068	GPC0 端口组上拉/下拉寄存器	0x0155

（2）端口控制寄存器 GPxCON（x ＝ A，B，C，D，E，F，G，H，I，J）。

每个 I/O 端口都有一个 CON（端口控制）寄存器，用于控制 GPIO 引脚的功能。该寄存器每 4 位控制一个引脚。

* 当输入 0000 时，引脚设置为输入口，可以从引脚读入外部输入的数据。
* 当输入 0001 时，引脚设置为输出口，向该位写入的数据被发送到对应的引脚上。

例如,GPC0CON 端口控制寄存器的定义如表 2.4 所示(其他端口控制寄存器定义类似)。

表 2.4　GPC0CON 端口控制寄存器定义(地址＝0xE020_0060)

GPC0CON	位	描　　述	初始状态
GPC0CON[4]	[19:16]	0000 ＝ 输入,0001 ＝ 输出, 0010 ＝ $I^2S\_1\_SDO$,0011 ＝ PCM_1_SOUT,0100 ＝ AC97SDO, 0101 ～ 1110 ＝ 保留,1111 ＝ GPC0_INT[4]	0000
GPC0CON[3]	[15:12]	0000 ＝ 输入,0001 ＝ 输出, 0010 ＝ $I^2S\_1\_SDI$,0011 ＝ PCM_1_SIN,0100 ＝ AC97SDI, 0101 ～ 1110 ＝保留,1111 ＝ GPC0_INT[3]	0000
GPC0CON[2]	[11:8]	0000 ＝ 输入,0001 ＝ 输出, 0010＝$I^2S\_1\_LRCK$,0011＝PCM_1_FSYNC,0100＝AC97SYNC, 0101 ～ 1110 ＝ 保留,1111 ＝ GPC0_INT[2]	0000
GPC0CON[1]	[7:4]	0000 ＝ 输入,0001 ＝ 输出, 0010＝$I^2S\_1\_CDCLK$,0011＝PCM_1_EXTCLK,0100＝AC97RESETn, 0101 ～ 1110 ＝保留,1111 ＝ GPC0_INT[1]	0000
GPC0CON[0]	[3:0]	0000 ＝ 输入,0001 ＝ 输出, 0010＝$I^2S\_1\_SCLK$,0011＝PCM_1_SCLK,0100＝AC97BITCLK, 0101 ～ 1110 ＝ 保留,1111 ＝ GPC0_INT[0]	0000

(3) 端口数据寄存器 GPxDAT(x ＝ A,B,C,D,E,F,G,H,I,J)。

每个 I/O 端口都有一个 DAT(数据)寄存器,它是一个读写寄存器。该寄存器每 1 位与一个硬件引脚对应。

- 当端口被设置为输出端口时,如果向 GPxDAT 的相应位写入数据 1,则该引脚输出高电平;如果向 GPxDAT 的相应位写入数据 0,则该引脚输出低电平。
- 当端口被设置为输入端口时,可以读取 GPxDAT 相应位的数据,得到端口电平状态。

例如,GPC0DAT 端口数据寄存器的定义如表 2.5 所示。

表 2.5　GPC0DAT 端口数据寄存器的定义

GPC0DAT	位	描　　述	初始状态
GPC0DAT[4:0]	[4:0]	决定输入或者输出的电平状态	0x00

(4) 端口上拉/下拉寄存器 GPxPUD(x＝A,B,C,D,E,F,G,H,I,J)。

每个 I/O 端口都有一个 PUD(上拉/下拉使能)寄存器,该寄存器控制了每个端口组的上拉/下拉电阻的使能/禁止。根据对应位的 0/1 组合,设置对应端口的上拉/下拉电阻功能是否使能。如果端口的上拉电阻被使能,则无论在哪种状态(输入、输出、DATAn、EINTn 等)下,上拉电阻都起作用。

例如,GPC0PUD 端口上拉/下拉寄存器的定义如表 2.6 所示。

表 2.6　GPC0PUD 端口上拉/下拉寄存器的定义

GPC0PUD	位	描述	初始状态
GPC0PUD[n]	[2n+1:2n] n＝0～4	00＝禁止上拉/下拉,01＝下拉使能, 10＝上拉使能,　　　 11＝保留	0x0155

3. GPIO 寄存器功能设置应用示例

【例2-1】 设在 Cortex A8 微处理器 GPIO 端口的 GPC0[2]引脚连接一个 LED 发光二极管,如图 2.21 所示。现对该端口的控制寄存器 GPC0CON 和数据寄存器 GPC0DAT 进行设置,使 LED 发光二极管点亮或熄灭。对于本例,上拉/下拉寄存器不需要设置。

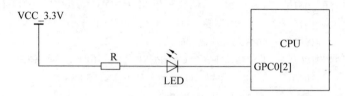

图 2.21 GPIO 端口的引脚连接 LED 发光二极管

1) 问题分析

若要使一个 LED 发光二极管点亮,必须有一个正向电压,即寄存器引脚端必须是低电平。反之,若要使 LED 发光二极管熄灭,则寄存器引脚端必须为高电平。也就是说,寄存器引脚输出低电平时,LED 发光二极管点亮;寄存器引脚输出高电平时,LED 发光二极管熄灭。

2) GPC0 的端口控制寄存器 GPC0CON 的设置

经上述分析,需要把 GPC0[2]引脚设置为输出模式,也就是 GPC0CON[2]引脚设为输出模式。按表 2.4 可知,GPC0CON[2]=(0001)$_2$。

GPC0CON 的设置如图 2.22 所示。

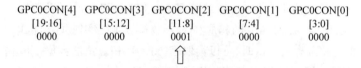

图 2.22 GPC0CON 寄存器的设置

所以,设置 GPC0CON[2]为输出模式的值用二进制表示为:

$$0000\ 0000\ 0001\ 0000\ 0000$$

也可以表示为:(1≪8)

即:GPC0CON=(1≪8)

3) 端口数据寄存器 GPC0DAT 的设置

GPC0DAT 有 5 位([4:0]),每一位对应一个 GPIO 端口引脚。当该寄存器的某位设置为 1 时,则对应引脚输出高电平;该寄存器的某位设置为 0 时,对应引脚输出低电平。

所以,在 GPC0CON[2]已经设置为输出模式的前提下,GPC0DAT 设置为 0x04 时,GPC0[2]引脚输出高电平,GPC0DAT 设置为 0x00 时,GPC0[2]引脚输出低电平。

即:

GPC0DAT=0x04 时,GPC0[2]引脚输出高电平,LED 发光二极管熄灭。

GPC0DAT=0x00 时,GPC0[2]引脚输出低电平,LED 发光二极管点亮。

本 章 小 结

　　本章介绍了嵌入式系统相关的基础知识,嵌入式系统硬件平台的基本组成,ARM 系列微处理器,以及 Cortex A8 架构 S5PV210 微处理器的 GPIO 寄存器。本章重点要掌握嵌入式系统硬件平台的组成,这是学习和应用嵌入式系统的基础。

习　　题

　　1. 什么是"握手协议"? 试叙述"握手协议"的工作过程。

　　2. 中断处理经过了哪几个阶段?

　　3. 在嵌入式系统中,JTAG 接口有什么作用?

　　4. ARM 的设计思想是什么?

　　5. 试叙述嵌入式最小系统的组成,并说明各部件的作用。

　　6. 在例 2-1 中,若把连接 LED 发光二极管的 GPIO 引脚更改为 GPC0[1],要控制 LED 发光二极管点亮或熄灭,则应怎样对该端口的控制寄存器 GPC0CON 和数据寄存器 GPC0DAT 进行设置?

第 3 章

嵌入式 Linux 操作系统

本章的知识只需在 PC 上就可完成。学习本章内容后读者将掌握如下知识。

- Linux 基本概念。
- Linux 的目录结构。
- Linux 的常用命令。
- Linux 的文本编辑器。
- Linux 系统的启动过程。

3.1 Linux 基本概念

视频讲解

Linux 的出现，最早开始于一位名叫 Linus Torvalds 的计算机业余爱好者，当时他是芬兰赫尔辛基大学的学生。他的目的是想设计一个代替 Minix(由一位名叫 Andrew Tannebaum 的计算机教授编写的一个操作系统示教程序)的操作系统，这个操作系统可用于 386、486 或奔腾处理器的个人计算机上，并且具有 Unix 操作系统的全部功能，因而开始了 Linux 雏形的设计。

嵌入式系统其发展已有 20 多年的历史，国际上也出现了一些著名的嵌入式操作系统，如 VxWorks,Palm OS,Windows CE 等，但这些操作系统均属于商品化产品，价格昂贵且由于源代码不公开导致了诸如对设备的支持、应用软件的移植等一系列的问题。而 Linux 作为一种优秀的自由软件，近几年在嵌入式领域异军突起，成为有潜力的嵌入式操作系统。

从应用上讲，Linux 有 4 个主要部分：内核、Shell、文件系统和实用工具。

1. Linux 内核

Linux 内核是整个 Linux 系统的灵魂，Linux 系统的能力完全受内核能力的制约。Linux 内核负责整个系统的内存管理、进程调度和文件管理。Linux 内核的容量并不大，一般一个功能比较全面的内核也不会超过 1MB，而且大小可以裁减，这个特性对于嵌入式是非常有好处的。合理地配置 Linux 内核是嵌入式开发中很重要的环节，对内核的充分了解是嵌入式 Linux 开发的基本功。

下面简单介绍 Linux 内核功能，Linux 内核的功能大致有如下几个部分。

1) 进程管理

进程管理功能负责创建和撤销进程，以及处理它们和外部世界的连接。不同进程之间的通信是整个系统的基本功能，因此也由内核处理。除此之外，控制进程如何共享 CPU 资源的调度程序也是进程管理的一部分。概括地说，内核的进程管理活动就是在单个或多个

CPU 上实现多进程的抽象。

2）内存管理

内存是计算机的主要资源之一，用来管理内存的策略是决定系统性能的一个关键因素。内核在有限的可用资源上为每个进程都创建了一个虚拟寻址空间。内核的不同部分在和内存管理子系统交互时使用一套相同的系统调用。

3）文件管理

Linux 在很大程度上依赖于文件系统的概念，Linux 中的每个对象都可以被视为文件。

4）设备控制

几乎每个系统操作最终都会映射到物理设备上。除了处理器、内存以及其他有限的几个实体外，所有的设备控制操作都由与被控制设备相关的代码来完成，这段代码叫作设备驱动程序。内核必须为系统中的每个外设嵌入相应的驱动程序。

5）网络功能

网络功能也必须由操作系统来管理，因为大部分网络操作都和具体的进程无关。在每个进程处理这些数据之前，数据报必须已经被收集、标识和分发。系统负责在应用程序和网络之间传递数据。另外，所有的路由和地址解析问题都由内核进行处理。

2. Linux Shell

Shell 是 Linux 系统下的命令解释器，它提供了用户与内核进行交互操作的一种接口。它接收用户输入的命令并把它送入内核去执行，类似于 Microsoft Windows 的 Command 命令。

Linux 内核与界面是分离的，它可以脱离图形界面单独运行，同样也可以在内核的基础上运行图形化的桌面。在 Linux 的图形用户界面（GUI）下，终端窗口就是 Shell。

每个 Linux 系统的用户可以拥有自己的用户界面或 Shell，用以满足自身专门的 Shell 需要。

3. Linux 文件系统

Linux 的文件系统和 Microsoft Windows 的文件系统有很大的不同。Linux 只有一个文件树，整个文件系统是以一个树根/为起点的，所有的文件和外部设备都以文件的形式挂接在这个文件树上，包括硬盘、软盘、光驱、调制解调器等，这和以"驱动器盘符"为基础的 Microsoft Windows 系统有很大区别。

Linux 的文件系统如图 3.1 所示。

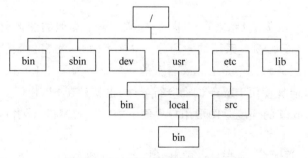

图 3.1　Linux 文件系统的目录结构

下面对各主要目录做一个简要的介绍。

1）/bin 和/sbin

这两个目录通常存放 Linux 基本操作命令的执行文件，其中的内容是一样的，二者的主要区别是：/sbin 中的程序只能由 root（系统管理员）来执行。

2）/dev

这是一个非常重要的目录，它存放着各种外部设备的镜像文件。在 Linux 中，所有的设备都当作文件进行操作。例如，第一个硬盘的名字是 hda，硬盘中的第一个分区是 hda1，第二个分区是 hda2，第一个光盘驱动器的名字是 hdc。用户可以非常方便地像访问文件一样对外部设备进行访问。

3）/lib

该目录用来存放系统动态链接共享库。Linux 系统内核内置的已经编译好的驱动程序存放在/lib/modules/kernel 目录下。几乎所有的应用程序都会用到这个目录下的共享库。因此，不要轻易对这个目录进行操作。

4）/usr

该目录用来存放用户应用程序和文件，类似于 Windows 下的 ProgramFiles 目录。Linux 系统内核的源码存放在 usr/src/kernels 目录下。

5）/etc

该目录用来存放系统的各种配置文件，系统在启动过程中需要读取其参数进行相应的配置。其中：

- /etc/rc.d 目录存放启动或改变运行级时运行的脚本文件及目录。
- /etc/passwd 文件为用户数据库，其中的字段给出了用户名、真实姓名、起始目录、加密的口令和用户的其他信息。
- /etc/profile 文件为系统环境变量的配置文件。

内核、Shell 及文件系统一起形成了基本的操作系统结构。它们使得用户可以运行程序、管理文件以及使用系统。此外，Linux 操作系统还有许多被称为实用工具的程序，能辅助用户完成一些特定的任务。

3.2　Linux 常用操作命令

通常，在完成 Linux 安装后，就可以进入与 Windows 类似的图形化窗口界面。这个界面是 Linux 图形化界面 X 窗口系统的一部分。要注意的是，X 窗口系统仅仅是 Linux 的一个应用软件（或称为服务），它不是 Linux 自身的一部分。为了让 Linux 系统能高效、稳定地工作，建议读者尽可能地使用 Linux 的命令行界面，也就是在 Shell 环境下工作。

Linux 中运行 Shell 的环境是图形用户界面下的"终端"窗口，读者可以单击"终端"启动 Shell 环境。

Linux 中的命令非常多，本节只讲解最常用的一些操作命令。要了解更多的命令使用方法，请查阅相关资料和书籍。

视频讲解

3.2.1　文件目录相关命令

Linux 中有关文件目录的操作是最常用的,与文件目录相关的命令如表 3.1 所示。

表 3.1　文件目录相关命令

命　　令	命　令　含　义	程序所在目录
ls	显示文件名(相当于 DOS 的 dir 命令)	/bin
cd	切换目录(相当于 DOS 的 cd 命令)	Shell 内部提供
cp	复制文件(相当于 DOS 的 copy 命令)	/bin
mkdir	创建新目录(相当于 DOS 的 md 命令)	/bin
rm	删除文件(相当于 DOS 的 del 命令)	/bin
rmdir	删除空目录(相当于 DOS 的 rd 命令)	/bin
mv	移动文件,另兼有更换文件名的作用	/bin
pwd	显示目前所在目录	/bin
cat	显示文本文件内容	/bin
env	查看环境设置	/usr/bin
find	查找文件	/usr/bin
grep	寻找某字串内容	/bin
more	分屏显示文本文件内容或输出结果	/bin
mtools	与 MS-DOS 兼容的操作命令集	/usr/bin
su	用于切换用户	/bin
df	查看磁盘使用情况	/bin
uname	查看当前 Linux 版本信息,使用时要带参数-r	/bin

1. ls 命令

1) 作用

ls 的功能为列出目录的内容。该命令类似于 DOS 下的 dir 命令。

2) 命令格式

ls [-选项] [目录或文件名]

3) 命令选项

- -a:显示指定目录下所有子目录与文件名,包括隐藏文件。
- -l:以长格式来显示文件的详细信息。

4) 示例

查看当前根目录下的文件。

```
[root@localhost  /]# ls
bin   dev  home   lib     misc   opt   root   tftpboot   usr
boot etc initrd lost+found mnt  proc  sbin   tmp     var
```

查看当前 root 目录下的所有文件,包括隐藏文件。

```
[root@localhost  root]#ls  -a
..esd_auth          .gtkrc            .tcshrc      ebook
...fonts.cache-1   .gtkrc-1.2-gnome2   .viminfo    tmp
```

查看当前 root 目录下的文件属性。

```
[root@localhost  root]#ls  -l
total  72
-rw-r--r--     1  root  root      965   Jan 3 2007   anaconda-ks.cfg
drwx------     4  root  root     4096   Jan 3 2007   evolution
-rw-r--r--     1  root  root    49492   Jan 3 2007   install.log
```

每行显示的信息依次是：文件类型与权限、链接数、文件属主、文件属组、文件大小、建立或最近修改的时间、文件名。

显示的信息中,开头是由 10 个字符构成的字符串,其中第一个字符表示文件类型,它可以是下述类型之一。

- -:普通文件
- d:目录
- l:符号链接
- b:块设备文件
- c:字符设备文件

后面的 9 个字符表示文件的访问权限,分为 3 组,每组 3 位。

第 1 组表示文件属主的权限,第 2 组表示同组用户的权限,第 3 组表示其他用户的权限。每一组的 3 个字符分别表示对文件的读、写和执行权限。

2. 文件权限的表示

用户对文件的读、写和执行权限(简称文件权限)如下所示。

- r:读权限。
- w:写权限。
- x:执行权限,对于目录,表示可进入权限。

文件权限也可用数字表示,其约定如下。

- 数字 0:无权限。
- 数字 1:可执行。
- 数字 2:写权限。
- 数字 4:读权限。

可用数字求和来表示多权限的组合。

例如,用户对某一文件拥有可读、可写、可执行的权限,则可表示为 7(1+2+4=7),对另一文件拥有可读、可执行的权限,则可表示为 5(1+4=5)。

若对文件拥有可读、可写的权限,则可表示为 6(4+2=6),若对文件拥有可写、可执行的权限,则可表示为 3(1+2=3)。

总结文件权限的对应关系,如表 3.2 所示。

表 3.2　权限对应关系

字符表示	数字表示	对应权限	字符表示	数字表示	对应权限
-	0	无权限	wx	3	写和执行
x	1	只能执行	rx	5	读和执行
w	2	只写	rw	6	读和写
r	4	只读	rwx	7	读、写和执行

有时,用 3 位数字来表示文件权限,其中每位数字分别表示文件拥有者、同组用户、不同组用户的权限。

例如:

600:表示文件拥有者具有读写权限,其他用户均无任何操作权限。

777:表示文件拥有者、同组用户、不同组用户均具有读、写和执行的权限。

3. cd 命令

1) 作用

改变工作目录,该命令与 DOS 下的 cd 命令作用是相同的。

2) 命令格式

```
cd  [目录路径/]目录名
```

3) 示例

将目录/usr/test 设为当前目录。

```
[root@localhost  root]#cd  /usr/test
[root@localhost  test]#pwd
/usr/test
```

命令 pwd 显示当前目录的绝对路径(从根目录/开始)。

4. mkdir 命令

1) 作用

创建一个目录,该命令类似于 DOS 下的 md 命令。

2) 命令格式

```
mkdir  [目录路径/新目录名]
```

5. cp 命令

1) 作用

复制文件,可以使用通配符,该命令类似于 DOS 下的 copy 命令。

2) 命令格式

```
cp  [选项]  [源文件路径]源文件名  目标路径[目标文件名]
```

3) 示例

在/tmp 目录下,新建一个子目录 mysub,并将/usr/test 目录下的所有文件复制到 mysub目录下:

```
[root@localhost  root]#mkdir  /tmp/mysub
[root@localhost  root]#cp  /usr/test/*.*  /tmp/mysub
```

6. rm 命令和 rmdir 命令

1) 作用

- rm 为删除指定文件,可以使用通配符,该命令类似于 DOS 下的 del 命令。
- rmdir 为删除指定的目录,该目录必须为空目录。

2）命令格式

- rm　[选项]　文件名
- rmdir　目录路径/目录名

3）命令选项

rm 的命令选项如下。

- -i：询问是否删除（y 表示是，n 表示否）。
- -f：不询问是否删除。
- -r：递归删除整个目录，同 rmdir。

4）示例

删除前面示例中在/tmp 目录下建立的子目录 mysub。由于 rmdir 只能删除空目录，因此，要先将该目录下的所有文件删除。

```
[root@localhost  root]#rm -f  /tmp/mysub/*.*
[root@localhost  root]#rmdir  /tmp/mysub
```

7. cat 命令

1）作用

cat 为在屏幕上显示文本文件内容的命令。

2）命令格式

```
cat  文件名
```

3）示例

设有一个文本文件 a.txt，应用 cat 显示其内容：

```
[root@localhost  abc]#cat  a.txt
Hello,I'm  writing  to  this  file
```

cat 命令也常用于查看当前 Linux 系统的版本，例如：

```
[root@localhost  root]# cat /proc/version
Linux  version  2.6.35-22-generic  (buildd@rothera)  (gcc  version  4.4.5(Ubuntu/
Linaro 4.4.4-14ubuntu4))  #33-Ubuntu SMP Sun Sep 19 20:34:50 UTC 2010
```

8. pwd 命令

1）作用

pwd 命令用来查看当前工作目录的完整路径。

2）命令格式

```
pwd
```

3）示例

显示当前所在的目录路径。

```
[root@localhost  abc]# pwd
/mnt/abc
```

视频讲解

3.2.2　磁盘及系统操作

在 Linux 中与磁盘操作及系统操作相关的命令如表 3.3 所示。

表 3.3　与磁盘及系统操作相关的命令

命　　令	命　令　含　义	程序所在目录
fdisk	硬盘分区及显示分区状态的工具程序	/sbin
df	检查硬盘所剩（所用）空间	/bin
free	查看当前系统内存的使用情况	/usr/bin
mount	挂载某一设备成为某个目录名称	/bin
umount	取消挂载的设备	/bin
du	检查目录所用的空间	/usr/bin
mkbootdisk	制作启动盘	/sbin
shutdown	整个系统关机	/sbin
reboot	重启系统	/sbin
login	用户登录	/bin
logout	用户注销	Shell 内部提供

1. fdisk 命令

1）作用

fdisk 命令可以用来给磁盘进行分区，查看磁盘情况等，往往使用参数-l 来显示系统的分区情况。

2）命令格式

fdisk　[选项]

3）命令选项

-l　显示系统的分区情况

4）示例

```
[root@localhost  root]#fdisk  -l
Disk  /dev/sda: 8589MB,  8589934592  bytes
255 heads,63 sectors/track, 1044  cylinders
Units = cylinders  of 16065 * 512  =  8225280 bytes
  Device  Boot       Start     End     Blocks      Id     System
/dev/sda1   *          1        13      104391      83     Linux
/dev/sda2             14       1004    7960207 +    86     Linux
/dev/sda3            1005      1044     321300      82     Linux swap
```

2. df 命令

1）作用

检查硬盘所剩（所用）空间。

2）命令格式

df　[选项]

3)命令选项

- -h：以1024KB=1MB的方式显示磁盘的使用情况。
- -H：以1000Bytes为换算单位的方式显示磁盘的使用情况。

4)示例

```
[root@localhost  root]#df  -h
Filesystem              Size        Used      Avail     Use%     Mounted on
/dev/sda2               7.5G        4.8G      2.4G      67%      /
/dev/sda1               99M         9.3M      85M       10%      /boot
None                    78M         0         78M       0%       /dev/shm
[root@localhost  root]#df  -H
Filesystem              Size        Used      Avail     Use%     Mounted on
/dev/sda2               8.1G        5.1G      2.6G      67%      /
/dev/sda1               104M        9.7M      89M       10%      /boot
None                    82M         0         82M       0%       /dev/shm
```

3. free 命令

1)作用

free命令的功能是查看当前系统内存的使用情况,它显示系统中剩余及已用的物理内存和交换内存,以及共享内存和被核心使用的缓冲区。

2)命令格式

```
free  [选项]
```

3)命令选项

- -b：以B(字节)为单位显示。
- -k：以KB为单位显示。
- -m：以MB为单位显示。

4)示例

```
[root@localhost  root]#free  -b
            total      used        free        shared      buffers      cached
Mem        162107392   83656784    78450688    0           9613312      33099776
-/+ buffers/cache:     40943616    121163776
Swap:      329003008   0           329003008
[root@localhost  root]#free  -m
            total      used        free        shared      buffers      cached
Mem        154        79          74          0           9            31
-/+ buffers/cache:     39          115
Swap:      313        0           313
```

4. mount 命令

1)作用

挂载某一设备使之成为某个目录名称。

2)命令格式

```
mount [选项]<-t 类型>[-o 挂载选项]<设备><挂载点>
```

3）命令选项

- -t：该参数配合选项用于指定一个文件系统分区的类型。
- -o：该参数配合选项用于指定一个或多个挂载选项。

其具体可供选择的内容见表 3.4 所示。

表 3.4　mount 命令的参数选项

命令参数	对应选项	选项说明
-t	vfat	挂载 Windows 95/98 的 FAT32 文件系统
	ntfs	挂载 Windows NT/2000 的文件系统
	hpfs	挂载 OS/2 用的文件系统
	ext2、ext3、nfs	挂载 Linux 用的文件系统
	iso9660	挂载 CD-ROM 光盘
-o	ro,rw	挂载区为只读(ro)或读写(rw)
	async,sync	挂载区为同步写入(sync)或异步写入(async)
	auto,noauto	允许此挂载区被 mount -a 自动挂载(auto)
	dev,nodev	是否允许在此挂载区上建立档案,dev 为可以
	exec,noexec	是否允许此挂载区上拥有可执行的二进制文件
	user,nouser	是否允许此挂载区让普通用户拥有 mount 的权限
	defaults	默认值为 rw,suid,dev,exec,auto,nouser,async
	remount	重新挂载

4）命令使用说明

挂载设备之前,首先要确定设备的类型和设备名称,确定设备名称可通过使用命令 fdisk-l 查看。

要卸载已经挂载的设备,使用 umount 命令。

umount 命令是 mount 命令的逆操作,umount 命令的作用是卸载一个文件系统。例如,将光驱装载到 /mnt/cdrom 目录后,若要取出光盘,必须先使用 umount 命令进行卸载,否则无法取下。它的参数使用方法和 mount 命令是一样的,命令格式如下。

```
umount   <挂载点|设备>
```

5）示例

【例 3-1】　挂载一个 Linux 分区,将其挂载到/mnt 目录下(/mnt 称为挂载点)。

```
[root@localhost   root]# mount - t ext3 /dev/hdb1 /mnt
```

【例 3-2】　挂载硬盘的 Windows 分区,将其挂载到/mnt/wind 目录下。

（1）用 fdisk-l 查看硬盘的 Windows 分区在 linux 下的设备名称。

```
[root@localhost /]# fdisk - l
Disk /dev/hda: 500.1 GB, 500105249280 bytes
255 heads, 63 sectors/track, 60801 cylinders
Units = cylinders of 16065 * 512 = 8225280 bytes

  Device Boot    Start      End     Blocks    Id  System
/dev/hda1           1      5100   40965718 +   2d  Unknown
```

```
/dev/hda2        5101      60801    447418282 +   f   W95 Ext'd (LBA)
/dev/hda5        5101      24223    153605466     b   W95 FAT32
/dev/hda6        24224     43346    153605466     2d  Unknown
/dev/hda7        43347     60801    140207256     2d  Unknown

Disk /dev/sda: 21.4 GB, 21474836480 bytes
255 heads, 63 sectors/track, 2610 cylinders
Units = cylinders of 16065 * 512 = 8225280 bytes

   Device Boot      Start         End      Blocks   Id  System
/dev/sda1   *          1          13      104391   83  Linux
/dev/sda2             14        2610    20860402 +  8e  Linux LVM
```

（2）将设备名称为/dev/hda5 的 Windows 分区挂载到/mnt/wind。

```
[root@localhost   root]#mount - t vfat   /dev/hda5   /mnt/wind
```

/mnt/wind 称为挂载设备/dev/hda5 的挂载点。在挂载了硬盘的 Windows 分区之后，可直接访问 Windows 下的磁盘内容。

【例 3-3】 挂载 U 盘。

U 盘的挂载方法同硬盘的挂载方法是一样的，先用 fdisk -l 查看 U 盘的设备名称，U 盘一般是以 sdb 出现的。设 U 盘的名称为/dev/sdb1，则其挂载命令如下。

```
[root@localhost   /]#mount  - t  vfat   /dev/sdb1   /mnt/usb
```

卸载 U 盘的命令如下。

```
[root@localhost   /]#umount /mnt/usb
```

3.2.3　打包压缩相关命令

视频讲解

Linux 常用的压缩及解压缩命令如表 3.5 所示。

表 3.5　Linux 常用的压缩及解压缩命令说明

压缩工具	解压工具	压缩文件扩展名	压缩工具	解压工具	压缩文件扩展名
gzip	gunzip	.gz	compress	uncompress	.Z
zip	unzip	.zip	tar	tar	.tar

1. gzip 命令

1）作用

对单个文件进行压缩或对压缩文件进行解压缩，压缩文件名后缀为.gz。

2）命令格式

gzip　压缩或解压缩文件名

3）命令选项

- -d：对压缩文件进行解压缩。
- -r：递归方式查找指定目录并压缩其中所有文件或解压缩。

- -v：对每个压缩文件显示文件名和压缩比。
- -num：用数值 num 指定压缩比，num 取值 1～9，其中 1 代表压缩比最低，9 代表压缩比最高，默认值为 6。

4）示例

```
[root@localhost  test]# gzip test.txt
[root@localhost  test]# ls
test.txt.gz
```

2. tar 命令

1）作用

对文件进行打包或解包，打包文件名后缀为 .tar。利用 tar 命令，可以把多个文件和目录全部打包成一个文件，这对于备份文件或将几个文件组合成为一个文件以便于网络传输是非常有用的。注意，打包与压缩是两个不同的概念，打包只是把多个文件组成一个总的文件，不一定被压缩。

2）命令格式

tar　[选项]　目标文件名　源文件列表

3）命令选项

- -A 或--catenate：新增文件到已存在的备份文件。
- -c 或--create：建立新的备份文件。
- -f<备份文件>或--file＝<备份文件>：指定备份文件。
- -r 或--append：新增文件到已存在的备份文件的结尾部分。
- -t 或--list：列出备份文件的内容。
- -u 或--update：仅置换较备份文件内的文件更新的文件。
- -v 或--verbose：显示指令执行过程。
- -w 或--interactive：遭遇问题时先询问用户。
- -x 或--extract 或--get：从备份文件中还原文件。
- -z 或--gzip 或--ungzip：通过 gzip 指令处理备份文件。

4）示例

将文件包 filetest.tar.gz 解包的命令如下。

```
#tar –zxvffiletest.tar.gz
```

3.2.4　网络相关命令

Linux 有许多与网络相关的命令，下面介绍几个常用的网络操作命令。

1. ifconfig 命令

1）作用

用于查看和配置网络接口的地址和参数，包括 IP 地址、网络掩码和广播地址。它的使用权限是超级用户。

2）命令格式

- 查看网卡配置信息：ifconfig

视频讲解

- 设置网卡：ifconfig eth0 ［主机 IP 地址］

eth0 代表第 1 块网卡，eth1 代表第 2 块网卡，若主机上仅安装了一块网卡，则为 eth0。

3）示例

```
[root@localhost /]# ifconfig
eth0   Link encap: Ethernet HWaddr 00: 11: 11: 11: 23: 5A
       inet addr: 192.168.1.15 Bcast: 192.168.1.255 Mask: 255.255.255.0
       inet6 addr: fe80::208:2ff:fee0:c18a/64 Scope:Link
       UP BROADCAST RUNNING MULTICAST MTU:1500 Metric:1
       RX packets: 26931 errors: 0 dropped: 0 overruns: 0 frame: 0
       TX packets: 3209 errors: 0 dropped: 0 overruns: 0 carrier: 0
       collisions: 0 txqueuelen: 1000
       RX bytes: 6669382 (6.3 MiB) TX bytes: 321302 (313.7 KiB)
       Interrupt: 11

lo     Link encap: Local Loopback
       inet addr: 127.0.0.1 Mask: 255.0.0.0
       inet6 addr: ::1/128 Scope: Host
       UP LOOPBACK RUNNING MTU: 16436 Metric: 1
       RX packets: 1381 errors: 0 dropped: 0 overruns: 0 frame: 0
       TX packets: 1381 errors: 0 dropped: 0 overruns: 0 carrier: 0
       collisions: 0 txqueuelen: 0
       RX bytes: 1354690 (1.2 MiB) TX bytes: 1354690 (1.2 MiB)
```

重新设置网卡的 IP 地址，改设为 192.168.1.100，则使用以下命令。

```
[root@localhost /]# ifconfig eth0 192.168.1.100
```

注意：用 ifconfig 命令配置的网络参数不需重启就可生效，但机器重新启动以后其设置将会失效。

2. ping 命令

1）作用

ping 命令用于检测网络连接情况，从而判断主机联网是否连接正常。

2）命令格式

ping ［IP 地址］

3）示例

```
[root@localhost /]# ping 192.168.1.1
PING 192.168.1.1  (192.1168.1.1)  56(84) bytes of data.
64 bytes from 192.168.1.1 icmp_seq = 0  ttl = 64  time = 2.439 ms
64 bytes from 192.168.1.1 icmp_seq = 1  ttl = 64  time = 1.149 ms
64 bytes from 192.168.1.1 icmp_seq = 2  ttl = 64  time = 1.043 ms
64 bytes from 192.168.1.1 icmp_seq = 3  ttl = 64  time = 1.038 ms

--- 192.168.1.1 ping statistics ---
4 packets transmitted, 4 received. 0 % packet loss, time 7004ms
rtt min/avg/max/mdev = 1.038/1.924/2.439/1.529 ms, pipe 2
```

3.3　Linux 的文本编辑器

3.3.1　Vi 文本编辑器

Vi 是 Linux 系统的第一个全屏幕交互式编辑程序,它从诞生至今一直得到广大用户的青睐,历经数十年仍然是人们主要使用的文本编辑工具,足以见其生命力之强,而强大的生命力是其强大的功能带来的。由于大多数读者在此之前都已经用惯了 Windows 的 Word 等编辑器,因此,在刚刚接触 Vi 时总会或多或少不适应,但只要习惯之后,就能感受到它的方便与快捷。

1. Vi 的模式

Vi 有 3 种模式,分别为命令行模式、插入模式和底行模式。各模式的功能具体进行介绍如下。

1) 命令行模式

用户在用 Vi 编辑文件时,最初进入的为一般模式。在该模式中可以通过上下移动光标进行"删除字符"或"整行删除"等操作,也可以进行"复制""粘贴"等操作,但无法编辑文字。

2) 插入模式

只有在该模式下,用户才能进行文字编辑输入,用户可按 Esc 键回到命令行模式。

3) 底行模式

在该模式下,光标位于屏幕的底行。用户可以进行文件保存或退出操作,也可以设置编辑环境,如寻找字符串、列出行号等。

2. Vi 的基本流程

(1) 进入 Vi,即在命令行下输入 Vi hello(文件名)。此时进入的是命令行模式,光标位于屏幕的上方,如图 3.2 所示。

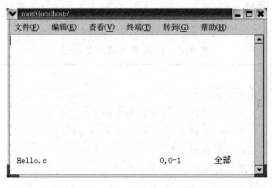

图 3.2　进入 Vi 命令行模式

(2) 在命令行模式下输入 i 进入插入模式,如图 3.3 所示。可以看出,在屏幕底部显示有"插入"字样表示插入模式,在该模式下可以输入文字信息。

(3) 在插入模式中,按 Esc 键,则当前模式转入命令行模式,此时在底行行中输入:wq (存盘退出)进入底行模式,如图 3.4 所示。

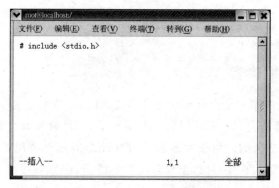

图 3.3　进入 Vi 插入模式

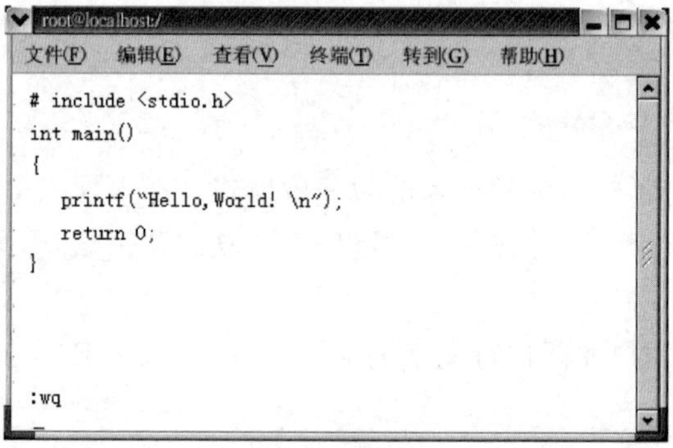

图 3.4　进入 Vi 底行模式

这样，就完成了一个简单的 Vi 操作流程：命令行模式→插入模式→底行模式。由于 Vi 在不同的模式下有不同的操作功能，因此，读者一定要时刻注意屏幕最下方的提示，分清所在的模式。

3. Vi 的各模式功能键

（1）命令行模式常见功能键如表 3.6 所示。

表 3.6　Vi 命令行模式功能键

功　能　键	功　能　说　明
I	切换到插入模式，此时光标位于开始输入文件处
A	切换到插入模式，并从目前光标所在位置的下一个位置开始输入文字
O	切换到插入模式，且从行首开始插入新的一行
Ctrl+B	屏幕往后翻动一页
Ctrl+F	屏幕往前翻动一页
Ctrl+U	屏幕往后翻动半页
Ctrl+D	屏幕往前翻动半页
0	光标移到本行的开头
G	光标移动到文章的最后
nG	光标移动到第 n 行
$	移动到光标所在行的行尾
n	光标向下移动 n 行

续表

功　能　键	功　能　说　明
/name	在光标之后查找一个名为 name 的字符串
? name	在光标之前查找一个名为 name 的字符串
X	删除光标所在位置的一个字符
dd	删除光标所在行
ndd	从光标所在行开始向下删除 n 行
yy	复制光标所在行
nyy	复制光标所在行开始的向下 n 行
p	将缓冲区内的字符粘贴到光标所在位置(与 yy 搭配)
U	恢复前一个动作

（2）插入模式的功能键只有一个，也就是 Esc 退出到命令行模式。

（3）底行模式常见功能键如表 3.7 所示。

表 3.7　Vi 底行模式功能键

功　能　键	功　能　说　明
: w	将编辑的文件保存到磁盘中
: q	退出 Vi(系统对做过修改的文件会给出提示)
: q!	强制退出 Vi(对修改过的文件不作保存)
: wq	存盘后退出
: w [filename]	另存一个名为 filename 的文件
: set nu	显示行号,设定之后,会在每一行的前面显示对应行号
: set nonu	取消行号显示

3.3.2　gedit 文本编辑器

除了 vi 之外，Linux 下还有一个功能同样强大的编辑器 gedit。gedit 是一个 GNOME 桌面环境下兼容 UTF-8 的文本编辑器。它简单易用，有良好的语法高亮，对中文支持很好，支持包括 GB2312、GBK 在内的多种字符编码，是一款自由软件。

视频讲解

gedit 是一个功能强大的文本编辑器，类似于 Windows 系统下面的记事本，它的功能比 Windows 系统的记事本更强大，还具有行号显示、括号匹配、文本自动换行、自动文件备份等功能，适合编写程序代码。

1. gedit 的启动

gedit 的启动方式有多种，可以从菜单启动，也可以从终端命令行启动。从菜单启动时，选择桌面顶部的"应用程序"|"附件"|"文本编辑器"命令即可打开；从终端启动，只需要输入代码 ＄gedit 再按 Enter 键即可。

gedit 启动之后的主界面如图 3.5 所示。

2. 窗口说明

读者可以看到 gedit 启动的界面和 Windows 中的"写字板"程序相似。窗口上有菜单栏、工具栏、编辑栏、状态栏等。

图 3.5　gedit 主界面

3. 常用的技巧

1）打开多个文件

要从命令行打开多个文件,请输入"gedit file1. txt file2. txt file3. txt"命令,然后按下 Enter 键。

2）将命令的输出输送到文件中

例如,要将 ls 命令的输出输送到一个文本文件中,请输入"ls | gedit",然后按下 Enter 键。ls 命令的输出就会显示在 gedit 窗口的一个新文件中。

3）更改"突出显示模式"以适用各种文件

例如,更改以适应 html 文件的步骤为,依次选择菜单中的"查看"|"突出显示模式"|"标记语言"|HTML,即可以彩色模式查看 html 文件。

4）插件

gedit 中有多种插件可以选用,这些插件极大地方便了用户处理代码,常用的包括以下几种。

- 文档统计信息:选择菜单栏中的"工具"|"统计文档"命令,出现"文档统计信息"对话框,里面显示了当前文件中的行数、单词数、字符数及字节数。
- 高亮显示:选择"视图"|"高亮",然后选择需要高亮显示的文本。
- 插入日期/时间:选择"编辑"|"插入时间和日期"命令,则在文件中插入当前时间和日期。
- 跳到指定行:选择"查找"|"进入行"命令,之后输入需要定位的行数,即可跳到指定的行。

5）常用的快捷键

gedit 常用的快捷键如表 3.8 所示。

表 3.8　gedit 常用的快捷键

快捷键	功能说明	快捷键	功能说明
Ctrl+Z	撤销	Ctrl+Q	退出
Ctrl+C	复制	Ctrl+S	保存
Ctrl+V	粘贴	Ctrl+R	替换
Ctrl+T	缩进		

3.4　Linux 启动过程

了解 Linux 的常见命令之后,下面介绍 Linux 的启动过程。Linux 的启动过程包含了 Linux 工作原理的精髓,在嵌入式系统的开发过程中非常需要这方面的知识积累。

3.4.1　Linux 系统的引导过程

许多人对 Linux 的启动过程感到很神秘,因为所有的启动信息都在屏幕上一闪而过。其实,Linux 的启动过程并不像启动信息所显示的那样复杂,它主要分成以下两个阶段。

(1) 启动内核。在这个阶段,内核装入内存并在初始化每个设备驱动器时打印信息。

(2) 执行程序 init。装入内核并初始化设备后,运行 init 程序。init 程序处理所有程序的启动,包括重要系统精灵程序和其他指定在启动时装入的软件。

首先,当用户打开 PC 的电源后,CPU 将自动进入实模式,这时 BIOS 进行开机自检,并按 BIOS 中设置的启动设备(通常是硬盘)进行启动引导。BIOS 通常是转向硬盘的第一个扇区,寻找用于装载操作系统的指令。装载操作系统的这个程序就是 BootLoader。针对不同的硬件平台,需要有专门的 Bootloader 程序。Bootloader 程序依赖于特定的硬件。

Linux 里面的 BootLoader 通常是 lilo 或者 grub,从 Red Hat Linux 7.2 起,GRUB(GRand Unified Bootloader)取代 lilo 成为默认的启动装载程序。

对于嵌入式 Linux 系统,经常使用另一款功能强大的 BootLoader:Blob。Blob 是 Boot Loader Object 的缩写,它遵循 GPL,源代码完全开放。Blob 既可以用来简单地调试,也可以启动 Linux 内核。

下面以 Red Hat 为例,简单介绍 Linux 在 PC 上运行时的启动过程。

当用户打开 PC 的电源,BIOS 开机自检,按 BIOS 中设置的启动设备(通常是硬盘)启动,接着启动设备上安装的引导程序 lilo 或 grub 开始引导 Linux。Linux 首先进行内核的引导,接下来执行 init 程序。init 程序调用 rc. sysinit 和 rc 等程序,rc. sysinit 和 rc 完成系统初始化和运行服务的任务后,返回 init;init 启动 mingetty 后,打开终端供用户登录系统,用户登录成功后进入 Shell,这样就完成了从开机到登录的整个启动过程。启动流程如图 3.6 所示。

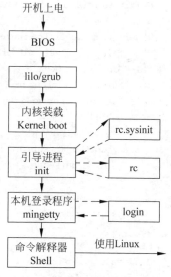

图 3.6　Linux 的启动过程

1. 启动内核

计算机启动时,BIOS 装载 MBR,然后从当前活动分区启动,LILO 获得引导过程的控制权后,会显示 LILO 提示符。此时如果用户不进行任何操作,LILO 将在等待指定时间后自动引导默认的操作系统,而如果在此期间按下 Tab 键,则可以看到一个可引导的操作系统列表,选择相应的操作系统名称就能进入相应的操作系统。

当用户选择启动 Linux 操作系统时,LILO 就会根据事先设置好的信息从 ROOT 文件系统所在的分区读取 Linux 映象,然后装入内核映象并将控制权交给 Linux 内核。Linux

内核获得控制权后,以如下步骤继续引导系统。

(1) Linux 内核一般是压缩保存的,因此,它首先要进行自身的解压缩。内核映象前面的一些代码完成解压缩。

(2) 如果系统中安装有可支持特殊文本模式的、且 Linux 可识别的 SVGA 卡,Linux 会提示用户选择适当的文本显示模式。但如果在内核的编译过程中预先设置了文本模式,则不会提示选择显示模式。该显示模式可通过 LILO 或 RDEV 工具程序设置。

(3) 内核接下来检测其他的硬件设备,例如硬盘、软驱和网卡等,并对相应的设备驱动程序进行配置。这时,显示器上出现内核运行输出的一些硬件信息。

(4) 接下来,内核装载 ROOT 文件系统。ROOT 文件系统的位置可在编译内核时指定,也可通过 LILO 或 RDEV 指定。文件系统的类型可自动检测。如果由于某些原因装载失败,则内核启动失败,最终会终止系统。

2. 执行 init 程序

利用 init 程序可以方便地定制启动期间装入哪些程序。init 的任务是启动新进程和退出时重新启动其他进程。例如,在大多数 Linux 系统中,启动时最初装入 6 个虚拟的控制台进程,退出控制台窗口时,进程死亡,然后 init 启动新的虚拟登录控制台,因而总是提供 6 个虚拟登录控制台。控制 init 程序操作的规则存放在文件/etc/inittab 中。Red Hat Linux 默认的 inittab 文件如下。

```
# inittab This file describes how the INIT process should set up the system in a certain
# run - level.
# Default runlevel. The runlevels used by RHS are:
# 0 - halt(Do NOT set initdefault to this)
# 1 - Single user mode
# 2 - Multiuser, without NFS(the same as 3, if you do not have networking)
# 3 - Full multiuser mode
# 4 - unused
# 5 - X11
# 6 - reboot(Do NOT set initdefault to this)
id: 3: initdefault:

# system initialization
si::sysinit: /etc/rc.d/rc.sysinit
10:0:wait: /etc/rc.d/rc 0
11:1:wait: /etc/rc.d/rc 1
12:2:wait: /etc/rc.d/rc 2
13:3:wait: /etc/rc.d/rc 3
14:4:wait: /etc/rc.d/rc 4
15:5:wait: /etc/rc.d/rc 5
16:6:wait: /etc/rc.d/rc 6
# Things to run in every runlevel
ud:once: /sbin/update

# Trap CTRL - ALT - DELETE
ca::ctrlaltdel: /sbin/shutdown - t3 - r now

# When our UPS tells us power has failed, assume we have a few minutes of
```

```
power left. Schedule a
# shutdown for 2 minutes from now.
# This does, of course, assume you have powered installed and your UPS
connected and working
# correctly.
pf::powerfail: /sbin/shutdown – f – h 2 "Power Restored; Shutdown Cancelled"

# Run gettys in standard runlevels
1: 2345: respawn: /sbin/minggetty tty1
2: 2345: respawn: /sbin/minggetty tty2
3: 2345: respawn: /sbin/minggetty tty3
4: 2345: respawn: /sbin/minggetty tty4
5: 2345: respawn: /sbin/minggetty tty5
6: 2345: respawn: /sbin/minggetty tty6
# Run xdm in runlevel 5

x: 5: respawn: /usr/bin/X11/xdm – nodaemon
```

Linux 有个运行级系统,运行级是表示系统当前状态和 init 应运行哪个进程并保持在这种系统状态中运行的数字。在 inittab 文件中,第一个项目指定启动时装入的默认运行级。

上例中是个多用户控制台方式,运行级为 3。然后,inittab 文件中每个项目指定第 2 个字段的项目用哪种运行级(每个字段用冒号分开)。因此,对运行级 3,下列行是相关的。

```
13: 3: wait: /etc/rc.d/rc 3
1: 2345: respawn: /sbin/minggetty tty1
2: 2345: respawn: /sbin/minggetty tty2
3: 2345: respawn: /sbin/minggetty tty3
4: 2345: respawn: /sbin/minggetty tty4
5: 2345: respawn: /sbin/minggetty tty5
6: 2345: respawn: /sbin/minggetty tty6
```

最后 6 行建立 Linux 提供的 6 个虚拟控制台。第一行运行启动脚本/etc/rc.d/rc 3,将运行目录/etc/rc.d/rc3.d 中包含的所有脚本,这些脚本表示系统初始化时要启动的程序。一般来说,这些脚本不需要编辑或改变,是系统默认的。

3.4.2 ARM Linux 操作系统

ARM Linux 是一种常见的嵌入式操作系统,主要运行在以 ARM 为核心的处理器上。根据运行的层次,可以划分为三大部分:启动引导(Bootloader)、操作系统内核(Linux Kernel)和文件系统(File System)。

启动引导程序 Bootloader 非常像 PC 中的 BIOS 程序,主要负责初始化系统的最基本设备,通常主要包括 CPU、网络、串行接口。当基本部分初始化成功后,会把操作系统的镜像文件装载到内存中,最后把 CPU 的控制权交给内核程序。

内核接管系统后,会重新检查外部器件的运行状态,初始化所有外部硬件设备,加载驱动程序,检查系统参数表,装载文件系统,运行 SHELL 程序,等待用户输入命令,或直接运行设定好的应用程序。内核在运行的过程中,会把基本的初始化信息打印到终端(通常是串口 0

或 LCD),并且通过终端接收用户命令,它负责控制应用程序的运行状态,实现对整个系统的控制。Linux 内核是 Linux 的最核心部分,内核的优劣决定了整个系统是否稳定与高效。

文件系统是一种数据结构,使操作系统明确存储介质(Flash 或硬盘等)上的文件,即在存储介质上组织文件的方法。文件系统通常占用大部分的存储空间,主要负责保存应用程序和数据,由 Linux 内核管理。

Bootloader、KERNEL、FS(FILE SYSTEM)都存储在 Flash 中,运行时,根据需要被加载到内存里。图 3.7 给出了板上内存的地址空间分布:MEMORY MAP。

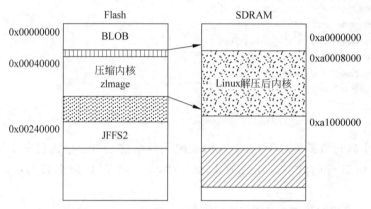

图 3.7　内存的地址空间分布:MEMORY MAP

3.5　数据共享与数据传输

3.5.1　应用串口通信协议传输数据

1. 串口通信协议

串口通信协议由 Xmodem、Ymodem、Zmodem 等协议组成。

Xmodem 协议是一种应用于串口通信的文件传输协议。这种协议以包为传输信息的单位来传输数据,并且每个包都使用一个校验和过程来进行错误检测。1 个包=128 字节,传输速度较慢。

Ymodem 协议由 Xmodem 协议演变而来,传输效率及可靠性均较高,它的 1 个包=1024 字节。Ymodem 一次传输可发送或接收多个文件。

Zmodem 协议也是由 Xmodem 协议演变而来,以连续的数据流发送数据,传输效率更高。

2. Windows 系统主机传输文件到 Linux 系统开发板

当需要把 Windows 系统主机的文件传输到 Linux 系统开发板时,可以使用本方法来实现。首先,用串口通信数据线连接 Windows 系统主机和 Linux 系统开发板,如图 3.8 所示。

1) 在 Windows 系统主机端设置发送文件

在 Windows 系统主机的桌面"开始"菜单中,选择"程序"|"附件"|"通信"|"超级终端"项,打开"连接描述"对话框,填写超级终端连接的名称,单击"确定"按钮,如图 3.9 所示。Windows 7 以后版本没有自带"超级终端",可以从网络上搜索下载"超级终端"软件。

图 3.8　用串口通信数据线连接 Windows 系统主机和 Linux 系统开发板

在打开的"连接到"对话框中选择串口通信的连接端口为 COM1 端口,单击"确定"按钮,如图 3.10 所示。

图 3.9　设置超级终端的连接名称

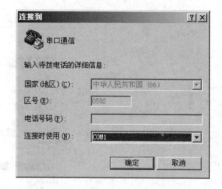

图 3.10　选择 COM1 为连接端口

在打开的"COM1 属性"对话框中,设置端口的各个重要参数值:每秒位数(波特率)为115200,数据位为 8 位,奇偶校验为"无",停止位为 1,数据流控制为"无",如图 3.11 所示。设置好端口的参数值后,单击"确定"按钮。

2)在 Linux 系统开发板端设置接收文件

在开发板端设置接收文件的操作很简单,只需通过 minicom 窗口,进入准备接收数据文件的目录等待发送来的文件即可。

3)发送数据

在 Windows 系统主机端,继续前面的"超级终端"窗口操作。

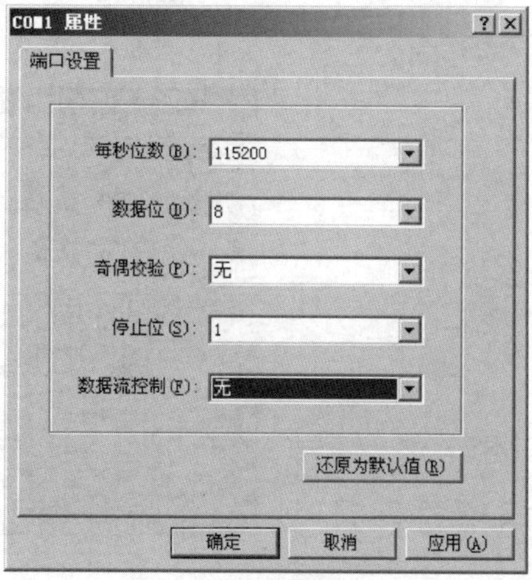

在超级终端的串口通信窗口的"发送"菜单中,选择"发送文件"项,如图 3.12 所示。

图 3.11　设置端口参数

在弹出的"发送文件"对话框中,单击"浏览"按钮,选择需要传送的数据文件;然后在"协议"下拉列表框中,选择 Xmodem 协议,如图 3.13 所示。

这时,在"为串口通信发送 Xmodem 文件"窗口可以看到数据传送的过程,如图 3.14 所示。

文件传输完毕后,在开发板的接收数据文件的目录中可以看到传送的文件。

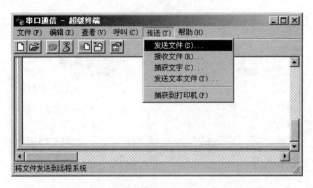

图 3.12   在超级终端选择"发送文件"菜单项

图 3.13   选择发送的文件和 Xmodem 协议

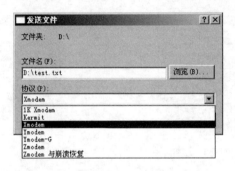

图 3.14   传输数据

3. Linux 系统主机传输数据到 Linux 系统开发板

经常需要把在 Linux 系统主机上经过交叉编译后的文件传输到 Linux 系统开发板运行,可以使用本方法来实现传送文件。

首先,用串口通信数据线连接 Linux 系统主机和 Linux 系统开发板,如图 3.15 所示。

1) 在开发板端设置接收文件

通过 minicom 窗口操作开发板端文件系统,进入准备接收数据文件的目录,等待发送来的文件。

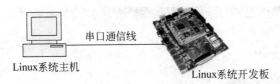

图 3.15　用串口通信数据线连接 Linux 系统主机和 Linux 系统开发板

2）从 Linux 系统主机端发送文件

在 minicom 窗口中，按下 Ctrl＋A＋S 快捷键，弹出选择传输数据协议的对话框，如图 3.16 所示。

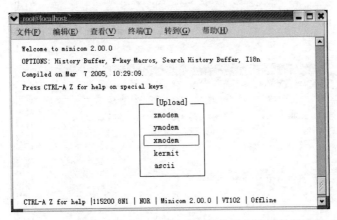

图 3.16　在 minicom 窗口中弹出选择传输数据协议的对话框

用键盘上的方向键移动光标至 xmodem 项后，按 Enter 键确定。进入 Linux 系统主机端的文件系统，按"上""下"方向键移动文件目录前面的小方块，按两次空格键进入选定的目录，若要返回到上一级目录，则选中〔..〕后按两次空格键，如图 3.17 所示。

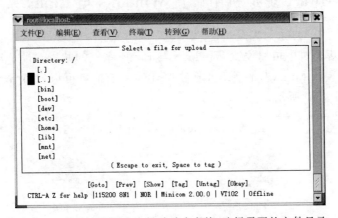

图 3.17　按"上""下"方向键移动小方块，选择需要的文件目录

进入需要的文件目录后，按"上""下"方向键移动小方块，选择需要传送的文件。找到需要的文件按空格键选中该文件；若要取消选中，则再次按空格键，如图 3.18 所示。

选中需要传输的文件，按 Enter 键，则开始发送文件。当显示 Transfer incomplete 时，表示文件传输完毕，如图 3.19 所示。

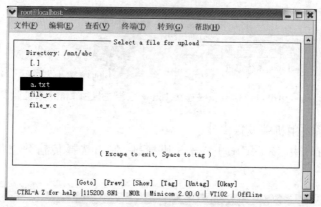

图 3.18　按空格键选中需要的文件

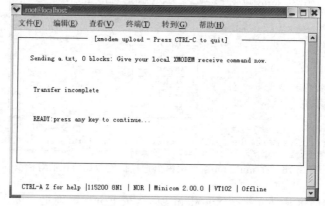

图 3.19　发送文件完毕

视频讲解

3.5.2　在 VMware 虚拟机中设置 Windows 与 Linux 系统的数据共享

在 VMware 虚拟机中可以设置 Windows 与 Linux 系统的共享。设 Windows 操作系统的 VMware 中安装有 Linux 操作系统,通过 VMware 虚拟机可以设置 Windows 与 Linux 系统的共享,如图 3.20 所示。

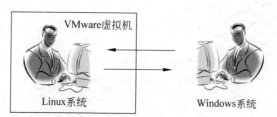

图 3.20　在 VMware 虚拟机中设置 Windows 与 Linux 系统的数据共享

1. 安装 VMware Tools

在 VMware 虚拟机中选择“虚拟机(VM)”菜单,在弹出的下拉菜单中选择 Install VMware Tools 项,Linux 系统桌面上会出现一个名为 VMware Tools 的光盘图标。

双击 VMware Tools 光盘图标,打开光盘,复制 VMware Tools.tar.gz 文件到/home 目录下,将其解压至/home/vmware-tools-distrib 目录下。进入安装目录/home/vmware-tools-distrib 中,在终端运行如下命令。

./vmware-install.pl

安装过程中会有一些文件安装路径的提示问题,按 Enter 键即可,如图 3.21 所示。

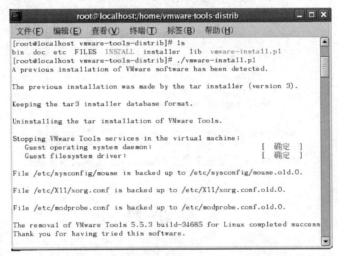

图 3.21　在终端运行 vmware-install.pl

2. 设置共享文件夹

选择 VMware 虚拟机"虚拟机(VM)"菜单中的"设置(Settings)"项,弹出"虚拟机设置"对话框。选择"选项"选项卡,在左侧选择"共享文件夹"项,然后单击右侧的"添加"按钮,添加 Windows 系统中的共享文件夹,如图 3.22 所示。

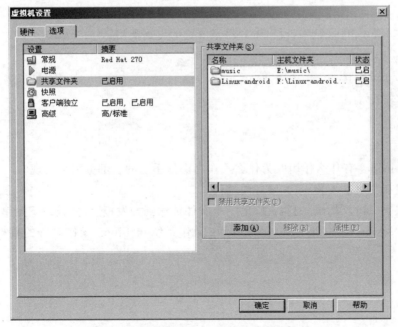

图 3.22　设置 Windows 系统的共享文件夹

3. 在 Linux 系统中操作 Windows 系统的共享文件夹

在 Linux 系统中,打开/mnt 目录,可以看到其中存在一个 hgfs 目录。打开/mnt/hgfs 目录,可以看到 Windows 系统的共享文件夹,如图 3.23 所示。因而在 Linux 系统中,可以很方便地对这些共享文件夹的文件进行复制、删除、修改等操作。

图 3.23　在 Linux 系统中操作 Windows 系统的共享文件夹

本 章 小 结

本章介绍了 Linux 的基本概念、Linux 文件系统的概念、嵌入式 Linux 系统中常用的命令、Linux 系统的文本编辑器的使用、Linux 系统的启动过程等。这些都是 Linux 中最基础、最常见的概念,掌握和理解这些知识对进一步学习和使用 Linux 系统有很大帮助,因此,必须多上机练习,熟练掌握它们。

习　　题

1. 查看 Linux 目录结构,说出下列目录放置的数据类型。

```
/etc/:
/etc/rc.d/init.d/:
/usr/bin:
/bin:
/sbin:
/dev:
```

2. Bootloader 有什么作用? 为什么不作为操作系统的一部分加以实现?

3. 叙述在主机端配置 NFS 服务的过程。

4. 应用串口协议传输,把主机端的一个文件传输到开发板上,并记录下操作过程。

5. 在 VMware 虚拟机中建立 Windows 操作系统与 Linux 操作系统的数据共享文件目录。

## 第 4 章

嵌入式 Linux 程序开发基础

本章主要介绍嵌入式 Linux 操作系统下程序设计所需要的基础知识。学习本章后,读者应掌握如下知识。

- 嵌入式 Linux 编译器 GCC 的使用。
- "文件包含"处理。
- Make 命令和 Makefile 文件。
- 嵌入式 Linux 汇编语言程序设计基础知识。
- Linux Shell 编程方法。
- 位运算。

4.1 嵌入式 Linux 编译器

目前,嵌入式系统的主流编程语言是 C 语言,它的强大功能和可移植性让它能在各种硬件平台上应付自如。C 语言兼有汇编语言和高级语言的优点,既适合于开发系统软件,也适合于编写应用程序。

4.1.1 Linux 下 C 语言编译过程

Linux 下的 C 语言程序设计主要涉及编辑器、编译链接器、调试器及项目管理工具。

1. 编辑器

嵌入式 Linux 下的编辑器与微软 Windows 下的 Word、记事本等文字编辑工具一样,完成对源程序代码的编辑功能。最常用的编辑器有 vi 和 gedit 等。

2. 编译链接器

编译过程包括词法、语法和语义的分析、中间代码的生成和优化、符号表的管理和出错处理等。在嵌入式 Linux 中,最常用的编译器是 GCC 编译器。GCC 编译器是 GNU 推出的功能强大、性能优越的多平台编译器,其执行效率与一般编译器相比平均要高 20%～30%。

3. 调试器

调试器可以方便程序员调试程序,但不是代码执行的必要工具。在编程的过程中,调试所消耗的时间远远大于编写代码的时间。因此,有一个功能强大、使用方便的调试器是很必要的。

4. 项目管理器

嵌入式 Linux 中的项目管理器 make 类似于 Windows 中 Visual C++中的"工程",它是一种控制编译或者重复编译软件的工具。另外,它还能自动管理软件编译的内容、方式和时机,使程序员能够把精力集中在代码的编写上而不是在源代码的组织上。

4.1.2 GCC 编译器及基本使用方法

在嵌入式 Linux 中,通常使用 GCC 编译器将源代码编译成执行程序,下面对 GCC 编译器及使用方法作详细介绍。

1. GCC 编译器

Linux 系统下的 GCC(GNU C Compiler)是 GNU 项目所推出的功能强大、性能优越的多平台编译器。GCC 可以在多种硬件平台上编译出可执行程序,其执行效率与一般的编译器相比要高 20%～30%。因此,特别适合在嵌入式系统开发编译应用程序。

GCC 编译器能将 C、C++ 语言源程序、汇编语言源程序和目标程序编译、连接成可执行文件,如果没有给出可执行文件的名字,GCC 将自动生成一个名为 a. out 的文件。

在 Linux 系统中,可执行文件没有统一的后缀,系统从文件的属性来区分可执行文件和不可执行文件。而 GCC 则通过文件名后缀来区别文件的类别,表 4.1 是 GCC 所遵循的部分约定规则。

表 4.1 GCC 所支持文件名后缀的部分约定规则

文件名后缀	对应的语言
. a	由目标文件构成的档案库文件
. C,. cc 或. cxx	C、C++ 源代码文件
. h	程序所包含的头文件
. i	已经预处理过的 C 源代码文件
. ii	已经预处理过的 C++ 源代码文件
. m	Objective-C 源代码文件
. o	编译后的目标文件
. s	汇编语言源代码文件
. S	经过预编译的汇编语言源代码文件

GNU 计划:GNU 是由 Richard Stallman 开发的一个与 UNIX 兼容的软件系统。它的目标是创建一套完全自由的操作系统。大多数 Linux 软件是经过自由软件基金会的 GNU (www. gnu. org)公开认证授权的,因而通常被称为 GNU 软件。GNU 软件免费提供给用户使用,许多流行的 Linux 实用程序(如 C 编译器、Shell 和编辑器)都是 GNU 软件应用程序。

GNU 计划有很多实用程序,最常用的有文件实用程序、文本实用程序、查找实用程序和 Shell 实用程序。这些实用程序都包含在 Linux 系统中,安装 Linux 操作系统时,会自动安装到计算机中。

2. GCC 的执行过程

虽然称 GCC 是 C 语言的编译器,但使用 GCC 由 C 语言源代码文件生成可执行文件的过程不仅仅是编译的过程,而是要经历 4 个相互关联的步骤:预处理(也称预编译,Preprocessing)、编译(Compilation)、汇编(Assembly)和链接(Linking)。

下面通过一个具体的例子来说明 GCC 是如何完成上述 4 个步骤的。

设有程序 hello.c,其源代码如下。

```
#include  <stdio.h>
int main()
 {
    printf("Hello! This is our embedded world!\n");
    return 0;
}
```

1) 预处理阶段

在该阶段,命令 GCC 首先对源代码文件中的文件包含(include)、预编译语句(如宏定义 define 等)进行分析。编译器将上述代码中的 stdio.h 编译进来,并且用户可以使用 GCC 的选项-E 进行查看,该选项的作用是让 GCC 在预处理结束后停止编译过程。

GCC 命令的一般格式如下。

```
gcc  [选项]  要编译的文件  [选项]  [目标文件]
```

其中,目标文件可缺省,若目标文件缺省,则 GCC 默认生成可执行的文件,命名为: 编译文件名.out。

```
[root@localhost GCC]#gcc  -E  hello.c  -o  hello.i
```

在此处,选项-o 指目标文件,由表 4.1 可知,.i 文件为已经过预处理的 C 原始程序。以下列出了 hello.i 文件的部分内容。

```
typedef int ( * __gconv_trans_fct) (struct __gconv_step *,
     struct __gconv_step_data *, void *,
     __const unsigned char *,
     __const unsigned char **,
     __const unsigned char *, unsigned char **,
     size_t *);
…
#2 "hello.c" 2
int main()
 {
    printf("Hello! This is our embedded world!\n");
    return 0;
 }
```

由此可见,GCC 确实进行了预处理,它把 stdio.h 的内容插入 hello.i 文件中。

2) 编译阶段

在这个阶段,GCC 首先要检查代码的规范性、是否有语法错误等,以确定代码实际要做的工作,在检查无误后,GCC 把代码翻译成汇编语言。用户可以使用-S 选项来进行查看,该选项只进行编译而不进行汇编,生成汇编代码。

```
[root@localhost GCC]#gcc  -S  hello.i  -o  hello.s
```

以下列出了 hello.s 的内容,可见 GCC 已经将其转化为汇编了,感兴趣的读者可以分析一下这一段简单的 C 语言语句是如何用汇编代码实现的。

```
.file "hello.c"
.section .rodata
.align 4
.LC0:
.string "Hello! This is our embedded world!"
.text
.globl main
.type main, @function
main:
pushl %ebp
movl %esp, %ebp
subl $8, %esp
andl $-16, %esp
movl $0, %eax
addl $15, %eax
addl $15, %eax
shrl $4, %eax
sall $4, %eax
subl %eax, %esp
subl $12, %esp
pushl $.LC0
call puts
addl $16, %esp
movl $0, %eax
leave
ret
.size main, .-main
.ident "GCC: (GNU) 4.0.0 20050519 (Red Hat 4.0.0-8)"
.section.note.GNU-stack,"",@progbits
```

3) 汇编阶段

在该阶段,把编译阶段生成的.s 文件转换成目标文件,在此使用选项-c 就可看到汇编代码已转化为.o 的二进制目标代码了,如下所示。

```
[root@localhost GCC]#gcc -c  hello.s  -o  hello.o
```

4) 链接阶段

在链接阶段,所有的目标文件被安排在可执行程序中的恰当的位置,同时,该程序所调用的库函数也从各自所在的函数库中链到合适的地方。

重新查看这个小程序,发现在这个程序中并没有定义 printf 的函数实现,且在预编译所包含的 stdio.h 中也只有该函数的声明,而没有定义函数的实现。那么,是在哪里实现 printf 函数的呢? 最后的答案是:系统把这些函数实现都做到名为 libc.so.6 的库文件中了,在没有特别指定时,GCC 会到系统默认的搜索路径/usr/lib 下进行查找,即链接到 libc.so.6 库函数中,这样就能实现函数 printf 了,这也就是链接的作用。

完成了链接后,GCC 就可以生成可执行文件,如下所示。

```
[root@localhost GCC]#gcc  hello.o  -o  hello
```

运行该可执行文件,其结果如下。

```
[root@localhost GCC]# ./hello
Hello! This is our embedded world!
```

3. GCC 的基本用法和选项

在使用 GCC 编译器的时候,必须给出一系列必要的调用参数和文件名称。GCC 编译器的调用参数有 100 多个,这里介绍其中最基本、最常用的参数。

GCC 一般用法是:

```
gcc [源程序名] [options] [执行文件名]
```

其中,options 为编译器所需要的参数。

- -c:仅编译,不链接成可执行文件,编译器只是由输入的.c 等源代码文件生成.o 为后缀的目标文件,通常用于编译不包含主程序的子程序文件。
- -o:编译并链接成可执行文件。如果不给出这个选项,GCC 就生成默认的可执行文件 a.out。
- -g:产生符号调试工具(GNU 的 gdb)所必要的符号信息,要想对源代码进行调试,就必须加入这个选项。
- -O:对程序进行优化编译、链接,采用这个选项,整个源代码会在编译、链接过程中进行优化处理,这样产生的可执行文件的执行效率可以提高,但是,编译、链接的速度就相应地要慢一些。
- -O2:比-O 更好的优化编译、链接,当然整个编译、链接过程会更慢。

例如,一个名为 test.c 的 C 语言源代码文件,要编译成一个可执行文件 test,最简单的办法就是:

```
#gcc  test.c  - o  test
```

这时,预编译、编译链接一次完成,将源程序编译成可执行文件。

若不指定编译后的可执行文件名,如:

```
#gcc  test.c
```

则生成一个系统预设的名为 a.out 的可执行文件。

对于稍为复杂的情况,比如有多个源代码文件、需要连接档案库或者有其他比较特别的要求,就要给定适当的调用选项参数。

4. GCC 使用函数库

1) 函数库

函数库可以看作是事先编写好的函数集合,它与主函数分离,从而增加程序开发的复用性。Linux 中的函数库可以分成 3 种类型:静态函数库、共享函数库和动态函数库。

静态函数库的代码在编译时就已经链接到所开发应用程序中,而共享函数库和动态函数库都只是在程序运行时才载入。由于共享函数库和动态函数库并没有在程序中包括库函数的内容,只是包含了对库函数的引用,因此,应用程序所占用的存储空间较小。

注意:共享函数库与动态函数库是有区别的。动态库使用的库函数不是在程序运行时开始载入,而是在程序中的语句需要使用该函数时才载入,并且可以在程序运行期间释放动态库所占用的内存,腾出空间供其他程序使用。

Linux 系统的函数库都存放在/lib 和/usr/lib 目录下,通常库文件名由"lib+库名+后缀"组成。一般静态库的后缀名为 .a,动态库的后缀名为由".so+版本号"组成。

例如,数学共享库的库名为 libm.so.5,这里的标识符为 m,版本号为 5。

2)相关路径选项

通常库文件的路径不在系统默认的路径下,因此,GCC 在编译时要指定库文件的位置,这里就需要用到相关路径选项:-I dirname,该选项将 dirname 所指定的目录加入程序头文件目录列表中,这时 GCC 就会到相应的位置查找对应的目录。

比如在/root/test 下有两个文件。

• 文件 hello1.c

```
/* hello1.c */
#include <my.h>
int main()
{
  printf("Hello!!\n");
  return 0;
}
```

• 文件 my.h

```
/* my.h */
#include <stdio.h>
```

可在 GCC 命令行中加入-I 选项。

```
[root@localhost test]# gcc hello1.c -I /root/test/ -o hello1
```

这样,GCC 就能够执行出正确结果。

在 include 语句中,尖括号<>表示在标准路径中搜索头文件,双引号" "表示在本目录中搜索。故在上例中,可把 hello1.c 的 #include <my.h>改为 #include "my.h",就不需要加上-I 选项了。

4.2 "文件包含"处理

1. 头文件

在 C 语言中,需要利用头文件来定义结构、常量以及声明函数的原型。大多数 C 语言的头文件都存放在 /usr/include 及其子目录下,可以在这个目录很容易地见到 stdio.h、stdlib.h 等熟悉的面孔。

引用以上目录中的头文件在编译的时候无须加上路径,但如果程序中引用了其他路径的头文件,需要在编译的时候用-I 参数。

2. "文件包含"处理

"文件包含"处理,意思是把另外一个源文件的内容包含到本程序中来。其作用是减少编写程序的重复劳动,即把一些要重复使用的东西,编写到一个"头文件"(＊.h)中,然后在程序中用♯include 命令来实现"文件包含"的操作。

在进行较大规模程序设计时,"文件包含"处理也十分有用。为了适应模块化编程的需要,可以将组成 C 语言程序的各个功能函数分割到多个程序文件中,分别由不同人员负责编程,最后用♯include 命令将它们嵌入一个总的程序文件中去。

在设计嵌入式系统应用程序时,需要用头文件把目标板生产商提供的各种库函数及数据类型、函数声明集中到一处。这可以保证数据结构定义的一致性,以便程序的每一部分都能以同样的方式看待一切事情。

【例 4-1】　计算 $\sum n = 1 + 2 + 3 + \cdots + 100$ 求和运算的程序示例。

1) 直接把所有运算代码都编写在 main() 函数中

```
1   # include < stdio. h >
2   int main()
3     {
4       int x = 100, s = 0, i = 1;
5       while(i < = x)
6         {
7           s = s + i;
8           i++ ;
9         }
10      printf(" sum =  % d\n",s);
11      return 0;
12  }
```

2) 把加法运算部分编写成一个函数

为了让加法部分能重复使用,将加法部分写成一个函数 int mysum(int n),再在主函数中调用它。

```
1   # include < stdio. h >
2   int mysum( int n) ;
3   int main()
4   {
5       int x = 100;
6       int s = 0;
7       s = mysum(x) ;
8       printf(" sum =  % d\n",s);
9       return 0;
10  }
11  int mysum( int n)
12  {
13    int i = 1, ss = 0;
14    while(i < = n){
15        ss = ss + i;
16        i++ ;
17      }
18    return (ss);
19  }
```

注意：上述程序中的第 2 行语句

```
int mysum(int n);
```

是必不可少的。由于 mysum(int n)函数的定义是从第 11 行语句开始,而调用 mysum(int n)函数的语句在第 7 行,因此,要在调用之前声明这个函数。

3) 分割成多个独立功能的函数

下面进一步将程序中具有独立功能的 mysum()函数分割出来。该程序可分割为下列3 个 Linux C 程序: mysum.h、mysum.c 和 ex_sum.c。

- 程序 mysum.h

```
1  /*  mysum.h  */
2  int mysum(int n);
```

- 程序 mysum.c

```
1. /* mysum.c */
2. int mysum(int n)
3.   {
4.      int i = 1, ss = 0;
5.      while(i < = n){
6.          ss = ss + i;
7.          i++ ;
8.          }
9.      return (ss);
10. }
```

- 主程序 ex_sum.c

```
1.  /*   ex_sum.c  */
2.  # include < stdio.h >
3.  # include "mysum.h"
4.  int main()
5.   {
6.      int x = 100;
7.      int s = 0;
8.      s = mysum(x);
9.      printf("sum = % d\n",s);
10.     return 0;
11.  }
```

在 Linux 环境下,执行编译程序命令。

```
gcc   ex_sum.c  mysum.c   - o   sum
```

此命令将 ex_sum.c 和 mysum.c 编译成一个在 Linux 环境下的可执行文件 sum。

在 Linux 环境下运行可执行文件 sum。

```
./sum
```

结果如下。

```
sum = 5050
```

4.3　make 命令和 Makefile 工程管理

视频讲解

4.3.1　认识 make

首先通过前面编译求和程序 sum 的例子来认识 make 命令和 Makefile 文件的作用及用法。该程序涉及 mysum.h、mysum.c 和 ex_sum.c 等 3 个文件,编写一个 Makefile 文件如下。

```
sum:  ex_sum.o  mysum.o
    gcc  ex_sum.o  mysum.o  -o  sum
ex_sum.o: ex_sum.c
    gcc  -c  ex_sum.c
mysum.o:  mysum.c  mysum.h
    gcc  -c  mysum.c
```

注意:命令 gcc　ex_sum.o　mysum.o　-o　sum 前面不是空格,而是按下 Tab 键的制表符号位。

将其保存为 Makefile,文件名没有后缀。然后,在 Linux 环境下执行 make,其运行结果如下。

```
[root@localhost sum]# make
gcc  -c  ex_sum.c
gcc  -c  mysum.c
gcc  ex_sum.o  mysum.o  -o  sum
```

将 ex_sum.c 和 mysum.c 编译成在 Linux 环境下的可执行文件 sum。

从上面的例子可以看出,Makefile 是 make 读入的配置文件。在一个 Makefile 中通常包含如下内容。

- 需要由 make 工具创建的目标体(target),通常是目标文件或可执行文件。
- 要创建的目标体所依赖的文件(dependency_file)。
- 创建每个目标体时需要运行的命令(command)。

Makefile 的格式为:

```
target: dependency_files
        command
```

注意:在 Makefile 中的 command 前必须有 Tab 符,否则在运行 make 命令时会出错。

上面的例子很简单,完全没有必要使用 Makefile,而直接用编译命令就可完成编译任务。下面再看一个稍微复杂一点的例子。

【例 4-2】　应用 Makefile 文件编译程序的示例。

假设有下面这样的一个程序,该程序涉及 mytool1.h、mytool2.h、mytool1.c、mytool2.c,其源代码如下。

1)主程序 main.c

```
1.  /* main.c */
2.  #include "mytool1.h"
```

```
3.   # include "mytool2.h"
4.   int main(int argc,char * argv)
5.   {
6.       mytool1_print("hello");
7.       mytool2_print("hello");
8.   }
```

2）头文件 mytool1.h 源程序

```
1.   / *  mytool1.h * /
2.   # ifndef _MYTOOL_1_H
3.   # define _MYTOOL_1_H
4.   void mytool1_print(char * print_str);
5.   # endif
```

3）文件 mytool1.c 源程序

```
1.   / *  mytool1.c * /
2.   # include   "mytool1.h"
3.   void mytool1_print(char * print_str)
4.   {
5.       printf("This is mytool1 print: % s\n ", print_str);
6.   }
```

4）头文件 mytool2.h 源程序

```
1.   / *  mytool2.h * /
2.   # ifndef _MYTOOL_2_H
3.   # define _MYTOOL_2_H
4.   void mytool2_print(char * print_str);
5.   # endif
```

5）文件 mytool2.c 源程序

```
1.   / *  mytool2.c * /
2.   # include "mytool2.h"
3.   void mytool2_print(char * print_str)
4.   {
5.       printf("This is mytool2 print: % s\n ",print_str);
6.   }
```

我们可以这样来编译。

```
gcc   - c  main.c
gcc   - c  mytool1.c
gcc   - c  mytool2.c
gcc   - o  main main.o  mytool1.o  mytool2.o
```

这样的话，就可以产生 Linux 下的执行文件 main，而且也不太麻烦。但是，如果有一天我们修改了其中一个文件（如 mytool1.c），那么难道还要重新输入上面的命令？如果把事情想得更复杂一点，假若程序有几百个源程序，难道也要编译器重新一个一个地去编译？所以，此时就需要一个工程管理器能够自动识别更新了的文件代码，同时又不需要重复输入冗长的命令行,这样,make 工程管理器就应运而生了。

实际上,make 工程管理器也就是个"自动编译管理器",这里的"自动"指它能够根据文件时间戳自动发现更新过的文件而减少编译的工作量,同时,它通过读入 Makefile 文件的内容来执行大量的编译工作。用户只需编写一次简单的编译语句就可以了。它大大提高了实际项目的工作效率,而且几乎所有 Linux 下的项目编程均会涉及它,希望读者能够认真学习本节内容。

对于上面的那个程序来说,可以编写一个如下的 Makefile 文件。

```
1.  main: main.o  mytool1.o  mytool2.o
2.      gcc  - o  main  main.o  mytool1.o  mytool2.o
3.  main.o: main.c
4.      gcc  - c  main.c
5.  mytool1.o: mytool1.c mytool1.h
6.      gcc  - c  mytool1.c
7.  mytool2.o: mytool2.c mytool2.h
8.      gcc  - c  mytool2.c
```

这里,每个 gcc 前都是 Tab 制表符,不是空格。

接着就可以使用 make 了。make 会自动读入 Makefile(也可以是 makefile)并执行对应目标体的编译命令语句,同时找到相应的依赖文件,如下所示。

```
[root@localhost maketest]# make
gcc  - c  main.c
gcc  - c  mytool1.c
gcc  - c  mytool2.c
gcc  - o  main main.o  mytool1.o  mytool2.o
[root@localhost maketest]# ls
Makefile main main.c main.o mytool1.c  mytool1.h  mytool1.o  mytool2.c
mytool2.h  mytool2.o
```

可以看到,make 执行了 Makefile 中一系列的命令语句,并生成了 main.o 目标体,最后生成了 Linux 下的执行文件 main。可以运行这个执行文件,其结果如下。

```
[root@localhost maketest]# ./main
This is mytool1 print: hello
This is mytool2 print: hello
```

如果再次运行 make,这时,make 会自动检查相关文件的时间戳。

首先,在检查 main、main.o、mytool1.o 和 mytool2.o 这 4 个文件的时间戳之前,它会向下查找那些把 main.o、mytool1.o 或 mytool2.o 作为目标文件的时间戳。如果这些文件中任何一个的时间戳比它们新,则用 gcc 命令将此文件重新编译。这样,make 就完成了自动检查时间戳的工作,开始执行编译工作。这就是 make 工作的基本流程。

4.3.2　Makefile 变量

为了进一步简化编辑和维护 Makefile,make 允许在 Makefile 中创建和使用变量。变量是在 Makefile 中定义的名字,用来代替一个文本字符串,该文本字符串称为该变量的值。在具体要求下,这些值可以代替目标体、依赖文件、命令以及 Makefile 文件中其他部分。在 Makefile 中的变量定义常用的有两种方式:一种是递归展开方式;另一种是简单方式。

递归展开方式定义的变量是在引用该变量时进行替换的,即如果该变量包含了对其他变量的引用,则在引用该变量时一次性将内嵌的变量全部展开。

简单扩展型变量的值在定义处展开,并且只展开一次,因此它不包含任何对其他变量的引用,从而消除变量的嵌套引用。

递归展开方式的定义格式为:VAR=var

简单扩展方式的定义格式为:VAR:=var

make 中的变量无论采用哪种方式定义,使用时格式均为:$(VAR)。

下面给出例 4-2 中用变量替换修改后的 Makefile,这里用 OBJS 代替 main.o、mytool1.o 和 mytool2.o,用 CC 代替 gcc。这样在以后修改时,就可以只修改变量定义,而不需要修改下面的定义实体,从而大大简化了 Makefile 维护的工作量。

经变量替换后的 Makefile 如下所示。

```
1.   OBJS = main.o mytool1.o  mytool2.o
2.   CC = gcc
3.   main: $(OBJS)
4.      $(CC)  $(OBJS)  -o  main
5.   main.o: main.c
6.      $(CC)  -c  main.c
7.   mytool1.o: mytool1.c  mytool1.h
8.      $(CC)  -c  mytool1.c
9.   mytool2.o: mytool2.c  mytool2.h
10.     $(CC)  -c  mytool2.c
```

可以看到,此处变量是以递归展开方式定义的。

由于常见的 GCC 编译语句中通常包含了目标文件和依赖文件,而这些文件在 Makefile 文件中目标体的一行已经有所体现,因此,为了进一步简化 Makefile 的编写,引入了自动变量的概念。自动变量通常可以代表编译语句中出现目标文件和依赖文件等,并且具有本地含义(即下一语句中出现的相同变量代表的是下一语句的目标文件和依赖文件)。表 4.2 列出了 Makefile 中常见的自动变量。

表 4.2　Makefile 中常见的自动变量

命 令 格 式	含　　义
$ *	不包含扩展名的目标文件名称
$ +	所有的依赖文件,以空格分开,并以出现的先后为序,可能包含重复的依赖文件
$ <	第一个依赖文件的名称
$?	所有时间戳比目标文件晚的依赖文件,并以空格分开
$ @	目标文件的完整名称
$ ^	所有不重复的依赖文件,以空格分开
$ %	如果目标是归档成员,则该变量表示目标的归档成员名称

自动变量的书写比较难记,但是熟练了之后会非常方便,请读者结合下例中自动变量改写的 Makefile 进行记忆。

```
1.  OBJS = main.o mytool1.o mytool2.o
2.  CC = gcc
3.  main: $(OBJS)
4.     $(CC) $^ -o $@
5.  main.o: main.c
6.     $(CC) -c $< -o $@
7.  mytool1.o: mytool1.c  mytool1.h
8.     $(CC) -c $< -o $@
9.  mytool2.o: mytool2.c  mytool2.h
10.    $(CC) -c $< -o $@
```

另外,在 Makefile 中还可以使用环境变量。使用环境变量的方法相对比较简单,make 在启动时会自动读取系统当前已经定义了的环境变量,并且会创建与之具有相同名称和数值的变量。但是,如果用户在 Makefile 中定义了相同名称的变量,那么用户自定义变量将会覆盖同名的环境变量。

4.3.3 Makefile 规则

Makefile 的规则是 make 进行处理的依据,它包括了目标体、依赖文件及其之间的命令语句。一般的,Makefile 中的一条语句就是一个规则。在上面的例子中,都显式地指出了 Makefile 中的规则关系,如 $(CC) -c $< -o $@。为了简化 Makefile 的编写,make 定义了两种类型的规则:隐式规则和模式规则,下面就分别对其进行介绍。

1. 隐式规则

在使用 Makefile 时,有些语句经常使用,而且使用频率非常高,隐式规则能够告诉 make 使用默认的方式来完成编译任务,这样,当用户使用它们时就不必详细指定编译的具体细节,而只需把目标文件列出即可。make 会自动按隐式规则来确定如何生成目标文件。例如,编译例 4-2 程序的 Makefile 就可以写成:

```
1.  OBJS = main.o mytool1.o  mytool2.o
2.  CC = gcc
3.  main: $(OBJS)
4.     $(CC) $^  -o $@
```

为什么可以省略后 6 句呢? 因为 make 的隐式规则指出:所有.o 文件都可自动由.c 文件使用命令 $(CC) -c < file.c > -o < file.o >生成。这样 main.o、mytool1.o 和 mytool2.o 就会分别调用 $(CC) -c $< -o $@来生成。

2. 模式规则

由于 make 的隐式规则只能对默认的变量进行编译操作,对于用户自定义的变量,则不能识别操作。为了让隐式规则适合更普遍的情况,模式规则规定,在定义目标文件时需要用%字符。%表示一个或多个任意字符,与文件名匹配。在依赖文件中同样可以使用%,只是依赖文件中%的取值取决于其目标文件。

例如,%.c 表示以.c 结尾的文件名(文件名的长度至少为 3),而 s.%.c 则表示以 s.开头、以.c 结尾的文件名(文件名的长度至少为 5)。

对于上面的 Makefile 文件,若使用模式规则,其代码如下。

```
1.  OBJS = main.o  mytool1.o  mytool2.o
2.  CC = gcc
3.  main: $(OBJS)
4.    $(CC)$^  -o  $@
5.  %.o: %.c
6.    $(CC)  -c  $<  -o  $@
```

4.3.4 make 命令的使用

使用 make 命令非常简单,要运行当前目录下的 Makefile,只需直接输入 make,则可建立在 Makefile 中所指定的目标文件。此外,make 还有丰富的命令行选项,可以完成各种不同的功能。表 4.3 列出了常用的 make 命令行选项。

表 4.3 make 的命令行选项

命令格式	含义
-C ＜dir＞	读入指定目录下的 Makefile
-f ＜file＞	读入当前目录下的＜file＞文件作为 Makefile
-i	忽略所有的命令执行错误
-I ＜dir＞	指定被包含的 Makefile 所在目录
-n	只打印要执行的命令,但不执行这些命令
-p	显示 make 变量数据库和隐含规则
-s	在执行命令时不显示命令
-w	如果 make 在执行过程中改变目录,则打印当前目录名

4.4 嵌入式 Linux 汇编语言程序设计

汇编语言的优点是执行速度快,可以直接对硬件进行操作。作为最基本的编程语言之一,汇编语言虽然应用的范围不算很广泛,但重要性却毋庸置疑,因为它能够完成许多其他语言所无法完成的功能。在嵌入式系统的设计应用中,虽然绝大部分代码是用 C 语言编写的,但仍然不可避免地在某些关键地方需要使用汇编语言的代码。

大多数情况下,嵌入式系统的设计人员不需要使用汇编语言,因为即便是硬件驱动这样的底层程序,在嵌入式 Linux 系统中也可以完全用 C 语言来实现。但是,在移植 Linux 到某一特定的嵌入式硬件环境下时,则需要汇编程序。

嵌入式 Linux 系统下,用汇编语言编写程序有以下两种不同的形式。

1) 完全汇编代码

完全汇编代码,即整个程序全部用汇编语言编写。尽管是完全的汇编代码,但嵌入式 Linux 系统下的汇编工具也吸收了 C 语言的长处,使得设计人员可以使用 ♯include、♯ifdef 等预处理指令,并能通过宏定义来简化代码。

2) 内嵌汇编代码

内嵌汇编代码,即可以把汇编代码片段嵌入 C 语言程序中。

对于初学者来说,用汇编语言指令编写程序是一件比较困难的事情,需要专门学习该课程知识。这里仅对嵌入式 Linux 汇编语言格式与 DOS/Windows 汇编语言格式的不同之处做一些简单介绍。

4.4.1　嵌入式 Linux 汇编语言格式

1. 嵌入式 Linux 汇编语言程序结构

在嵌入式 Linux 汇编语言程序中,程序是以程序段(Section)的形式呈现的。程序段是具有特定名称的相对独立的指令或数据序列。

程序段分为代码段(Code Section)和数据段(Data Section)两种类型。代码段的主要内容为执行代码;数据段则存放代码段运行时需要用到的数据。

一个汇编语言程序至少要有一个代码段。

2. 嵌入式 Linux 汇编语言的语法格式

嵌入式 Linux 汇编语言的语法格式和 DOS/Windows 下的汇编语言语法格式有较大的差异。DOS/Windows 下的汇编语言代码都是 Intel 格式;嵌入式 Linux 的汇编语言代码采用的是 AT&T 格式,两者在语法格式上有着很大的不同,主要区别如下。

(1) 在 AT&T 汇编格式中,寄存器名要加上％作为前缀;在 Intel 汇编格式中,寄存器名不需要加前缀。

例如:

```
AT&T 格式:   pushl   % eax
Intel 格式:   push    eax
```

(2) 在 AT&T 汇编格式中,用 $ 前缀表示一个立即操作数;在 Intel 汇编格式中,立即数的表示不用带任何前缀。

例如:

```
AT&T 格式:   pushl   $ 1
Intel 格式:   push    1
```

(3) AT&T 和 Intel 格式中的源操作数和目标操作数的位置正好相反。在 AT&T 汇编格式中,目标操作数在源操作数的右边;在 Intel 汇编格式中,目标操作数在源操作数的左边。

例如:

```
AT&T 格式:   addl   $ 1,   % eax
Intel 格式:   add    eax,   1
```

(4) 在 AT&T 汇编格式中,操作数的字长由操作符的最后一个字母决定,后缀 b、w、l 分别表示操作数为字节(byte,8 比特)、字(word,16 比特)和长字(long,32 比特);在 Intel 汇编格式中,操作数的字长是用 byte ptr 和 word ptr 等前缀来表示的。

例如:

```
AT&T 格式:   movb   val,   % al
Intel 格式:   mov    al,   byte ptr val
```

（5）在 AT&T 汇编格式中，绝对转移和调用指令（jump/call）的操作数前要加上 * 作为前缀，在 Intel 格式中则不需要。

远程转移指令和远程子调用指令的操作码，在 AT&T 汇编格式中为 ljump 和 lcall；在 Intel 汇编格式中则为 jmp far 和 call far，即：

```
AT&T 格式：   ljump   $ section,   $ offset
             lcall   $ section,   $ offset
Intel 格式：  jmp   far   section: offset
             call   far   section: offset
```

与之相应的远程返回指令如下。

```
AT&T 格式：   lret   $ stack_adjust
Intel 格式：  ret   far   stack_adjust
```

（6）在 AT&T 汇编格式中，内存操作数的寻址方式是 section：disp(base，index，scale)；在 Intel 汇编格式中，内存操作数的寻址方式为：section：[base + index * scale + disp]。

表 4.4 是一些内存操作数的两种格式示例。

表 4.4　内存操作数的两种格式示例

汇编格式	语法格式
AT&T 格式	movl　−4(%ebp)，　%eax movl　array(，%eax，4)，　%eax movw　array(%ebx，%eax，4)，　%cx movb　$4，　%fs：(%eax)
Intel 格式	mov　eax，　[ebp − 4] mov　eax，　[eax * 4 + array] mov　cx，　[ebx + 4 * eax + array] mov　fs：eax，　4

4.4.2　嵌入式 Linux 汇编程序示例

视频讲解

【例 4-3】　编写一个最简单的 AT&T 格式的汇编程序。

用编辑工具编写如下汇编源程序，并将其保存为 hello.s。

```
# hello.s
.data                                    # 数据段声明
        msg : .string "Hello, world!\n"  # 要输出的字符串
        len = . − msg                    # 字串长度
.text                                    # 代码段声明
.global _start                           # 指定入口函数

_start:                                  # 在屏幕上显示一个字符串
        movl  $ len,   % edx             # 参数三：字符串长度
        movl  $ msg,   % ecx             # 参数二：要显示的字符串
        movl  $ 1,     % ebx             # 参数一：文件描述符(stdout)
        movl  $ 4,     % eax             # 系统调用号(sys_write)
        int   $ 0x80                     # 调用内核功能
```

```
     movl  $ 0,  % ebx                    ♯ 退出程序
                                          ♯ 参数一: 退出代码
     movl  $ 1,  % eax                    ♯ 系统调用号(sys_exit)
     int   $ 0x80                         ♯ 调用内核功能
```

在本程序中,调用 Linux 内核提供的系统调用 sys_write 显示一个字符串,再应用系统调用 sys_exit 退出程序。在 Linux 内核源文件 include/asm-i386/unistd.h 中,可以找到所有系统调用的定义。

【例 4-4】 用 Intel 格式编写一个与例 4-3 相同的简单汇编程序。

```
; hello.asm
section .data                            ; 数据段声明
    msg  db  "Hello, world!", 0xA        ; 要输出的字符串
    len  equ  $ - msg                    ; 字串长度
section .text                            ; 代码段声明
global _start                            ; 指定入口函数
_start:                                  ; 在屏幕上显示一个字符串
    mov  edx,  len                       ; 参数三: 字符串长度
    mov  ecx,  msg                       ; 参数二: 要显示的字符串
    mov  ebx,  1                         ; 参数一: 文件描述符(stdout)
    mov  eax,  4                         ; 系统调用号(sys_write)
    int  0x80                            ; 调用内核功能
                                         ; 退出程序
    mov  ebx,  0                         ; 参数一: 退出代码
    mov  eax,  1                         ; 系统调用号(sys_exit)
    int  0x80                            ; 调用内核功能
```

4.4.3　编译嵌入式 Linux 汇编程序

下面以编译汇编语言源程序 hello.s 为例,说明编译嵌入式 Linux 汇编程序的方法。

1. 汇编命令

汇编的作用是将用汇编语言编写的源程序转换成二进制形式的目标代码。对于使用标准的 AT&T 语法格式编写的汇编程序,可以使用以下汇编命令。

```
[root@localhost asm] ♯ as  - o  hello.o  hello.s
```

或应用交叉汇编命令。

```
[root@localhost asm] ♯ arm - linux - as  - o  hello.o  hello.s
```

对于 Intel 语法格式编写的汇编程序,需要使用 NASM 汇编器的汇编命令进行汇编操作。

```
[root@localhost asm] ♯ nasm  - f  elf  hello.s
```

2. 链接命令

由汇编器产生的目标代码是不能直接在计算机上运行的,它必须经过链接器的处理才能生成可执行代码。链接器通常用来将多个目标代码连接成一个可执行代码,这样可以先将整个程序分成几个模块来单独开发,然后才将它们组合(链接)成一个应用程序。Linux

使用 ld 作为标准的链接程序,经链接后的程序就成为可执行程序。

```
[root@localhost asm] # ld  -s  -o  hello  hello.o
```

或应用交叉链接命令:

```
[root@localhost asm] # arm-linux-ld  -s  -o  hello  hello.o
```

3. 运行程序

```
[root@localhost asm] #  ./hello
Hello, world!
```

视频讲解

4.5　嵌入式 Linux shell 编程

　　shell 是用户与 Linux 系统间的接口程序,它允许用户向操作系统输入需要执行的命令。当用户在终端窗口输入命令,系统会利用解释器解释这些命令从而执行相应的操作。完成这一解释功能的机制就是 shell。shell 编程就是把 shell 命令编写成可执行的脚本文件。

4.5.1　shell 的语法基础

1. shell 脚本文件

1) shell 脚本文件结构

shell 脚本文件结构格式是固定的。首先看一个简单 shell 脚本文件的示例。

```
#!  /bin/bash
echo  "Hello  World!"
```

将文件保存为 hello.sh。

shell 脚本文件的第一行必须以符号#!开头。例如本例中的

```
#!  /bin/bash
```

符号#!用来告诉系统它后面的参数是用来执行该文件的解释器。在这个例子中,要使用/bin/bash 解释器来解释并执行程序。

2) 添加 shell 脚本文件可执行权限

添加 shell 脚本文件可执行权限的命令如下。

```
chmod  +x  [文件名]
```

例如:

```
chmod  +x  hello.sh
```

3) 执行已经添加可执行权限的 shell 脚本文件

```
[root@localhost shell] # ./hello.sh
Hello  World!
```

也可以直接使用 sh 命令来执行 shell 脚本文件。

```
[root@localhost shell] # sh   hello.sh
Hello   World !
```

4）shell 脚本文件的注释语句

在 shell 脚本文件中，以 # 开头的语句表示注释。但脚本第一行用 # ! 开头的语句不是注释，而是说明 shell 脚本文件的解释器。

2. shell 的变量及配置文件

与其他编程语言一样，shell 也允许将数值存放到变量中。shell 脚本文件的变量共有 3 种：用户变量、环境变量和系统变量。

1）用户变量

· 变量赋值

一般 shell 脚本文件的变量都是用户变量。给变量赋值时，要使用赋值符号（＝）为变量赋值。例如，给变量 a 赋值 Hello World：

```
a = "hello world"   （赋值号 = 的两侧不允许有空格）
```

· 获取变量的值

获取变量的值时，要在变量前面添加 $ 符号。

例如：

```
echo   $ a
```

用户变量的使用如下。

```
[root@localhost shell] # a = "hello world"
[root@localhost shell] # echo   $ a
 hello world
```

2）环境变量

由关键字 export 说明的变量叫作环境变量。

例如：

```
[root@localhost shell] # export   abc = /mnt/shell
[root@localhost shell] # echo   $ abc
 /mnt/shell
```

3）系统变量

shell 脚本文件中用到系统变量的地方不多，主要在用于表示参数时使用，这里不做介绍，仅列出一些常用系统变量。

· $ 0：当前程序的名称
· $ n：当前程序的第 n 个参数，n＝1,2,…,9
· $ * ：当前程序的所有参数（不包括程序本身）
· $ # ：当前程序的参数个数（不包括程序本身）
· $ $ ：当前程序的 PID
· $! ：执行上一个指令的 PID
· $? ：执行上一个指令的返回值

4.5.2　shell 的流程控制语句

shell 脚本文件中用条件语句和循环语句来控制程序的执行流程。

1. 条件语句

条件语句从 if 开始,到 fi 结束。满足条件表达式则执行条件语句中的语句块;若不满足条件,则跳过条件语句,继续执行后续语句。

条件语句的格式如下。

```
if (( 条件表达式 ))
then
        ♯语句块
fi
```

注意:条件表达式要用双括号括起来。

2. 循环语句

循环语句的格式如下。

```
for ((循环变量 = 初值;  循环条件表达式;  循环变量增量))
do
        ♯循环体语句块
done
```

注意:for 循环的条件要用双括号括起来。

4.5.3　shell 编程示例

【例 4-5】　编写显示 20 以内能被 3 整除的数的 shell 脚本程序。

应用 vi 编辑工具编写如下 shell 脚本。

```
1.  #! /bin/bash
2.  for((i = 1; i < 20; i++ ))
3.  do
4.     if(( i%3 == 0 ))
5.     then
6.        echo $ i
7.     fi
8.  done
```

将其保存为 test1.sh,然后再编译并执行程序。

```
[root@localhost shell] ♯ chmod  + x  test1.sh
[root@localhost shell] ♯ ./test1.sh
3
6
9
12
15
18
```

在本程序中,第 2 行～第 8 行为循环语句,在其中第 4 行～第 7 行嵌套了一个条件语句。

【例 4-6】 编写一个"**按任意键继续……**"的 shell 脚本程序。

应用 vi 编辑工具编写如下 shell 脚本。

```
1.  #! /bin/bash
2.  get_char()
3.  {
4.      stty  - echo
5.      stty  raw
6.      dd  if = /dev/tty  bs = 1  count = 1  2>/dev/null      ← /dev/null 表示空设备
7.      stty  - raw
8.      stty  echo
9.  }                     块大小 bs 为 1,数目也为 1
10. echo "Press  any  key  to  continue ......"
11. get_char
```

将其保存为 test2.sh。然后再编译并执行程序。

```
[root@localhost shell] # chmod  + x  test2.sh
[root@localhost shell] # ./test2.sh
Press  any  key  to  continue ......
```

在本程序中的第 2 行～第 9 行为 shell 脚本程序的函数,其函数名为 get_char。在第 11 行调用 get_char 函数。

本程序的核心语句是第 6 行,dd 命令是用指定大小的块复制一个文件,并在复制的同时进行指定的转换。在本语句中的 bs=1,即指定数据块的大小为 1 字节。/dev/null 表示空设备,语句中的 2>/dev/null 表示输出到空设备中,即没有任何输出。

dd 命令的参数使用格式说明如下。
- if = 文件名或设备：输入的文件或设备。
- bs = bytes：一次读入 bytes 字节,即指定一个块,其大小为 bytes 字节。
- count = blocks：仅复制 blocks 个块,块大小等于 bs 指定的字节数。
- 2>：表示标准错误信息输出。

4.6　位　运　算

视频讲解

4.6.1　位运算符

在嵌入式 Linux 的程序设计中经常要求在位(bit)一级进行运算,即位运算。按位操作运算的运算符称为位运算符,C 语言提供了 6 种位运算符：&(按位与)、|(按位或)、^(按位异或)、~(取反)、<<(左移)和>>(右移)。

1. 按位与运算

按位与运算符 & 是双目运算符。其功能是参与运算的两数各对应的二进制位相与,只有对应的两个二进制位均为 1 时,结果位才为 1,否则为 0。参与运算的数以补码方式出现。

例如：9 & 5 可写成算式如下。

```
      00001001   （9 的二进制补码）
  &  00000101   （5 的二进制补码）
  ─────────────
      00000001   （1 的二进制补码）
```

可见 9 & 5 = 1。

按位与运算通常用来对某些位清 0 或保留某些位。例如,把 a 的高八位清 0,保留低八位,可作 a & 0x00ff 运算(0x00ff 的二进制数为 0000000011111111)。

```
main(){
    int a = 9,b = 5,c;
    c = a&b;
    printf("a = % d/nb = % d/nc = % d/n",a,b,c);
}
```

2. 按位或运算

按位或运算符|是双目运算符。其功能是参与运算的两数各对应的二进制位相或。只要对应的两个二进制位有一个为 1 时,结果位就为 1。参与运算的两个数均以补码出现。

例如:9|5 可写算式如下。

```
    00001001
 | 00000101
 ─────────────
    00001101 （十进制为 13）
```

可见 9|5＝13。

```
main(){
    int a = 9,b = 5,c;
    c = a|b;
    printf("a = % d/nb = % d/nc = % d/n",a,b,c);
}
```

3. 按位异或运算

按位异或运算符^是双目运算符。其功能是参与运算的两数各对应的二进制位相异或,当两对应的二进制位相异时,结果为 1。参与运算数仍以补码出现。

例如:9^5 可写成算式如下。

```
    00001001
 ^ 00000101
 ─────────────
    00001100 （十进制为 12）
```

```
main(){
    int a = 9;
    a = a^5;
    printf("a = % d/n",a);
}
```

4. 求反运算

求反运算符～为单目运算符,具有右结合性。其功能是对参与运算的数的各二进制位按位求反。

例如:～9 的运算为～(0000000000001001),结果为 1111111111110110。

再例如,对于一个整数 x,如果要把它的每个位都置 1,那么可以写成:

x = ～0 ;　/＊ 每位都是 0,取反后就是全为 1 了 ＊/

这样做的好处是,不管这个整数 x 是多少位的,编译器都会自动生成合适的数。

5. 左移运算

左移运算符<<是双目运算符。其功能是把<<左边的运算数的各二进制位全部左移若干位,由<<右边的数指定移动的位数,高位丢弃,低位补 0。左移 1 位运算如图 4.1 所示。

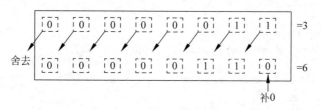

图 4.1　左移 1 位运算

例如,a<<4 指把 a 的各二进制位向左移动 4 位。如 a=00000011(十进制 3),左移 4 位后为 00110000(十进制 48),如图 4.2 所示。

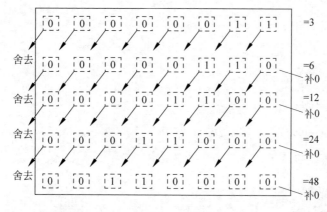

图 4.2　a<<4 的运算过程

6. 右移运算

右移运算符>>是双目运算符。其功能是把>>左边的运算数的各二进制位全部右移若干位,由>>右边的数指定移动的位数。

例如:设 a=15,a>>2 表示把 00001111 右移为 00000011(十进制 3)。

应该说明的是,对于有符号数,在右移时,符号位将随同移动。当为正数时,最高位补 0,而为负数时,符号位为 1,最高位是补 0 或是补 1 取决于编译系统的规定。

```
main(){
  unsigned a,b;
  printf("input a number: ");
  scanf("% d",&a);
  b = a>> 5;
  b = b&15;
```

```
    printf("a = %d/tb = %d/n",a,b);
}
```

请再看一例:

```
main(){
    char a = 'a',b = 'b';
    int p,c,d;
    p = a;
    p = (p << 8)|b;
    d = p&0xff;
    c = (p&0xff00)>> 8;
    printf("a = %d/nb = %d/nc = %d/nd = %d/n",a,b,c,d);
    } '
```

视频讲解

4.6.2　位表达式

将位运算符连接起来所构成的表达式称为位表达式。在这些位运算符中,其优先级依次为: ~(取反运算符)、<<或>>(左移或右移)、&(按位与)或|(按位或)或^(按位异或)。

在嵌入式 Linux 程序设计中,进行赋值运算时经常会用到复合赋值操作符。

例如:

a << = 5 就等价于 a= a << 5

再如:

GPDR & = ~ 0xff;

将其展开,就成为:

GPDR = GPDR & (~0xff);

接下来的步骤就简单了:

GPDR = GPDR & 0x00;

完成了对 GPDR 的清零。

一个常用的操作是用 & 来获取某个或者某些位。

例如,获取整数 x 中的低 4 位可以写成:

x & = 0x0F;
x = x & 0x0F;

也可以用|、&、<<、>>等配合来设置和清除某位或者某些位。

例如:

(1) x & = 0x1;

即:

x = x & 0x1; /*　保留 x 的最后一位不变,其余全为 0　*/

(2) x & = (0x1 << 5);

即:

x = x & (0x1 << 5); /*　清除 x 的低 5 位,即 x 的后 5 位均为 0　*/

(3) x |= 0x1;

即:

x = x | 0x1; /*　将 x 的最后一位(即第 0 位)设置为 1　*/

(4) x |= (0x1 << 6);

即:

x = x | (0x1 << 6); /*　将 x 的第 6 位设置为 1,x 的其余位不予考虑　*/

4.6.3　寄存器设置中的位运算应用示例

视频讲解

1. 对寄存器的某位进行赋值的方法

(1) 仅对寄存器 GPIOx 的第 n 位赋 1 值,其余值不变。

GPIOx |= (1 << n);

即:

GPIOx = GPIOx | (1 << n); /*　将 GPIOx 的第 n 位设置为 1　*/

(2) 仅对寄存器 GPIOx 的第 n 位赋 0 值,其余值不变。

GPIOx &= ~(1 << n);

即:

GPIOx = GPIOx & (~(1 << n)); /*　GPIOx 与第 n 位为 0 的数进行 & 运算　*/

2. 寄存器设置的应用示例

【例 4-7】　设在 Cortex A8 微处理器 GPIO 端口的 GPC0[3]、GPC0[4]引脚各连接一个 LED 发光二极管,如图 4.3 所示。编写程序,通过对控制寄存器 GPC0CON 和数据寄存器 GPC0DAT 进行赋值操作,使 LED 发光二极管点亮或熄灭。

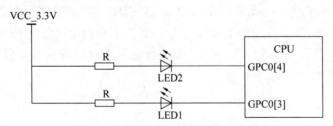

图 4.3　控制 LED 发光二极管点亮或熄灭

(1) 将寄存器 GPC0CON 的地址定义为指针并赋值。

通过查看寄存器地址表(表 2.3)可以知道,GPC0CON 的地址为 0xE020_0060,通过例 2-1 已经知道,要控制 LED 发光二极管点亮或熄灭,需要把 GPC0[3]、GPC0[4]引脚设置为输出模式。那么,怎样为 GPC0CON 寄存器赋值呢?

第 1 步:把 GPC0CON 寄存器的地址定义为 unsigned int 类型的指针。

```
unsigned int * GPC0CON = (unsigned int * )0xE0200060;
```

第 2 步：添加 volatile,防止编译优化。

为了防止在程序的编译过程中,编译器对数据进行优化而使数据发生更改,对指针变量添加 volatile 进行修饰。这样处理后,编译器不再对该变量进行优化处理。

```
volatile unsigned int * GPC0CON = * (volatile unsigned int * )0xE0200060
```

(2) 设置寄存器 GPC0CON 为输出模式。

① 首先清除 GPC0CON[4]、GPC0CON[3]寄存器的内容。

由于~0xff000 的二进制数为:0000 0000 1111 1111 1111,因此,不论 GPC0CON[4]和 GPC0CON[3]中的值为多少(GPC0CON[4]、GPC0CON[3]为二进制数中的第 13～第 20 位数值),经位运算:

```
* GPC0CON  & =   ~0xff000;
```

之后,第 13～第 20 位数(GPC0CON[4]、GPC0CON[3])的值一定是 0。这样就实现了清除 GPC0CON[4]、GPC0CON[3]寄存器中数据的目的。

② 再设置 GPC0CON[4]、GPC0CON[3]寄存器为输出模式。

由于 0x11000 的二进制数为:0001 0001 0000 0000 0000,经位运算:

```
* GPC0CON | = 0x11000;
```

之后,第 13 位及第 17 位数(GPC0CON[4]和 GPC0CON[3]的个位)的值一定是 1,从而将 GPC0CON[4]、GPC0CON[3]寄存器设置为输出模式。

(3) 定义 GPC0DAT 数据寄存器的地址为指针。

通过查看寄存器地址表(表 2.3)可知,GPC0DAT 的地址为 0xE0200064,则定义 GPC0 数据寄存器指针:

```
volatile unsigned int * GPC0DAT = (volatile unsigned int * ) 0xE0200064;
```

(4) 设置 GPC0DAT 数据寄存器的值,控制 LED 发光二极管点亮或熄灭。

GPC0DAT 寄存器每一位对应一个 GPIO 端口引脚,当该寄存器的某位设置为 1 时,则对应引脚输出高电平,该寄存器的某位设置为 0 时,对应引脚输出低电平。

GPC0DAT 寄存器的初始值为 0x00。通过位运算来设置寄存器的值,控制 LED 发光二极管的点亮及熄灭。

```
while (1)
  {
    GPC0DAT & =  ~(3 << 3);
    GPC0DAT | = i << 3;
    i++;
    if (i == 4) {i = 0; } //控制循环 4 次,再重复
  }
```

控制 LED 发光二极管的点亮及熄灭的循环过程如图 4.4 所示。

完整程序代码如下。

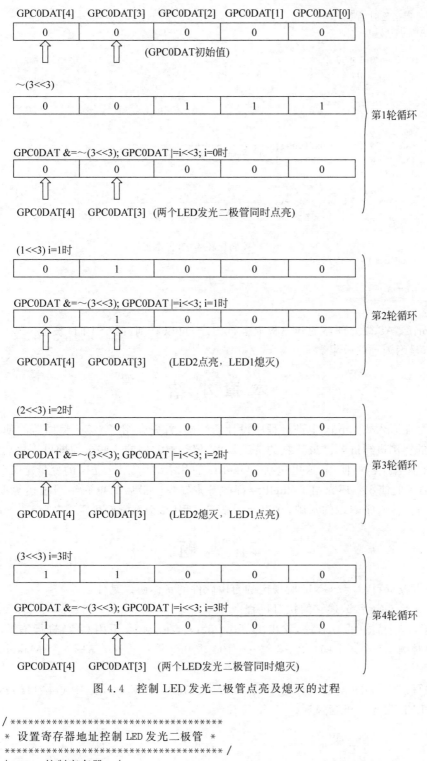

图 4.4　控制 LED 发光二极管点亮及熄灭的过程

```
1   /****************************************
2    *  设置寄存器地址控制 LED 发光二极管  *
3    **************************************** /
4   /* GPC0 控制寄存器 */
5   volatile unsigned int * GPC0CON = (volatile unsigned int * ) 0xE0200060;
6   /* GPC0 数据寄存器 */
7   volatile unsigned int * GPC0DAT = (volatile unsigned int * ) 0xE0200064;
```

```
8    /* 定义延时函数 */
9    void delay()
10   {
11     int k = 0x100000;
12     while (k--);
13   }
14   int main(void)
15   {
16     int i = 0;
17     * GPCOCON & =  ～0xff000;    } 设置 GPCOCON[4]、GPCOCON[3]引脚为输出模式
18     * GPCOCON | = 0x11000;
19     while (1)
20     {
21       * GPCODAT & = ～(3 << 3);    } GPCODAT 值为 0 时 LED 点亮, 为 1 时熄灭
22       * GPCODAT | = i << 3;
23       i++;
24       if (i == 4) { i = 0;}      //控制循环 4 次, 再重复
25       delay();     //延时
26     }
27     return 0;
28   }
```

在 Cortex A8 微处理器的开发板上运行程序, 可以看到, 两个 LED 发光二极管交替点亮或熄灭, 显示闪烁的效果。

本 章 小 结

本章是在嵌入式 Linux 中进行程序设计的基础, 首先介绍了 GCC 编译器的使用, 并结合了具体的实例进行讲解。虽然它的选项较多, 但掌握常用的一些选项即可。之后, 又介绍了 make 工程管理器的使用, 这里包括 Makefile 的基本结构、Makefile 的变量定义及其规则和 make 命令的使用。还介绍了 shell 编程的基本知识。最后简单介绍了位运算及对寄存器赋值的方法。有了本章的基础, 在以后的学习过程中, 会感觉轻松很多。

习　　题

1. 请查找资料, 看看 GNU 所规定的自由软件的具体协议是什么?

2. 什么是 GCC? 试述它的执行过程。

3. 编写一个简单的 C 程序, 输出 Hello,Linux., 在 Linux 下用 GCC 进行编译。

4. 针对例 4-1 中 $\sum n = 1 + 2 + 3 + \cdots + 100$ 求和运算的程序, 编写一个 Makefile 文件, 对其进行编译。

5. 编写程序, 如图 4.5 所示, 实现用 Cortex A8 的 S5PV210 的 GPIO 端口的 GPC0[2] 引脚控制 LED 发光二极管闪烁。

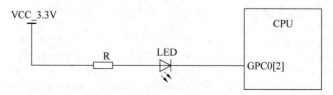

图 4.5　GPIO 端口的 GPC0[2]引脚控制 LED 发光二极管电路

第5章

嵌入式系统开发环境的建立

本章主要学习嵌入式系统开发环境的建立方法,通过本章的学习,可以掌握和了解以下知识点。

- 在宿主机端建立开发环境。
- 配置 minicom 终端。
- 嵌入式 Linux 系统内核的编译。
- 嵌入式开发板内核及系统文件的烧写方法。

5.1 建立宿主机开发环境

视频讲解

5.1.1 交叉编译

绝大多数的软件开发都是以本地(Native)编译方式进行的,即在普通计算机上开发编译、在本机上运行的方式。但是,这种方式通常不适合于嵌入式系统的软件开发,因为对于嵌入式系统来说,本机(即板上系统)没有足够的资源来运行开发工具和调试工具。因此,嵌入式系统软件的开发通常采用交叉编译的方式。交叉编译,就是指在一个平台上生成可以在另一个平台上执行的代码。

编译最主要的工作是将程序转化成运行该程序的 CPU 所能识别的机器代码。由于不同的硬件体系结构之间存在差异,它们的指令系统也不尽相同,因此,不同的 CPU 需要用与其相应的编译器来编译代码。交叉编译就是在特殊的编译环境下,把程序代码编译成不同的 CPU 所对应的机器代码。

通常把嵌入式系统的开发放置到普通计算机端,在一台普通计算机(称为宿主机)上建立交叉编译环境,而把嵌入式开发板(称为目标板)作为开发的测试平台,对编写的代码进行检验和调试。其连接方式如图 5.1 所示。

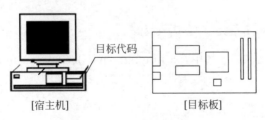

目标代码

[宿主机]　　　　　[目标板]

图 5.1　建立交叉编译的连接方式

开发时使用宿主机上的交叉编译、汇编及链接工具形成可执行的二进制代码,这种可执行代码并不能在宿主机上执行,而只能在目标板上执行。然后再把可执行文件下载到目标机上运行。

5.1.2 建立交叉编译开发环境

对于嵌入式 Linux 的开发和应用,在进行开发前首要的工作就是要搭建一个完整的交叉编译开发环境。即在宿主机上安装与目标板相应的编译器及库函数,以便能在宿主机上应用开发工具编译在目标板上运行的 Linux 引导程序、内核、文件系统和应用程序。

1. 下载和安装 arm-linux-gcc 编译工具链

1) 下载 arm-linux-gcc

下载或复制 arm-linux-gcc 到当前目录下。例如,本书使用的 arm-linux-gcc 版本为 arm-linux-gcc-4.5.1.tar.gz。

2) 解压 arm-linux-gcc

应用下列解压命令。

```
#tar -zxvf arm-linux-gcc-4.5.1.tar.gz
```

解压后,将 arm-linux 文件目录及其所有文件复制到/usr/local/下。

```
#cp -rvarm-linux /usr/local/
```

现在交叉编译工具都在/usr/local/arm-linux/bin 目录下了。

这时,可以用 ls 命令查看安装在/usr/local/arm-linux/bin 目录下的嵌入式系统开发交叉编译器,显示情况如下。

```
[root@localhostroot]# cd /usr/local/arm-linux/bin
[root@localhost bin]# ls
arm-linux-addr2line   arm-linux-cpp        arm-linux-gcov      arm-linux-ranlib
arm-linux-ar          arm-linux-g++        arm-linux-ld        arm-linux-readelf
arm-linux-as          arm-linux-gcc        arm-linux-nm        arm-linux-size
arm-linux-c++         arm-linux-gcc-4.4.3  arm-linux-objcopy   arm-linux-strings
arm-linux-c++filt     arm-linux-gccbug     arm-linux-objdump   arm-linux-strip
```

2. 在系统配置文件 profile 中设置环境变量

为了可以在所有目录下直接使用 arm-linux-gcc 这个工具,需要修改 profile 文件。

1) 方法一

在 profile 文件中加入搜索路径 pathmunge /usr/local/arm-linux/bin。
命令如下所示。

```
[root@localhost root]#gedit  /etc/profile
```

这时在终端窗口显示如下(其中,pathmunge /usr/local/arm-linux/bin 为新加入)。

```
…
# Path manipulation
if [ 'id -u' = 0 ]; then
        pathmunge /sbin
        pathmunge /usr/sbin
        pathmunge /usr/local/sbin
        pathmunge /usr/local/arm-linux/bin
```

```
fi
unset pathmunge
```

关于 if 语句的使用参见教材第 4 章的"Linux shell 编程"。

2）方法二

修改环境变量，把交叉编译器的路径加入 PATH 中。

在 profile 文件的最后加入搜索路径。

```
export    PATH = $ PATH: /usr/local/arm - linux/bin
export    PATH
```

3. 立即使新的环境变量生效，不用重启计算机

1）运行 source 命令，使设置生效

```
# source   /etc/profile
```

2）检查是否将路径加入 PATH 中

```
# echo   $ PATH
```

显示的内容中有/usr/local/arm-linux/bin，说明已经将交叉编译器的路径加入 PATH。至此，交叉编译环境安装完成。

3）测试是否安装成功

```
# arm - linux - gcc - v
```

如果该命令能显示交叉编译工具的版本情况，如图 5.2 所示，则表明安装成功。

图 5.2　测试交叉编译工具是否安装成功

4. 编译 Hello World 程序，测试交叉工具链

编写下面的 Hello World 程序，保存为 hello.c：

```
# include < stdio.h >
int main()
{
    printf("Hello World!\n");
    return 0;
}
```

执行下面的命令。

```
# arm - linux - gcc - o hello hello.c
```

若源程序有错误，则会有提示；若没有任何提示，表示通过了编译，就可以下载到 ARM 开发板上运行了。

接着可以输入 file hello 命令，查看生成的 hello 文件的类型。要注意的是，生成的可执行文件只能在 ARM 体系下运行，不能在 PC 上运行。

如果是建立 S3C2410 系统的主机开发环境，在运行完毕开发商提供的安装脚本程序 /install.sh 后，将在根目录生成一个 /linuette 目录，该目录为 S3C2410 系统的工作目录，与安装 PXA270 系统所生成的 /pxa270_linux 目录类似。

另外，生成一个 /opt/host/armv4l 目录(目录名 armv4l 最后的是字母 l，不是数字 1)，主编译器为 armv4l-unknown-linux-gcc。

要建立主编译器的搜索路径，则修改 /root/.bash_profile 文件，将文件中的 PATH 变量值设为 PATH＝＄PATH：＄HOME/bin：/opt/host/armv4l/bin。存盘后，执行 source /root/.bash_profile，这时设置的搜索路径生效。

5.2　配置超级终端 minicom

视频讲解

Linux 系统的 minicom 很像 Windows 系统的超级终端，它是一个串口通信工具。可以利用 minicom 作为在宿主机端与目标板进行通信的终端。下面介绍 minicom 的配置方法。

(1) 在宿主机 Linux 终端中输入 minicom-s 或 minicom，然后再按 Ctrl＋A＋O 快捷键。弹出超级终端 minicom 的设置菜单，如图 5.3 所示。

(2) 选择 Serial port setup 项，首先选择串口，如果使用第 1 个串口，则设置串口号为 ttyS0；如果使用第 2 个串口，则将串口号设为 ttyS1。

(3) 将串口配置为：波特率 115200，8 位数据位，1 位停止位，没有数据流控制。如图 5.4 所示，按 A 键进行端口号配置，按 E 键进行串口配置。

(4) 选择 Save setup as dfl 项，将设置保存为默认值(这里，dfl 代表 default)，如图 5.5 所示。

(5) 选择 Exit 退回到 minicom 界面。

正确连接串口线，PC 端使用在 MINICOM 中被配置的串口(ttyS0 或 ttyS1)，目标板使用第 1 个串口(电路板上标示为 SERIAL PORT 0)或第 2 个串口(电路板上标示为 SERIAL PORT 1)。

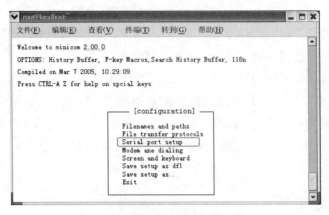

图 5.3　超级终端 minicom 配置窗口

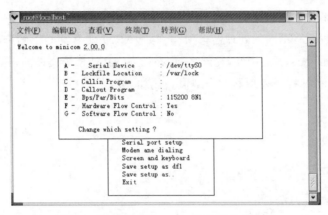

图 5.4　设置串口为 ttyS0,波特率为 115200

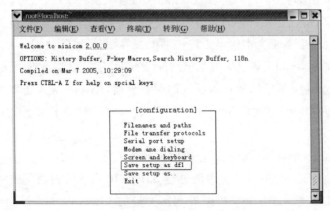

图 5.5　保存为 df1

视频讲解

5.3　编译嵌入式 Linux 系统内核

完成了主机的开发环境搭建等前期准备工作之后，接下来，就可以编译嵌入式 Linux 的内核了。本节主要介绍嵌入式 Linux 内核的编译过程。

编译嵌入式 Linux 内核都是通过 make 的不同命令来实现的，它的执行配置文件是 Makefile。Linux 内核中不同的目录结构里都有相应的 Makefile，而不同的 Makefile 又通过彼此之间的依赖关系构成统一的整体，共同完成建立依存关系、建立内核等功能。

编译内核需要 3 个步骤，分别是内核配置、建立依存关系、建立内核。下面分别讲述这 3 个步骤。

5.3.1　内核裁剪配置

1. 确定处理器类型

编译内核的第一步是根据目标板微处理器类型来确定微处理器架构，不同的微处理器架构在编译内核时会有不同的处理器选项。例如，ARM 就有其专用的选项，如 Multimedia capabilities port drivers 等。因此，在此之前，必须在 ARM 系统文件的根目录中的 Makefile 下为 ARCH 设定目标板微处理器的类型值。例如：

```
ARCH∶= arm
```

或输入命令进行设置。

```
[root@localhostlinux]# export  ARCH = arm
```

2. 确定内核配置方法

内核支持 4 种不同的配置方法，这 4 种方法只是与用户交互的界面不同，其实现的功能是一样的。每种方法都会读入和修改内核源码根目录下的一个默认的 .config 配置文件（该文件是一个隐藏文件）。这 4 种方式简介如下。

（1）make config：基于文本的最为传统的配置界面，不推荐使用。

（2）make menuconfig：基于文本菜单的配置界面，字符终端下推荐使用。

（3）make xconfig：基于图形窗口模式的配置界面，Xwindow 下推荐使用。

（4）make oldconfig：自动读入 .config 配置文件，并且只要求用户设定前次没有设定过的选项。

在这 4 种模式中，make menuconfig 的使用最为广泛。

【例 5-1】　以 make menuconfig 为例进行 S5PV210 系统的内裁剪核配置。

（1）首先下载或复制适合开发板微处理器型号的 Linux 内核源码，进入内核源码的系统根目录。

（2）运行 make menuconfig 命令，弹出内核裁剪配置窗口，如图 5.6 所示。

```
[root@localhostlinux]# make menuconfig
```

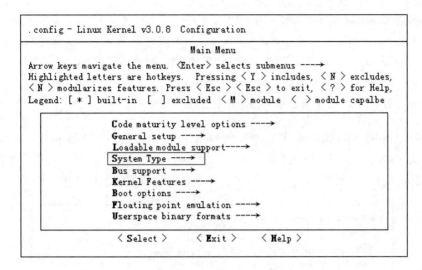

<pre>
.config - Linux Kernel v3.0.8 Configuration
                        Main Menu
Arrow keys navigate the menu. <Enter> selects submenus ----->
Highlighted letters are hotkeys. Pressing < Y > includes, < N > excludes,
< N > modularizes features. Press < Esc > < Esc > to exit, < ? > for Help,
Legend: [*] built-in [ ] excluded < M > module < > module capalbe

            Code maturity level options ----->
            General setup ----->
            Loadable module support----->
            System Type ----->
            Bus support ----->
            Kernel Features ----->
            Boot options ----->
            Floating point emulation ----->
            Userspace binary formats ----->

            < Select >   < Exit >   < Help >
</pre>

图 5.6　make menuconfig 内核裁剪配置界面

从图 5.6 可以看出，Linux 内核允许用户对其各类功能逐项配置，共有 19 类配置选项，如表 5.1 所示。

表 5.1　内核裁剪配置选项表

序号	选 项 名 称	说　　明
1	Code maturity level options	代码成熟度选项。当内核中包含有不成熟的代码或驱动程序进行调试时，一般选择该项
2	General setup	通用选项。例如，进程间通信方式等
3	Loadable module support	系统模块选项。提供系统模块支持
4	Block layer	系统调度方式选项
5	System Type	系统类型选项，提供微处理器型号及特性配置
6	Bus Support	提供总线接口支持选项
7	Kernel Features	内核特性选项
8	Boot options	内核启动选项
9	Floating point emulation	提供和浮点运算相关选项
10	Userspace binary formats	用户空间使用的二进制文件格式选项
11	Power management options	电源管理选项
12	Networking	网络协议相关选项
13	Device drivers	提供所有设备驱动程序相关的配置选项
14	File System	提供文件系统的配置选项
15	Profiling support	提供和程序性能分析相关的选项
16	Kernel hacking	与内核调试相关的选项
17	Security options	有关安全的配置选项
18	Cryptographic options	加密算法配置选项
19	Library routines	提供 CRC 校验的库选项

在嵌入式 Linux 的内核源码安装目录中通常有以下几个配置文件：.config、autoconf.h、config.h。其中,.config 文件是 make menuconfig 默认的配置文件,位于源码安装目录的根目录中,autoconf.h 和 config.h 是以宏的形式表示的内核的配置。当用户使用 make menuconfig 做了一定的更改之后,系统会自动在 autoconf.h 和 config.h 中做出相应的更改。后两个文件位于源码安装目录的/include/linux/下。

在 menuconfig 的配置界面中是纯键盘的操作,用户可使用上下键和 Tab 键移动光标以进入相关子项,图 5.7 所示为进入了 System Type→子项的界面,该子项是一个重要的选项,主要用来选择处理器的类型。这里,带有→的选项表示当前项还有下一级菜单子项。

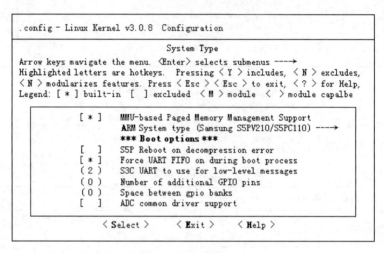

图 5.7 System Type →子项的界面

每个选项前都有一对括号,可以通过按空格键或 Y 键表示包含该选项；按 N 表示不包含该选项。

选项前面的括号有 3 种形式,即中括号、尖括号或圆括号。

(1)[ ]表示该选项有两种选择。

• [*]表示选择该项编译进内核。

• [ ]表示不编译该选项。

(2)< >表示该选项有 3 种选择。

• < * >将该项选进内核。

• <M>将该项编译成模块,但不编译进内核。

• <<表示不编译该选项。

可以用空格键选择相应的选项。

(3)( )表示该项可以输入数值。

一般情况下,使用嵌入式系统设备厂商提供的默认配置文件都能正常运行,所以用户初次使用时可以不用对其进行额外的配置,在以后需要使用其他功能时再另行添加,这样可以大大减少出错的概率,有利于错误定位。在完成配置之后,就可以保存退出,如图 5.8 所示。

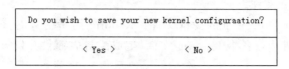

图 5.8 保存内核设置

5.3.2 内核编译

在嵌入式系统的项目设计过程中,经常需要修改及重新编译内核,下面介绍编译内核文件的方法。

1. 内核配置系统的基本结构

Linux 内核的配置系统由 3 个文件组成,对它们分别简介如下。

(1) Makefile:分布在 Linux 内核源代码根目录及各层目录中,定义 Linux 内核的编译规则。

(2) 内核配置菜单 Kconfig:它是配置界面的源文件,给用户提供配置选择的功能。

(3) 配置文件.config:编译内核所依据的配置项,决定将哪些驱动编译进内核。该文件通常由 menuconfig 生成。

2. 内核配置菜单 Kconfig

Kconfig 文件是 menuconfig 的关键文件。Kconfig 用来配置内核,它就是各种配置界面的源文件,内核的配置工具读取各个 Kconfig 文件,生成配置界面供开发人员配置内核,最后生成.config 配置文件。

Kconfig 文件的一般格式如下。

```
menuconfig "菜单入口名称"
    tristate  "菜单选项"
```

3. 编译内核的步骤

静态加载设备驱动程序需要以下几个步骤。

(1) 创建.config 配置文件。

(2) 编写编译驱动程序的 Makefile 文件。

(3) 修改上层目录中的 Kconfig 和 Makefile 文件。

(4) 运行内核配置界面 menuconfig,生成编译内核的配置文件.config。

(5) 运行内核源代码根目录下的 Makefile 或 build 文件,编译内核。

下面通过一个简单示例,说明把设备驱动程序编译到内核中的方法。

【例 5-2】 设有一个设备驱动程序 drv_led.c,将其编译到内核文件中。

把一个设备驱动程序编译到内核中的具体步骤如下。

(1) 建立工作目录。

为了防止破坏原生系统以及方便后期管理,在 Linux 系统内核源程序中,建立一个工作目录 menu_test。

```
/Linux - kernel/drivers/char/menu_test
```

（2）创建 Kconfig 文件。

Kconfig 文件是 menuconfig 的关键文件。Kconfig 用来配置内核,它是配置界面的源文件,内核的配置工具读取各个 Kconfig 文件,生成配置界面供开发人员配置内核,最后生成配置文件.config。

下面是为了测试而创建的 Kconfig 文件,文件存放路径为/Linux-kernel/drivers/char/menu_test/Kconfig。

Kconfig 文件的代码如下。

```
menuconfig menu_test
    tristate " menu_test driver"

if menu_test
config LED
    tristate "LED driver"
config MOTO
    tristate "MOTO driver"
endif # menu_test
```

其中:

menuconfig menu_test 定义了要传给 Makefile 的参数 menu_test,在生成的.config 文件中会多一项 CONFIG_ menu_test;

tristate " menu_test driver"语句用来在执行 make menuconfig 命令时,为配置界面增加一个<> menu_test driver 选项。其中的 tristate 定义该选项为三态的,即可以有<> <*>和< M > 3 种状态。若用 bool 定义,则该选项只有两种状态两个选择,即[ ]和[*]。

if menu_test 和 endif 代码段只有在 menu_test 被定义时才执行。也就是说,必须是

```
< M > menu_test driver -->
```

或

```
< * > menu_test driver -->
```

时才会在配置界面中显示代码段中定义的内容。该代码段运行后的结果如图 5.9 所示。

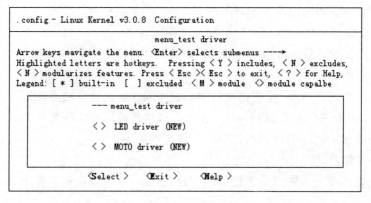

图 5.9　定义内核配置选项

（3）创建 Makefile。

Makefile 是编译内核的重要文件。下面在/Linux-kernel/drivers/char/menu_test/目录下，创建 Makefile 文件，其代码如下。

```
obj - $(CONFIG_LED)        += drv_led.o
obj - $(CONFIG_MOTO)    += drv_moto.o
```

Makefile 中的每一项都对应 Kconfig 代码中的一个条目，例如：

```
obj - $(CONFIG_LED)        += drv_led.o
```

在 Kconfig 中对应的条目为：

```
config LED
    tristate "LED driver"
```

（4）修改上层目录的 Kconfig。

工作目录下的 Kconfig 创建好之后，需要将它添加到原有内核的 Kconfig 中去。为此需修改上一层目录/Linux-kernel/drivers/char/下的 Kconfig 文件，将下面语句添加到该文件中。

```
source "drivers/char/menu_test/Kconfig"
```

一般是添加到文件的最后面，但需要注意的是，要在 endmenu 之前。Kconfig 文件中#开头的语句为注释语句，可以在 Kconfig 文件中添加一些自己的注释语句。

（5）修改上层目录的 Makefile。

还需要把新的驱动程序添加到原有的 Makefile 中，这样在编译系统的时候才能编译新添加的驱动。修改上一层目录/Linux-kernel/drivers/char/下的 Makefile 文件，将下面内容添加到该文件中。

```
obj - $(CONFIG_menu_test)           += menu_test/
```

其中的 CONFIG_menu_test 对应的是/Linux-kernel/drivers/char/menu_test/Kconfig 中的语句：

```
menuconfig menu_test
    tristate " menu_test driver"
```

至此，已经将设备驱动程序 drv_led.o 添加进 menuconfig 中了。

（6）运行 menuconfig。

执行命令：

```
make menuconfig
```

在弹出的配置窗口中，选择 Device Drivers →项，再在新进入的选项窗口中选择 Character devices 项，可以看到新建的< > menu_test driver(NEW)选项，如图 5.10 所示。

（7）做好相应的配置之后，保存配置，在 Linux 内核根目录下便会生成.config 文件。在如图 5.11 所示的提示框中，选择<Yes>项，则选择的设备驱动程序项编译到.config 内核配置文件中。

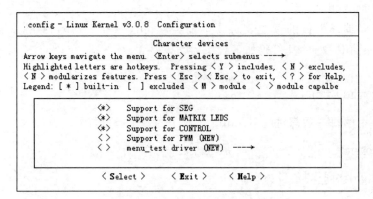

图 5.10　选择所定义的内核配置选项标题

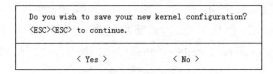

图 5.11　确认把设备驱动程序保存到编译内核的配置文件中

(8) 在内核源代码的根目录,运行 Makefile 或 build 文件,则把.config 系统内核配置文件中所有项目均编译并打包压缩到 zImage 文件中。

5.4　文件系统的制作

文件系统是嵌入式 Linux 系统必备的一个组成部分,是系统文件和应用文件存储的地方。通常使用的 PC 上的文件系统包括很多功能,容量达几百兆字节之多,在嵌入式系统中要使用这样的文件系统是不可能的。因此,嵌入式系统中的文件系统是一个 Linux 文件系统的简化版。文件系统中仅包含必需的目录和文件,完成需要的功能即可。

下面对文件系统中需要包含的目录和文件进行简要的说明。

1. 文件目录

文件系统要求建立的目录有/bin、/sbin、/etc、/dev、/lib、/mnt、/proc 和/usr。

- /bin:目录下需要包含常用的用户命令,如 sh 等。
- /sbin:目录要包含所有系统命令,如 reboot 等。
- /etc:目录下是系统配置文件。
- /boot:目录下是内核映像。
- /dev:目录包含系统所有的特殊设备文件。
- /lib:目录包含系统所有的库文件。
- /mnt:目录只用于挂接,可以是空目录。
- /proc:目录是/proc 文件系统的主目录,包含了系统的启动信息。
- /usr:目录包含用户选取的命令。

2. 文件目录应该包含的文件和子目录

1）目录/bin

目录/bin 中至少应包含命令文件 date、sh、login、mount、umount、cp、ls、ftp 和 ping。这些命令文件的主要作用如下。

- date：查取系统时间值。
- sh：是 bash 的符号链接。
- login：登录进程启动后，若有用户输入，此程序就提供 password 提示符。
- mount：挂接根文件系统时使用的命令，有些 Linux 开发商将此文件安排在/sbin 下。
- umount：卸载文件系统时使用的命令。
- cp：文件复制命令。
- ls：列出目录下的文件需使用的命令。
- ftp：根据文件传输协议实现的命令，可以用于 FTP 登录。
- ping：基本的网络测试命令，运行在网络层。

2）目录/sbin

目录/sbin 至少应包含命令文件 mingetty、reboot、halt、sulogin、update、init、fsck、telinit 和 mkfs。这些命令的主要作用如下。

- reboot：系统重新启动的命令。
- halt：系统关机命令，它与 reboot 共享运行的脚本。
- init：它是最早运行的进程，从 Start_kernel()函数中启动。此命令可以实现 Linux 运行级别切换。

3）目录/etc

目录/etc 至少应包含配置文件 HOSTNAME、bashrc、fstab、group、inittab、nsswitch、pam.d、passwd、pwdb.conf、rc.d、securetty、shadow、shells 以及 lilo.conf。这些配置文件的主要作用如下。

- HOSTNAME：用于保存 Linux 系统的主机名。
- fstab：用于保存文件系统列表。
- group：用于保存 Linux 系统的用户组。
- inittab：用于决定运行级别的脚本。
- passwd：保存了所有用户的加密信息。
- shadow：密码屏蔽文件。
- shells：支持的所有 Shell 版本。

4）目录/dev

目录/dev 至少应包含设备文件 console、hda1、hda2、hda3、kmem、mem、null、tty1 和 ttyS0。这些特殊设备文件的作用如下。

- console：表示控制台设备。
- hda1：表示第 1 个 IDE 盘的第 1 个分区。
- hda2：表示第 1 个 IDE 盘的第 2 个分区。
- hda3：表示第 1 个 IDE 盘的第 3 个分区。
- kmem：描述内核内存的使用信息。

- mem：描述内存的使用信息。
- null：表示 Linux 系统中的空设备,可用于删除文件。
- tty1：第 1 个虚拟字符终端。
- ttyS0：第 1 个串行口终端。

5)目录/lib

目录/lib 至少应包含库文件 libc. so. 6、ld-linux. so. 2、libcom_err. so. 2、libcrypt. so. 2、libpam. so. 0、libpam_ misc. so. 2、libuuid. so. 2、libnss_ files. so. 2、libtermcap. so. 2 和 security。这些库文件的作用如下。

- libc. so. 6：Linux 系统中所有命令的基本库文件。
- ld-linux. so. 2：基本库文件 libc. so. 6 的装载程序库。
- libcom_err. so. 2：对应命令出错处理的程序库。
- libcrypt. so. 2：对应加密处理的程序库。
- libpam. so. 0：对应可拆卸身份验证模块的程序库。
- libpam_misc. so. 2：对应可拆卸身份验证模块解密用的程序库。
- libuuid. so. 2：对应于身份识别信息程序库。
- libnss_files. so. 2：对应名字服务切换的程序库。
- libtermcap. so. 2：用于描述终端和脚本的程序库。
- security：此目录用来提供保证安全性所需的配置,与 libpam. so. 0 配合使用。

6)目录/mnt 和/proc

目录/mnt 和/proc 可以为空。

3. 制作文件系统的镜像文件

Linux 支持多种文件系统,同样,嵌入式 Linux 也支持多种文件系统。虽然嵌入式系统由于资源受限,它的文件系统和 Linux 的文件系统有较大的区别(前者往往是只读文件系统),但是,它们的总体架构是一样的,都是采用目录树的结构。下面介绍在嵌入式 Linux 中常见的文件系统 cramfs 及 jffs2 文件系统的镜像文件的制作。

【例 5-3】 制作 cramfs 文件系统。

cramfs 文件系统是一种经压缩的、极为简单的只读文件系统,因此非常适合嵌入式系统。要注意的是,不同的文件系统都有相应的制作工具,但是其主要的原理和制作方法是类似的。

制作 cramfs 文件系统需要用到的工具是 mkcramfs,下面就来介绍使用 mkcramfs 制作文件系统映像的方法。

假设用户已经在目录/fs/root/下建立了一个文件系统,/fs/root 目录下的文件如下所示。

```
[root@localhostfs]# ls   root
bin dev etc home lib linuxrc proc Qtopia ramdisk sbin tmp usr var
```

接下来就可以使用 mkcramfs 工具了,命令格式如下。

```
mkcramfs   系统文件目录名   生成的镜像文件名
```

设当前目录为/fs,现将系统文件子目录 root 生成镜像文件 camare_rootfs. cramfs:

```
[root@localhost fs]# ./mkcramfsroot camare_rootfs.cramfs
```

则在当前目录/fs 下生成了系统文件的镜像文件 camare_rootfs. cramfs，mkcramfs 在制作文件镜像的时候对该文件进行了压缩。

【例 5-4】　制作 jffs2 文件系统。

jffs2 是一种可读/写的文件系统。制作它的工具叫作 mkfs. jffs2，可以用下面的命令来生成一个 jffs2 的文件系统。

```
#./mkfs.jff2 -r [系统文件目录] -o [系统文件名.jffs2] -e [烧写到 flash 的地址]
-p=[文件长度]
```

设在/fs/root 目录中有文件系统的源文件，烧写命令如下。

```
[root@localhostfs]# ls  root
bin etc  mnt root sbin usr dev lib proc tmp var

[root@localhostfs]# ./mkfs.jffs2 -r root -o xscale_fs.jffs2 -e 0x40000 -p=0x01000000
```

这样，就会在/fs 目录下生成一个文件名为 xscale_fs.jffs2 的文件系统镜像文件。

5.5　嵌入式系统开发板的烧写方法

嵌入式 linux 系统可以安装在开发板上，在嵌入式开发板上安装 Linux 的过程称为"烧写系统"或"刷机"。下面介绍在嵌入式系统开发板上烧写 linux 系统的方法。

5.5.1　引导加载程序 Bootloader

引导加载程序从开发板通电到应用程序开始工作，经历了一个非常复杂的加载过程，下面简单介绍这个加载过程。

1. 基本概念

一个嵌入式 Linux 系统从软件的角度看通常分为 4 个层次：引导加载程序 Bootloader、Linux 内核、文件系统和用户应用程序。

简单地说，Bootloader 就是在操作系统内核运行之前运行的一段程序，它类似于 PC 机中的 BIOS 程序。通过这段程序，可以完成硬件设备的初始化，并建立内存空间的映射图的功能，从而将系统的软硬件环境带到一个合适的状态，为最终调用系统内核做好准备。

通常，Bootloader 严重地依赖于硬件设备。在嵌入式系统中，不同体系结构使用的 Bootloader 是不同的。除了体系结构，Bootloader 还依赖于具体的嵌入式板级设备的配置。也就是说，对于两块不同的嵌入式开发板而言，即使它们基于相同的 CPU 构建，运行在其中一块电路板上的 Bootloader，未必能够在另一块电路开发板上运行。因此，在嵌入式世界里建立一个通用的 Bootloader 几乎是不可能的。尽管如此，仍然可以对 Bootloader 归纳出一些通用的概念来指导用户完成特定的 Bootloader 设计与实现。

1) Bootloader 所支持的 CPU 和嵌入式开发板

每种不同的 CPU 体系结构都有不同的 Bootloader。有些 Bootloader 也支持多种体系结构的 CPU，如后面要介绍的 U-Boot 就同时支持 ARM 体系结构和 MIPS 体系结构。除了依赖于 CPU 的体系结构外，Bootloader 实际上也依赖于具体的嵌入式板级设备的配置。

2）Bootloader 的安装媒介

系统加电或复位后，所有的 CPU 通常都从某个由 CPU 制造商预先安排的地址上取指令。基于 CPU 构建的嵌入式系统通常都有某种类型的固态存储设备（如 ROM、EEPROM 或 FLASH）被映射到这个预先安排的地址上。因此，在系统加电后，CPU 将首先执行 Bootloader 程序。

3）Bootloader 的启动过程

Bootloader 的启动过程分为单阶段和多阶段两种。通常多阶段的 Bootloader 能提供更为复杂的功能，以及更好的可移植性。

4）Bootloader 的操作模式

大多数 Bootloader 都包含两种不同的操作模式：启动加载模式和下载模式，这种区别仅对于开发人员才有意义。从最终用户的角度看，Bootloader 的作用就是用来加载操作系统，而并感觉不到所谓的启动加载模式与下载工作模式的区别。

（1）启动加载模式：这种模式也称为"自主"模式。也就是 Bootloader 从目标板上的某个固态存储设备（如 Flash）上将操作系统加载到 RAM 中运行，整个过程没有用户的介入。这种模式是嵌入式产品发布时的通用模式。

（2）下载模式：在这种模式下，目标机上的 Bootloader 将通过串口连接或网络连接等通信手段从宿主机下载文件。例如，下载内核映像文件和文件系统映像文件等。从主机下载的文件通常首先被 Bootloader 保存到目标板的 RAM 中，然后再被 Bootloader 写到目标板上的 Flash 之类固态存储设备中。Bootloader 的这种模式通常在系统更新时使用。工作在这种模式下的 Bootloader 通常都会向它的终端用户提供一个简单的命令行接口，如 vivi、Blob 等。

5）Bootloader 与主机之间进行文件传输所用的通信设备及协议

最常见的情况是，目标机上的 Bootloader 通过串口与主机之间进行文件传输，传输协议通常是 xmodem、ymodem、zmodem 协议中的一种。但是，串口传输的速度是有限的，因此通过以太网连接并借助 TFTP 协议来下载文件是个更好的选择。

2. Bootloader 启动流程

Bootloader 的启动流程一般分为两个阶段：stage1 和 stage2，下面分别对这两个阶段进行讲解。

1）Bootloader 的 stage1

在 stage1 中 Bootloader 主要完成以下工作。

（1）基本的硬件初始化，包括屏蔽所有的中断、设置 CPU 的速度和时钟频率、RAM 初始化、初始化 LED、关闭 CPU 内部指令和数据 cache 等。

（2）为加载 stage2 准备 RAM 空间，通常为了获得更快的执行速度，把 stage2 加载到 RAM 空间中来执行，因此必须为加载 Bootloader 的 stage2 准备好一段可用的 RAM 空间范围。

（3）复制 stage2 到 RAM 中，在这里要确定以下两点。

· stage2 的可执行映像在固态存储设备的存放起始地址和终止地址。

- RAM 空间的起始地址。

（4）设置堆栈指针 sp，这是为执行 stage2 的 C 语言代码做好准备。

2）Bootloader 的 stage2

stage2 的代码通常用 C 语言来实现，以实现更复杂的功能和取得更好的代码可读性与可移植性。但是与普通 C 语言应用程序不同的是，在编译和链接 Bootloader 这样的程序时，不能使用 glibc 库中的任何支持函数。

在 stage2 中 Bootloader 主要完成以下工作。

（1）初始化本阶段要使用到的硬件设备，包括初始化串口、初始化计时器等。在初始化这些设备之前，可以输出一些打印信息。

（2）检测系统的内存映射，内存映射是指在整个内存物理地址空间中指出哪些地址范围被分配用来寻址系统的 RAM 单元。

（3）加载内核映像和根文件系统映像，这里包括规划内存占用的布局和从 Flash 上复制数据。

（4）设置内核的启动参数。

3．Bootloader 的烧写

要在嵌入式系统开发板中完成 Linux 操作系统的烧写，首先要把 Bootloader 烧写到 Flash 中。这时，要用到 JTAG。

用并口线通过 JTAG 小板将宿主机（打印输出口）与开发板连接，接线方法如图 5.12 所示。

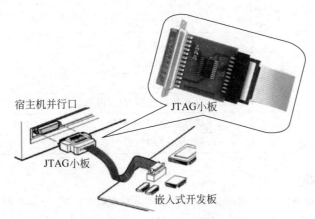

图 5.12　应用 JTAG 烧写 Bootloader 的接线图

由于 Bootloader 严重地依赖于硬件设备，不同微处理器的 Bootloader 是不相同的。表 5.2 列出了几种典型的微处理器开发板所使用的 Bootloader。

表 5.2　几种典型的微处理器开发板所使用的 Bootloader

微处理器型号	使用的 Bootloader
ARM　S3C2410	vivi
XSCALE　PXA270	blob
ARM Cortex A8	U-Boot

视频讲解

5.5.2 ARM Cortex A8 内核开发板的烧写

本节主要介绍基于 ARM Cortex A8 微处理器开发板 S5PV210 的 Bootloader、内核、文件系统的烧写方法。其系统引导程序 Bootloader 为 U-Boot。

1. U-Boot 简介

U-Boot(全称 Universal Boot Loader)是德国 DENX 小组开发的 Bootloader 项目,它支持数百种嵌入式开发板和各种微处理器。U-Boot 有以下两种操作模式。

1) 启动加载(Boot loading)模式

启动加载模式是 Bootloader 的正常工作模式,在嵌入式产品正式发布时,Bootloader 必须工作在这种模式下,Bootloader 将嵌入式操作系统从 Flash 中加载到 SDRAM 中运行,整个过程是自动的。

2) 下载(Downloading)模式

下载模式是 Bootloader 通过某些通信手段,将内核映像或根文件系统映像等从 PC 机中下载到目标板的 Flash 中。用户可以利用 Bootloader 提供的一些命令接口来完成自己想要的操作。

U-Boot 的常用命令见表 5.3。

表 5.3　U-Boot 常用命令

命 令	说 明
bootfile	默认的下载文件名
bootcmd	自动启动时执行命令
serverip	TFTP 服务器端的 IP 地址
ipaddr	本地的 IP 地址
setenv	设置环境变量
saveenv	保存环境变量到 nand Flash 中
nand scrub	擦除指令,擦除整个 nand Flash 的数据
loadlinuxramdisk	从网络 TFTP 服务器下载内核及文件系统到内存中

2. 主要烧写步骤

对于基于 Cortex A8 微处理器的 S5PV210 开发板,嵌入式 Linux 系统的 Bootloader、内核、文件系统将烧写到 Flash 中。烧写 S5PV210 开发板的步骤如下。

(1) 编译和启动系统引导程序 U-Boot。

(2) 通过 SD 卡把 u-boot 镜像文件写到 Flash 中。

(3) 通过 U-boot 烧写嵌入式 Linux 文件系统。

3. 在宿主机上编译 U-Boot

(1) 将开发板供应商提供的 u-boot-s5pv210.tar.gz 文件复制到 Linux 主机的工作目录下,用解压命令将其解压到 u-boot-s5pv210 目录。在这里,把 u-boot-s5pv210 目录设置为 U-Boot 的根目录,其命令如下。

```
# tar zxvf u－boot－s5pv210.tar.gz
# cd u－boot－s5pv210
```

（2）清理 U-Boot。对于已经运行过 U-Boot 的机器，需要先清理 u-boot，其命令如下。

```
# make clean
```

（3）检查 U-Boot 的交叉编译路径是否正确。打开 Makefile 文件，检查交叉编译路径是否配置正确。其配置交叉编译路径的代码为：

```
ifeq ($(ARCH), arm)
CROSS_COMPILE = arm-none-linux-gnueabi-
```

如图 5.13 所示。

（4）编译 U-Boot，生成镜像文件。在 U-Boot 的根目录（即 u-boot-s5pv210 目录），执行编译命令：

```
# make
```

编译完成之后，用 ls 列出文件内容，可以看到已经生成了系统引导程序的镜像文件 u-boot.bin，如图 5.14 所示。

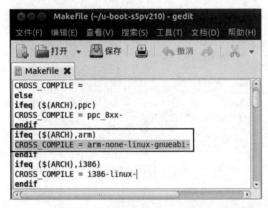
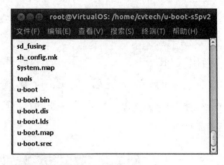

图 5.13　检查 U-Boot 的交叉编译路径　　　　图 5.14　查看系统生成的镜像文件 u-boot.bin

4. 制作启动 SD 卡

在 u-boot-s5pv210\sd_fusing 目录下，有一个名为 sd_fusing.sh 的脚本程序，该脚本程序可以对 SD 卡进行分区、格式化为 vfat 格式、写入 U-Boot 镜像文件等操作。

事先准备好一张空白的 SD 卡，在终端窗口进入 u-boot-s5pv210\sd_fusing 目录，执行制作启动 SD 卡的命令：

```
# ./sd_fusing.sh /dev/sdb
```

其执行结果如图 5.15 所示。

然后在 SD 卡的根目录建立 sdfuse 目录，把镜像文件 u-boot.bin 复制到 SD 卡的 sdfuse 目录下。这样就制作好了一张可以启动的 SD 卡。

5. 通过 SD 卡把 U-Boot 镜像文件烧写到 Flash 中

1）从 SD 卡启动开发板

将串口线将宿主机的串口与开发板 UART 端口连接，将串口的波特率设置为 115200。然后再将开发板的启动模式设置为从 SD 卡启动模式，并把制作好的启动 SD 卡插到 MMC

```
root@VirtualOS:/home/cvtech/u-boot-s5pv210/sd_fusing# ./sd_fusing.sh /dev/sdb
/dev/sdb reader is identified.
make sd card partition
./sd_fdisk /dev/sdb
记录了1+0 的读入
记录了1+0 的写出
512字节 (512 B)已复制, 0.0950436 秒, 5.4 kB/秒
mkfs.vfat -F 32 /dev/sdb1
mkfs.vfat 3.0.9 (31 Jan 2010)
BL1 fusing
记录了16+0 的读入
记录了16+0 的写出
8192字节 (8.2 kB)已复制, 3.38529 秒, 2.4 kB/秒
u-boot fusing
记录了544+0 的读入
记录了544+0 的写出
278528字节 (279 kB)已复制, 32.8811 秒, 8.5 kB/秒
U-boot image is fused successfully.
Eject SD card and insert it again.
root@VirtualOS:/home/cvtech/u-boot-s5pv210/sd_fusing#
```

图 5.15　制作启动 SD 卡

卡槽。

　　打开 S5PV210 开发板电源,当超级终端窗口显示 Hit any key to stop autoboot: 0 时,
快速按空格键,屏幕显示 SMDKV210♯的提示符,进入 U-Boot 命令行,如图 5.16 所示。

　　2) 清空开发板 NAND Flash 数据

　　在超级终端窗口中的 SMDKV210♯提示
符输入后面,输入 nand　scrub 命令,将 NAND
Flash 数据清空。

　　当出现 Really scrub this NAND flash?
<y/N>提示时,按 y 键后,按 Enter 键确认,
则完成清空 NAND Flash 数据的工作,如
图 5.17 所示。

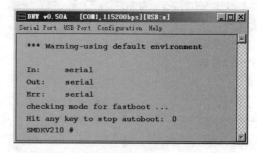

图 5.16　从 SD 卡启动,进入 U-Boot 命令行

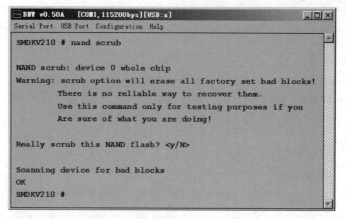

图 5.17　清空 NAND Flash 数据

　　3) 把镜像文件 u-boot. bin 烧写到 NAND Flash 中

　　接上述步骤,继续执行 sdfuse flash bootloader u-boot. bin 命令,把 u-boot. bin 烧写到
NAND Flash 的 bootloader 分区中。

　　命令执行结果如图 5.18 所示。

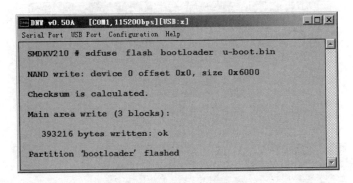

图 5.18　把镜像文件 u-boot.bin 烧写到 NAND Flash 中

至此,完成 U-Boot 的烧写。关闭开发板电源,从 MMC 卡槽中取出 SD 卡,将开发板的启动模式设置为从 NAND Flash 启动模式。重新将开发板电源打开,可以看到,开发板已经能正常启动。

6. 通过 U-Boot 烧写嵌入式 Linux 文件系统

在完成 U-Boot 烧写之后,使用串口线将宿主机与开发板的串口连接起来,再使用网线将宿主机与开发板的网口连接起来。

(1) 把要烧写的系统文件全部复制到 tftpd32.exe 文件所在的同一目录下。这些文件包括 zImage-ramdisk(内核映像文件)、ramdisk.gz(文件系统映像文件)。

(2) 打开超级终端后,开启开发板电源,U-Boot 启动过程中,按任意键,进入 U-Boot 命令行模式。

(3) 假设宿主机的 IP 地址设置为 192.168.0.100,运行 U-Boot 的 setenv　serverip 192.168.0.100 命令,在开发板上将宿主机的 IP 地址 192.168.0.100 设置为 TFTP 服务器的 IP 地址;然后运行 saveenv 命令将设置保存到环境变量中。命令执行结果如图 5.19 所示。

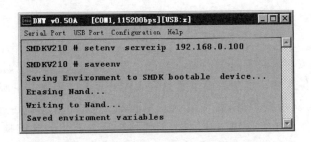

图 5.19　在开发板设置 TFTP 服务器地址

(4) 运行 U-BOOT 命令 sdfuse erase kernel;sdfuse erase system 擦除 kernel 区与 system 文件系统区数据,执行结果如图 5.20 所示。

(5) 运行 U-BOOT 命令 run loadlinuxramdisk,通过连接宿主机 TFTP 服务,将 Linux 内核与 ramdisk 文件系统下载到 SDRAM 中,命令执行情况如图 5.21 所示。

下载完成后,启动 Linux 文件系统,进入 Linux 命令行。至此,全部烧写工作结束。

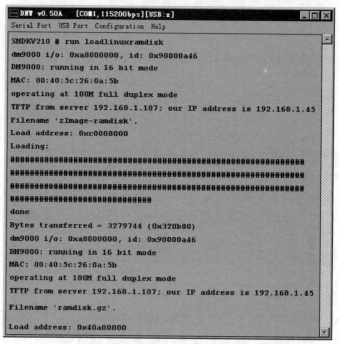

图5.20 擦除开发板内核区及文件系统区数据

图5.21 将Linux内核与ramdisk文件系统下载到SDRAM中

本 章 小 结

本章详细讲解了在主机上建立嵌入式Linux开发环境,在主机端通过minicom终端窗口操作开发板的文件系统。详细讲解了建立嵌入式Linux的数据共享服务,包括NFS服务的配置,应用串口协议传输数据,在VMware虚拟机中设置Windows——Linux的数据共享。在本章还详细叙述了如何烧写开发板,如何移植嵌入式Linux内核以及如何制作文件系统。这些都是操作性很强的内容,而且在嵌入式的开发中也是必不可少的一部分,希望读者熟练掌握。

习 题

1. 仿照例5-2,在Linux内核系统中建立一个名为kernel_test的项目,完成内核配置后,查看.config文件中的配置结果。

2. 自己动手,完成对嵌入式开发板的系统烧写实验。

第6章

嵌入式 Linux 文件处理与进程控制

本章主要讲解文件处理的一些基本概念和相关函数,并介绍嵌入式系统的串口通信技术。通过本章学习,将掌握以下几方面的内容。

- 文件描述符的概念。
- 系统调用的基本概念。
- 文件读写等处理方法。
- 进程的概念。
- 进程控制与进程间的通信。
- 嵌入式 Linux 中对串口的操作。

6.1 嵌入式 Linux 的文件处理

嵌入式 Linux 系统是经 Linux 操作系统裁减而来的,它的系统调用及用户编程接口 API 与 Linux 操作系统基本上是一致的。在本章的内容中,我们首先介绍 Linux 中相关内容的基本编程开发,主要讲解与嵌入式 Linux 中一致的部分,然后再将程序移植到嵌入式开发板上运行。

6.1.1 文件描述符及文件处理

1. 文件及文件描述符

由于在 Linux 下设备和目录都看作是文件,因此,Linux 中的文件有 4 种类型:普通文件、目录文件、链接文件和设备文件。

那么 Linux 的内核是如何区分和使用特定的文件呢?这里用到一个重要概念——文件描述符。Linux 的内核利用文件描述符来访问文件。文件描述符是非负整数,它是一个索引值,并指向内核中每个进程打开文件的记录表。当打开一个现存文件或新建一个文件时,内核会向进程返回一个文件描述符。当读写文件时,也需要使用文件描述符来指定待读写的文件。

通常,一个进程启动时,要打开 3 个文件:标准输入、标准输出和标准错误处理。标准输入的文件描述符是 0;标准输出是 1;标准错误处理是 2。在国际标准组织 IEEE 制定的 ISO 标准中,定义了宏符号常量 STDIN_FILENO、STDOUT_FILENO 和 STDERR_FILENO,用于代替 0、1、2。这 3 个符号常量的定义位于头文件 unistd.h 中。

2. 系统调用

系统调用是指操作系统提供给用户程序调用的一组"特殊"接口,用户程序可以通过这组"特殊"接口获得操作系统内核提供的服务。例如,用户可以通过进程控制相关的系统调用来创建进程、实现进程调度、进程管理等。

在这里，为什么用户程序不能直接访问系统内核提供的服务呢？这是由于在Linux中，为了更好地保护内核空间，将程序的运行空间分为内核空间和用户空间（也就是常称的内核态和用户态），它们分别运行在不同的级别上，在逻辑上是相互隔离的。因此，用户进程在通常情况下不允许访问内核数据，也无法使用内核函数，它们只能在用户空间操作用户数据，调用用户空间的函数。

但是，在有些情况下，用户空间的进程需要获得一定的系统服务（调用内核空间程序），这时操作系统就必须利用系统提供给用户的"特殊接口"——系统调用，系统调用规定用户进程进入内核空间的具体位置。进行系统调用时，程序运行空间需要从用户空间进入内核空间，处理完后再返回到用户空间。

Linux的系统调用继承于UNIX系统。它从UNIX中选取了250个最基本和最有用的系统调用。这些系统调用按照功能逻辑大致可分为进程控制、进程间通信、文件系统控制、系统控制、存储管理、网络管理、socket控制和用户管理等几部分。

3. 文件处理

Linux对文件处理有两种方式：一种方式是基于Linux系统的系统调用，由操作系统的系统调用完成对文件的操作；另一种方式是基于C语言的库函数，它是独立于操作系统的。基于C语言库函数的文件处理方法，可以参见任何一本C语言书籍中的关于文件处理部分。本章主要介绍基于Linux系统调用的文件处理方法。

Linux通过系统调用进行的文件处理，主要是指进行打开文件、读文件、写文件及关闭文件等I/O操作。大多数情况下，只需用到5个函数：open、read、write、lseek和close。这5个函数不需要经过缓存就能立即执行，因此，被称为不带缓存的I/O操作，即每一个函数都只调用内核中的一个系统调用。

6.1.2　open函数和close函数

视频讲解

1. open函数

open函数用于打开或创建文件。调用open函数所需要的头文件如下。

```
# include < stdio. h >
# include < fcntl. h >
```

其函数为：

```
int open(const char * pathname, int oflag, int perms ) ;
```

函数返回值：若文件打开成功则返回文件描述符，若出错则返回−1。

打开文件函数open的参数说明如下。

（1）pathname参数：要打开或创建的文件名，可包含路径名。

（2）oflag参数：用来说明此函数的多个选择项，用下列常数构成oflag参数（这些常数定义在< fcntl. h >头文件中）。

- O_RDONLY：以只读方式打开文件。
- O_WRONLY：以只写方式打开文件。

- O_RDWR：以读、写方式打开文件。

通常将 O_RDONLY 定义为 0，O_WRONLY 定义为 1，O_RDWR 定义为 2。在这 3 个常数中应当只指定一个。

下列常数是可选的。

- O_APPEND：每次写时都加到文件的尾端。
- O_CREAT：若此文件不存在则创建它。使用此选择项时，需同时说明第 3 个参数 perms，用其说明该新文件的存取权限。
- O_EXCL：如果同时使用了 O_CREAT，而文件已经存在，则返回出错信息。这一参数可测试一个文件是否存在。
- O_TRUNC：如果文件已经存在，并且以只读或只写成功打开，则会先全部删除文件中原有数据。

（3）perms 参数：被打开文件的存取权限，采用八进制表示法。

2. close 函数

close 函数用于关闭一个打开的文件，所需要的头文件如下。

```
# include < stdio. h >
```

其函数为：

```
int close( int fd);
```

函数返回值：若成功，则为 0；若出错，则为 −1。

关闭文件函数 close 的参数 fd 为文件描述符。

3. 应用示例

【例 6-1】　用可读写方式新建（打开）一个文件。

由于要以可读写的方式来打开文件，因此，对文件的操作权限为 4（可读）及 2（可写）之和，即操作权限为 6。如果希望文件拥有者、同组用户、不同组用户均具有读和写的权限，则该文件的权限为 666。（文件的可读写权限详见第 3 章表 3.2 关于文件权限的表示）。

下面调用 open()函数来完成此项任务，并返回一个文件描述符 fd：

```
fd = open("a.txt", O_CREAT | O_TRUNC | O_RDWR,  0600 );
```

程序如下。

```
1   / * file_open. c * /
2   # include < stdio. h >
3   # include < fcntl. h >
4   int main(void)
5   {
6       int fd;  //声明文件描述符
7       /*   调用 open 函数，以可读写的方式打开，注意多个选项用"|"符号分隔   */
8       fd = open("a.txt", O_CREAT | O_TRUNC | O_RDWR, 0600 );
9       printf("open file: a.txt  fd = % d\n ", fd);
10      close(fd);
11      return  0;
12  }
```

将文件保存为 file_open.c。使用交叉编译方法,在宿主机上用 arm-linux-gcc 命令编译程序。

```
[root@localhost test]#  arm-linux-gcc -o open_arm  file_open.c
```

注意:若只是在宿主机上运行程序,则使用 gcc 命令编译程序。

```
[root@localhost test]#  gcc  -o  open  file_open.c
```

将编译好的 Linux 执行程序 open_arm 下载到目标板上运行,其结果如下。

```
[root@linux tmp]# ./open_arm
open file: a.txt  fd = 3
```

应用 ls 命令,可以查看到在当前目录下新建了一个名为 a.txt 的空文件。

```
[root@linux tmp]# ls -l  a.txt
-rw-------  1  root  root   0  Jan 1  01:00  a.txt
```

视频讲解

6.1.3　read 函数、write 函数和 lseek 函数

1. read 函数

read 函数从打开的文件中读取数据。当 read 从终端设备文件中读取数据时,通常一次最多读一行。

read 函数的原型为:

```
ssize_tread(int fd, void *buf, size_t count);
```

函数返回值为读到数据的字节数,若返回值为 0,则已经到达文件尾;若返回-1,则为出错。

read 函数的参数说明如下。

(1) fd 参数:文件描述符。

(2) buf 参数:指定存储器读取数据的缓冲区。

(3) count 参数:指定读取数据的字节数。

read 函数在读普通文件时,若读到要求的字节数之前已经到达文件的尾部,则返回的字节数会小于希望读出的字节数。

2. write 函数

write 函数用于向打开的文件实现写入数据的操作。写操作的位置从文件的当前位移量处开始。若磁盘已满或超出该文件的长度,则 write 函数返回错误值。

write 函数的原型为:

```
ssize_twrite(int fd, void *buf, size_t count);
```

函数返回值为已写入数据的字节数,若返回-1 则出错。

write 函数的参数同 read 函数的参数。

3. lseek 函数

lseek 函数用于在由指定的文件描述符的文件中将文件指针定位到相应的位置,以进行读写操作。

lseek 函数原型为：

```
off_t  lseek(int  fd, off_t  offset,  int  whence);
```

函数返回值为文件的当前位移，若返回-1 则出错。

lseek 函数的参数说明如下。

（1）fd 参数：文件描述符。

（2）offset 参数：偏移量，每一读写操作所需要移动的字节数，可正可负（向前、向后移）。

（3）whence 参数：当前位置的基点，有以下 3 种参数。

SEEK_SET：当前位置是文件的开头，新位置为偏移量的大小。

SEEK_CUR：当前位置为文件指针的位置，新位置为当前位置加上偏移量。

SEEK_END：当前位置为文件的尾部，新位置为文件的大小加上偏移量的大小。

4. 对文件进行读写操作的示例

【例 6-2】　创建一新文件 a.txt，并把字符串 Hello，I'm writing to this file. 写到新创建的文件 a.txt 中。

设计思路与分析：

1）创建新文件

假设要创建新的文件 a.txt，并将其保存到/tmp 目录之下，即其路径为/tmp/a.txt。

下面调用 open()函数来完成此项任务，并返回一个文件描述符 fd：

```
fd = open("/tmp/a.txt",  O_CREAT | O_TRUNC | O_RDWR, 0666 );
```

2）将指定的字符串内容写进文件

要调用 write()函数，将一段文本内容写到由文件描述符所指定的文件中，首先要知道该段文本内容的字符长度。可以使用检测字符串长度函数 strlen()来获得字符串的字节数。设字符串为 buf：

```
len = strlen(buf);
```

然后调用 write()函数：

```
write(fd, buf, len);
```

3）关闭文件

文件使用完毕后，将其关闭，这是一个良好的编程习惯。

```
close(fd);
```

实现上述功能的完整程序如下。

```
1  #include  <stdio.h>
2  #include  <fcntl.h>
3  #include  <string.h>    //strlen()函数需要用到该头文件
4  int  main(void)
5  {
6    int  fd;
7    fd = open("/tmp/a.txt",  O_CREAT | O_TRUNC | O_RDWR, 0666);
8    char * buf = "Hello, Welcome to you!";
```

```
9     int  len = strlen(buf);
10    int  size = write(fd,  buf,  len);
11    close(fd);
12    return  0;
13    }
```

将文件保存为 file_w.c，然后用 GCC 编译器进行编译。

```
[root@localhost test]# gcc − o file_w file_w.c
```

在宿主机上运行编译后的 Linux 下的执行文件 file_w：

```
[root@localhost test]# ./file_w
```

【例 6-3】 读取文件 a.txt 中的内容。

设计思路与分析：

（1）打开 a.txt 文件。

（2）读取文件内容时，首先要调用 lseek()函数将文件指针移到文件起始处：

```
lseek( fd, 0, SEEK_SET );
```

（3）调用 read()函数将 a.txt 中的文本内容读取出来，读取的数据暂存到数组 buf 中。假设要读文件中的前 10 个字符：

```
read(fd, buf, 10);
```

（4）显示存放在 buf 中的数据内容。

（5）关闭文件。

实现上述功能的完整程序如下。

```
1   # include  < stdio.h>
2   # include  < fcntl.h>
3   int  main(void)
4   {
5     int  fd;
6     char buf[50];
7     int  size;
8     fd = open("a.txt",   O_CREAT | O_RDWR,  0600);
9     printf("open file:  a.txt   fd = % d \n",fd);
10    lseek(fd,  0,  SEEK_SET);
11    size = read( fd, buf, 22);
12    printf("size =  % d \n read from file: \n % s, \n", size, buf);
13    close(fd);
14    return  0;
15    }
```

将文件保存为 file_r.c，然后用 GCC 编译器进行编译。

```
[root@localhost test]# gcc − o file_r file_r.c
```

在宿主机上运行编译后的 Linux 下的执行文件 file_r。

```
[root@localhost test]# ./file_r
open file:  a.txt  fd = 3
size = 22
read from file:
Hello, Welcome to you!
```

在宿主机上测试无误后,再用交叉编译方法,调用 arm-linux-gcc 重新编译程序,将编译后的执行文件下载到嵌入式系统的开发板上运行,我们可以看到,执行结果与上述结果完全相同。

6.2　进程与进程控制

视频讲解

6.2.1　进程

1. 进程的概念

进程是一个具有独立功能的程序的一次动态执行过程。简言之,进程就是正在执行的程序。例如,打开一个 Windows 资源管理器是在执行一个进程,运行一个浏览器阅读 web 网页也是在执行一个进程等。

进程与程序是两个不同的概念,程序是永久的、静态的;进程是暂时的、动态的。进程的组成包括程序、数据和进程控制块(即进程状态信息);一个程序可以多次加载到内存,成为同时运行的多个进程。

2. 进程的标识

在嵌入式 Linux 系统中,最重要的进程标识是进程号(PID,Process Identity Number)。PID 唯一地标识了一个进程。

PID 是一个非零的正整数。通过调用函数 getpid() 可以获得当前进程的 PID。函数 getpid() 的原型为:

```
pid_t getpid(void);
```

其返回值为当前进程的进程号 PID。(返回值的数据类型 pid_t 是一个宏定义,是在 #include <sys/types.h> 中定义的 int 类型。)

【例 6-4】 获取当前进程的进程号 PID。

```
1  # include < stdio. h>
2  # include < unistd. h>
3  int main()
4  {
5    printf("PID = % d \n", getpid());
6    return  0;
7  }
```

将程序保存为 proID.c,使用交叉编译命令 arm-linux-gcc 进行交叉编译。

```
[root@localhost test]# arm - linux - gcc  - o  proID  proID.c
```

将其下载到嵌入式系统开发板上运行该程序。

```
[root@localhost ex5]# ./proID
PID = 3061
```

注意,每次执行结果都不一定相同。

3. 创建进程

在嵌入式 Linux 系统中,使用 fork()函数创建新进程。这个新创建的进程称为子进程。创建新进程所需要的头文件如下。

```
# include < sys/types.h>
# include < unistd.h>
```

创建新进程的函数为 fork(),其函数原型为:

```
pid_t fork(void);
```

fork 调用失败则返回-1,调用成功的返回值为进程号。

fork 函数被调用后会返回两次,一次是在父进程中返回;另一次是在子进程中返回。这两次的返回值是不一样的,在子进程中返回 0 值;在父进程中的进程号 PID 大于 0。

在执行 fork()之后,同一进程有两个复制都在运行,也就是说,子进程具有与父进程相同的可执行程序和数据(简称映像)。

【例 6-5】 创建进程示例。

```
1   # include < stdio.h>
2   # include < unistd.h>
3   # include < sys/types.h>
4   int main()
5   {
6       pid_t   pid;
7       pid = fork();
8       printf("PID = % d \n", pid);
9       return  0;
10  }
```

将程序保存为 process.c,使用交叉编译命令 arm-linux-gcc 进行交叉编译。

```
[root@localhost test]# arm - linux - gcc - o  process   process.c
```

将其下载到嵌入式系统开发板上运行该程序。

```
[root@localhost ex5]# ./process
PID = 0
PID = 4138
```

从上述运行结果中可以看出 fork 函数的特点,概括起来就是"调用一次,返回两次",在父进程中调用一次,在父进程和子进程中各返回一次。第 1 次的返回值 PID = 0 是在子进程中返回的进程号,第 2 次的返回值 PID = 4138 是在父进程中返回子进程的进程号。

6.2.2　进程控制

1. 调用 exec 函数运行执行程序

由于用 fork 函数创建的子进程是其父进程的副本,它执行的是与父进程完全相同的程序。为了让子进程能运行另外的执行程序,需要用到 exec 函数。当进程调用一种 exec 函

视频讲解

数时,该进程的用户空间代码和数据完全被新程序替换,从新程序的启动例程开始执行。

exec 函数提供了一种在进程中启动另一个程序执行的方法。它可以根据指定的文件名或目录名找到可执行文件,并用它取代原调用进程的数据段、代码段和堆栈段。执行完后,原调用进程的内容除了进程号外,其他全部被新的进程替换了。也就是说,调用 exec 并不创建新进程,所以调用 exec 前后该进程的进程号 PID 并未改变。

2. exec 函数族

在嵌入式 Linux 中并没有 exec 函数,而是有 6 种以 exec 开头的函数,统称 exec 函数。

```
# include < unistd. h>
int execl(const char * path, const char * arg, ...);
int execlp(const char * file, const char * arg, ...);
int execle(const char * path, const char * arg, ..., char * const envp[]);
int execv(const char * path, char * const argv[]);
int execvp(const char * file, char * const argv[]);
int execve(const char * path, char * const argv[], char * const envp[]);
```

exec 函数的参数说明如下。

- execl 的第 1 个参数是包括路径的可执行文件,后面是列表参数,最后必须以 NULL 结束。
- execlp 的第 1 个参数可以使用相对路径或者绝对路径。
- execle 最后包括指向一个自定义环境变量列表的指针,此列表必须以 NULL 结束。
- execv,v 表示 path 后面接收的是一个向量,即指向一个参数列表的指针,注意这个列表的最后一项必须为 NULL。
- execve,path 后面接收一个参数列表向量,并可以指定一个环境参数列表向量。
- execvp,第 1 个参数可以使用相对路径或者绝对路径,v 表示后面接收一个参数列表向量。

这些函数如果调用成功则加载新的程序从启动代码开始执行,不再返回;如果调用出错则返回-1。因此,exec 函数只有出错的返回值而没有成功的返回值。

其中,只有 execve 是真正意义上的系统调用,其他都是在此基础上经过包装的库函数。

与一般情况不同,exec 函数族的函数执行成功后不会返回,因为调用进程的实体,包括代码段,数据段和堆栈等都已经被新的内容取代,只留下进程号 PID 等一些表面上的信息仍保持原样,颇有些神似"三十六计"中的"金蝉脱壳"。看上去还是旧的躯壳,却已经注入了新的灵魂。只有调用失败了,它们才会返回一个-1,从原程序的调用点接着往下执行。

【例 6-6】　应用 execlp 函数列出当前目录下的所有文件。

```
1   # include < unistd. h>
2   # include < stdio. h>
3   # include < stdlib. h>
4   int main()
5   {
6       if (fork() == 0)
7       {
8           int ret;
```

```
9        /* 调用 execlp() 函数,这里相当于调用了"ls - l"命令 */
10        ret = execlp("ls", "ls", "- l", NULL);
11    }
12    return  0;
13  }
```

在该程序中,首先使用 fork() 函数创建一个子进程,然后在子进程里使用 execlp() 函数。从程序中可以看到,这里的参数列表列出了在 shell 中使用的命令名和选项。

将文件保存为 execlp.c,使用交叉编译命令 arm-linux-gcc 进行交叉编译。

```
[root@localhost test]# arm - linux - gcc  - o  execlp  execlp.c
```

将其下载到嵌入式系统开发板上运行该程序,运行结果如下所示。

```
[root@localhost test]# ./execlp
execlp
execlp.c
proid
proid.c
```

3. system 函数

system 函数可以在一个程序的内部启动另一个程序,从而创建一个新进程。system 函数所需要的头文件如下。

```
# include < stdlib.h >
```

其函数原型为:

```
int system(const char * string);
```

system 函数的作用是,运行以字符串参数的形式传递给它的命令并等待该命令的完成。

【例 6-7】　应用 system 函数列出当前目录下的所有文件。

```
1  # include  < stdio.h >
2  int main()
3   {
4    int  ret;
5    ret = system("ls  - l");
6    printf("OK!  \n");
7    return  0;
8   }
```

将文件保存为 system_test.c,使用交叉编译命令 arm-linux-gcc 进行交叉编译。

```
[root@localhost test]# arm - linux - gcc  - o  system_test  system_test.c
```

将其下载到嵌入式系统开发板上运行该程序,运行结果如下所示。

```
[root@localhost test]# ./system_test
execlp
execlp.c
proid
proid.c
```

```
system_test
system_test.c
OK!
```

4. 进程调用的应用示例

如果一个进程想执行另一个程序，它就可以用 fork 函数产生出一个新进程，然后调用一个 exec 函数来执行这个程序。

【例 6-8】　设已有 C 语言的源程序 Hello.c，现编写一个程序，在程序中自动编译 Hello.c，并运行编译后的执行文件 Hello。

```
1   # include  < stdio. h >
2   # include  < stdlib. h >
3   # include  < unistd. h >
4   int main()
5   {   /* 调用 system 函数编译命令 */
6     system("gcc - o Hello Hello.c");
7     printf("Hello. c Compile successfully! \n");
8     if(fork() == 0)
9     {
10        /* 调用 execlp 函数执行运行程序命令 */
11        if( execlp("./Hello", "Hello", NULL) < 0)
12        {
13          printf("execlp error \n");
14        }
15      }
16      sleep(1);  /* 延时 1 秒,以等待 Hello 的输出结果 */
17      printf("Hello  run successfully! \n");
18  }
```

将程序保存为 comple.c，使用编译命令 gcc 进行编译程序。

```
[root@localhost test] # gcc  - o  comple  comple.c
```

将已经编写好的源程序 Hello.c 保存在同一目录下，运行 comple 程序，运行结果如下。

```
[root@localhost test] # ./comple
Hello.c Compile successfully!
Hello!    ◄──────────────  Hello.c 编译、执行后输出的结果
Hello   run successfully!
```

【例 6-9】　编写一个计算 $1+2+3+\cdots+10$ 的程序，将其保存到文件 sum.c 中，然后自动编译并运行该程序。

```
1   # include < unistd. h >
2   # include < stdio. h >
3   # include < stdlib. h >
4   # include < string. h >
5   # include < fcntl. h >
6   int main()
7   {
8     int fd;
```

```
9      int len, size_r, size_w;
10     char   * buf = "# include < stdio. h>
          \n int main()
          \n{\nint i,s = 0;
            \n for(i = 1;  i ⩽ 10;  i ++ )
            \n {
                \n s = s + i;
                \n printf(\" % d = % d + % d\\n\",s,s - i,i);
            \n }
          \n } \n";                                      ← 定义 sum.c 源程序
11     fd = open("sum.c", O_CREAT | O_TRUNC | O_RDWR, 0666);
12     len = strlen(buf);
13     size_w = write(fd, buf, len);         ← 将 buf 中的程序代码写入 sum.c 文件
14
15     char   buf_r[500];
16     lseek(fd, 0, SEEK_SET);
17     size_r = read(fd, buf_r, size_w);
18     printf("size_r = % d \n", size_r);        ← 查看 sum.c 文件内容
19     printf("Read: \n % s  \n", buf_r);
20     close(fd);
21     printf("Write and Read OK!! \n\n");
22
23     system("gcc - o sum sum.c");              ← 编译 sum.c 程序
24     printf("sum.c compiled complete.   \n");
25     if(fork()  ==  0)
26     {
27        if(execlp("./sum", "./sum", NULL) < 0)     ← 执行编译后的 sum 程序
28        {
29            printf("execlp error \n");
30        }
31     }
32     sleep(1);
33     printf("sum run complete.   \n");
34  }
```

将程序保存为 exec_sum. c，使用编译命令 gcc 进行编译程序。

```
[root@localhost test]#gcc   - o   exec_sum   exec_sum. c
```

运行 exec_sum 程序，运行结果如下。

```
[root@localhost test]# ./exec_sum
size_r = 106
Read:
# include < stdio. h>
int main()
{
   int i,s = 0;
   for(i = 1; i <= 9; i ++ )
   {
     s = s + i;
```

```
        printf("%d=%d+%d\n",s,s-i,i);
    }
 }
Write and Read OK!!

sum.c compiled complete.
1 = 0 + 1
3 = 1 + 2
6 = 3 + 3
10 = 6 + 4
15 = 10 + 5
21 = 15 + 6
28 = 21 + 7
36 = 28 + 8
45 = 36 + 9
55 = 45 + 10
sum run complete.
```

6.3　进程间的通信

6.3.1　进程间的通信方式

　　每个进程各自有不同的用户地址空间,任何一个进程的全局变量在另一个进程中都看不到,所以进程之间要交换数据必须通过内核,在内核中开辟一块缓冲区,进程 1 把数据从用户空间拷到内核缓冲区,进程 2 再从内核缓冲区把数据读走,如图 6.1 所示。内核提供的这种机制称为进程间通信(IPC,InterProcess Communication)。

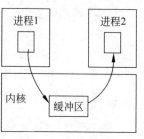

图 6.1　进程间通信

　　在嵌入式 Linux 中使用较多的进程间通信方式主要有以下几种。

　　(1) 管道(Pipe)及有名管道(named pipe):管道可用于具有亲缘关系进程间的通信;有名管道除具有管道所具有的功能外,它还允许无亲缘关系进程间的通信。

　　(2) 共享内存(Shared memory):可以说这是最有用的进程间通信方式。它使得多个进程可以访问同一块内存空间,不同进程可以及时看到对方进程中对共享内存中数据的更新。这种通信方式需要依靠某种同步机制,如互斥锁和信号量等。

　　(3) 消息队列(Message Queue):消息队列是消息的链接表,包括 Posix 消息队列 SystemV 消息队列。它克服了前两种通信方式中信息量有限的缺点,具有写权限的进程可以按照一定的规则向消息队列中添加新消息;对消息队列有读权限的进程则可以从消息队列中读取消息。

　　(4) 信号(Signal):信号是在软件层次上对中断机制的一种模拟。它是比较复杂的通信方式,用于通知进程有某事件发生,一个进程收到一个信号与处理器收到一个中断请求效果上可以说是一样的。

（5）信号量（Semaphore）：主要作为进程之间以及同一进程的不同线程之间的同步和互斥手段。

（6）套接字（Socket）：这是一种更为一般的进程间通信机制，它可用于网络中不同机器之间的进程间通信，应用非常广泛。

下面主要介绍前两种进程通信方式。

6.3.2　管道

视频讲解

管道是一种最基本的进程机制，它由 pipe 函数创建。

```
# include < unistd.h >
int pipe(int fd[2]);
```

其中，数组 fd[2] 的元素为管道的两个文件描述符，管道创建之后就可以直接操作这两个文件描述符。pipe 函数调用成功返回 0，调用失败返回-1。

管道通信的思想是：调用 pipe 函数时在内核中开辟一块缓冲区（称为管道）用于通信，它有一个写入端和一个读出端。发送进程可以源源不断地从 pipe 一端写入数据流，在规定的 pipe 文件的最大长度（如 4096 字节）范围内，每次写入的信息长度是可变的；接收进程在需要时可以从 pipe 的另一端读出数据，读出单位长度也是可变的。

（1）管道操作的写入函数如下。

```
write(fd[1], buf, size);
```

功能：把 buf 中的长度为 size 字符的消息送入管道入口 fd[1]。

具体参数说明如下。

- fd[1]：pipe 入口。
- buf：存放消息的空间。
- size：要写入的字符长度。

（2）管道操作的读取函数如下。

```
read(fd[0], buf, size);
```

功能：从 pipe 出口 fd[0] 读出 size 字符的消息置入 buf 中。

参数说明如下。

- fd[0]：Pipe 的出口。
- buf：存放消息的空间。
- size：读出的字符长度。

在用户程序中，fd[0] 指向管道的读出端；fd[1] 指向管道的写入端。因此，管道在用户程序看起来就像一个打开的文件，通过 read(fd[0]);或者 write(fd[1]);向这个文件读写数据其实是在读写内核缓冲区，如图 6.2 所示。

建立了管道之后可以按下面的步骤实现两个进程间的通信。

（1）父进程调用 pipe 开辟管道，得到两个文件描述符指向管道的两端。

（2）父进程调用 fork 创建子进程，那么子进程也有两个文件描述符指向同一管道。

（3）父进程关闭管道读端，子进程关闭管道写端。父进程可以往管道里写，子进程可以从管道里读,管道是用环形队列实现的,数据从写端流入从读端流出,这样就实现了进程间通信。

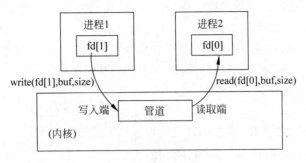

图 6.2　管道通信

【例 6-10】　编写一个程序,建立一个管道 pipe,同时父进程生成一个子进程,子进程向 pipe 中写入一个字符串,父进程从 pipe 中读取该字符串。

```
1    # include < stdio. h >
2    # include < stdlib. h >
3    int main()
4    {
5      int x, fd[2];
6      char buf[30], s[30];
7      pipe(fd);                  ← 创建管道
8      x = fork();
9      if(x == 0)                 ← 子进程
10     {
11       sprintf(buf,"This is a pipe!");//对字符数组 buf 赋值
12       write(fd[1], buf, 30);   ← 将字符数组 buf 的字符串写入管道
13       exit(0);
14     }
15     else
16     {
17       wait(0);                 ← 父进程等待子进程终止
18       read(fd[0], s, 30);      ← 父进程从管道读取数据存放到数组 s
19       printf("read:  % s \n", s);
20     }
21   }
```

将程序保存为 pipe. c,使用编译命令 gcc 进行编译程序。

[root@localhost test]# gcc - o pipe pipe.c

运行 shm_get 程序,运行结果如下。

[root@localhost test]# ./pipe
read: This is an pipe!

视频讲解

6.3.3 共享内存

共享内存，就是在内核空间开辟一块内存区域，用于多个进程之间进行交换信息，把这块内核空间的内存区域称为共享内存区。进程为了能访问共享内存的数据，需要将这块内存区域映射到自己的私有地址空间，并直接对数据进行操作。由于进程可以直接对数据进行读写操作，从而大大提高了进程间通信的效率。共享内存的实现原理如图 6.3 所示。

从图 6.3 可以看出，共享内存的实现分为以下两个步骤。

第 1 步是在内核空间创建共享内存，即从内存中获得一块共享内存区域。这里需要使用函数 shmget()来创建共享内存。

第 2 步是在进程的地址空间映射共享内存，即把这块创建的共享内存区域映射到进程空间中。这里需要使用的函数 shmat()来映射共享内存。

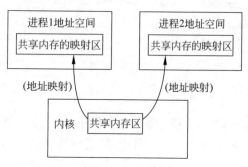

图 6.3 共享内存

经上述两个步骤后，就可以使用这块共享内存区域了，也就是可以使用不带缓冲的 I/O 读写命令对其进行操作。要解除共享内存，可以进行撤销映射的操作，其函数为 shmdt()。

实现共享内存的几个主要函数见表 6.1。

表 6.1 共享内存的函数

函 数	功 能 说 明
int shmget(key_t key, int size, int flag);	创建由参数 size 指定大小的共享内存
char * shmat(int shm_id, const void * addr, int flag);	将共享内存映射到调用进程空间中的指定地址
int shmctl(int shm_id, int cmd, struct shmid_ds * buf);	对共享内存进行操作
int shmdt(const void * addr);	解除当前进程与共享内存的映射

下面对共享内存函数做进一步的说明。

调用下面所介绍的共享内存函数所需头文件为：

\# include < sys/shm.h >

1. 创建共享内存区域的 shmget()函数

shmget()函数用于创建共享内存区域。其函数原型为：

int shmget(key_t key, int size, int flag);

函数返回值：若创建共享内存成功，则返回共享内存标识符；若出错，则为－1。

创建共享内存 shmget()函数的参数说明如下。

（1）key 参数：共享内存的键值，多个进程可以通过它访问同一个共享内存。常用一个特殊值 IPC_PRIVATE，创建当前进程的私有共享内存。

（2）size 参数：指定创建共享内存的大小。

（3）flag 参数：操作权限，详见第 3 章表 3.2。

【例 6-11】 创建一个共享内存区域。

```
1    # include < stdio. h >
2    # include < stdlib. h >
3    # include < sys/shm. h >
4    int main()
5    {   int shm_id;
6        shm_id = shmget(IPC_PRIVATE, 4096, 0666);  ←  创建共享内存区域
7        if(shm_id < 0)
8        {
9          perror("shmget id < 0 ");
10         exit(0);
11       }
12       printf("成功建立共享内存区域: % d  \n", shm_id);  ←  显示共享内存标识符
13       system("ipcs - m");  ←  显示当前共享内存状况
14   }
```

将程序保存为 shm_get. c，使用编译命令 gcc 进行编译程序。

[root@localhost test]# gcc - o shm_get shm_get.c

运行 shm_get 程序，运行结果如下。

[root@localhost test]# ./shm_get   当前没有地址映射到共享内存

成功建立共享内存区域：720911

------ Shared Memory Segments --------

key	shmid	owner	perms	bytes	nattch	status
0x0000fd17	720911	root	0	4096	0	

2. 建立进程空间到共享内存映射的 shmat()函数

shmat()函数用于建立进程空间地址到共享内存的映射。其函数原型为：

char * shmat(int   shm_id, const void   * addr, int flag);

函数返回值：若映射共享内存成功则返回进程空间中被映射的区域地址；若出错，则为−1。

建立共享内存映射 shmgat()函数的参数说明如下。

（1）shm_id 参数：要映射的共享内存标识符。

（2）addr 参数：指定在调用进程中映射共享内存的地址。通常取值为 0，表示由系统自动分配地址。

（3）flag 参数：设置共享内存的操作权限。若取值为 0，表示可对共享内存进行读写操作。

在建立共享内存映射时，有时需要使用 atoi(int   id)函数获得所要映射的共享内存标识符，下面例 6-11 说明如何从命令行中输入已经建立的共享内存标识符，在进程中建立映射。

【例 6-12】 建立一个映射到例 6-11 所建共享内存的进程,并向共享内存写入数据。

```
1   # include < stdio.h >
2   # include < sys/shm.h >
3   # include < stdlib.h >
4   int main(int argc, char * argv[])
5   {  int  shm_id;
6      char  * shm_buf;
7      shm_id = atoi(argv[1]);         ← 获取要建立映射的共享内存(由命令行输入)
8      shm_buf = shmat(shm_id, 0, 0);  ← 返回映射区的地址
9      printf("写入数据到共享内存: \n");
10     sprintf (shm_buf, "对共享内存读写操作");  ← 通过映射区写入
                                                   数据到共享内存
11     printf("% s \n", shm_buf);
12  }
```

将程序保存为 shm_at_w.c,使用编译命令 gcc 进行编译程序。

[root@localhost test]# gcc -o shm_at_w shm_at_w.c

运行 shm_at_w 程序,需要在命令行中指定例 6-11 所建立的共享内存标识符,运行结果如下。

[root@localhost test]# ./shm_at_w 720911 ← 共享内存的标识符

写入数据到共享内存:

对共享内存读写操作

【例 6-13】 建立一个从共享内存中读取数据的进程。

```
1   # include < stdio.h >
2   # include < sys/shm.h >
3   int main(int argc, char * argv[])
4   {
5      int shm_id;
6      char * shm_buf, str[50];
7      shm_id = atoi(argv[1]);
8      shm_buf = shmat(shm_id, 0, 0);
9      printf("读取共享内存数据:\n");
10     sprintf(str, shm_buf);          ← 通过映射区读取共享内存
                                           的数据到字符数组 str
11     printf("% s \n", str);
12     system("ipcs - m");
13  }
```

将程序保存为 shm_at_r.c,使用编译命令 gcc 进行编译程序。

[root@localhost test]# gcc -o shm_at_r shm_at_r.c

运行 shm_at_r 程序,需要在命令行中指定共享内存的标识符,运行结果如下。

[root@localhost test]# ./shm_at_r 720911 ← 共享内存的标识符

读取共享内存数据:

对共享内存读写操作

```
------ Shared Memory Segments --------
key          shmid      owner    perms    bytes    nattch    status
0x0000fd17   720911     root     0        4096     2
```
当前有两个地址映射到共享内存

3. 对共享内存进行操作的函数

进程与共享内存建立了映射之后,就可以在进程中对共享内存进行操作,其操作函数的原型如下。

```
int shmctl(int   shm_id, int   cmd, struct shmid_ds   * buf);
```

对共享内存进行操作的 shmctl()函数的参数说明如下。

(1) shm_id 参数:所映射的共享内存标识符。

(2) cmd 参数:指定所要进行的操作。cmd 可以取值 IPC_STAT 、IPC_SET、IPC_RMID、SHM_LOCK、SHM_UNLOCK。

(3) buf 参数:结构体型指针。

4. 解除进程到共享内存映射的 shmdt()函数

shmdt()函数为解除进程到共享内存的映射,其函数原型如下。

```
int shmdt(const   void   * addr);
```

函数参数 addr 为被映射的共享内存区域的地址。

函数返回值:若解除映射成功,则返回 0;若出错,则为−1。

【例 6-14】 解除一个进程到共享内存的映射,并释放内存空间。

```
1   # include < stdio. h>
2   # include < sys/shm. h>
3   int main( int argc, char * argv[])
4   {
5       int shm_id;
6       char * shm_buf;
7       shm_id = atoi(argv[1]);           定位映射地址
8       shm_buf = shmat(shm_id, 0, 0);
9       shmdt(shm_buf);                   解除进程到共享内存的映射
10      shmctl(shm_id, IPC_RMID, NULL);   释放共享内存空间
11      system("ipcs - m");
12  }
```

将程序保存为 shm_dt. c,使用编译命令 gcc 进行编译程序。

```
[root@localhost test]#gcc   -o   shm_dt   shm_dt.c
```

运行 shm_dt 程序,需要在命令行中指定共享内存的标识符,运行结果如下。

```
[root@localhost test]# ./shm_dt   720911        共享内存的标识符
------ Shared Memory Segments --------
key      shmid    owner    perms    bytes    nattch    status
```
标识的共享内存已释放

6.4 嵌入式 Linux 串口通信技术

串口通信作为一种灵活方便可靠的通信方式，被广泛应用于工业控制中。在工业生产实践中，采用嵌入式系统对工程实现实时监控，通常需要通过串口与其被控系统进行全双工通信，例如，一个流水线控制系统需要不断地接收从嵌入式系统发送来的查询和控制信息，并将执行结果或查询结果发送回嵌入式系统。应用嵌入式系统实现数据采集、数据处理以及控制信号的产生与传输等功能。在这种特定的环境下，嵌入式系统要与过程控制的实时信号相联系，就要求能实现对嵌入式系统的串行端口直接操作。

6.4.1 嵌入式 Linux 串口通信基础

1. 串口通信的工作原理

串口通信是指，外设和计算机间使用一根数据信号线（另外需要地线），数据在一根数据信号线上一位一位地进行传输，每一位数据都占据一个固定的时间长度。

串行传输是二进制代码序列在一条信道上以位（元码）为单位、按时间顺序且按位传输的通信方式。串行传输时，发送端按位发送，接收端按位接收，同时还要对所传输的位加以确认，所以收发双方要采取同步措施，否则接收端将不能正确区分出所传输的数据。

在串口传输中，发送方为了告诉接收方，新的数据字节分组到达，在每个数据字节分组前面有一个起始位（通常是0）；为了让接收方知道字节已经结束，在每个数据字节分组后面有一个停止位（通常是1）。接收方一旦检测到停止位，接收方会一直等待，直到下一个开始位。

串口传输数据包的组成为：1个开始位＋8个数据位＋1个停止位

图 6.4 是串行传输数据的示意图。

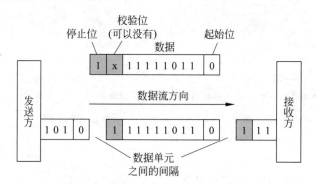

图 6.4　串行传输数据的工作原理

这种通信方式使用的数据线少，在远距离通信中可以节约通信成本，当然，其传输速度要比并行传输慢。

在串口通信时，要求通信双方都采用一个标准接口，使不同的设备可以方便地连接起来进行通信。串行通信协议有很多种，如 RS232、RS485、RS422，以及目前流行的 USB 等都是采用串行通信协议。

嵌入式系统串行通信采用 EIA RS-232C 标准，为单向不平衡传输方式，信号电平标准

$\pm12V$，负逻辑，即逻辑 1(MARKING)表示为信号电平－12V，逻辑 0(SPACING)表示为信号电平＋12V，最大传送距离 15m，最大传送速率 19.6K band，其传送序列如图 6.1 所示。平时线路保持为 1；传送数据开始时，先发送起始位(其数据值是 0)；然后传 8(或 7,6,5)个数据位(其数据值是 0,1)；接着可传 1 位奇偶校验位；最后为 1～2 个停止位(其数据值是 1)。由此可见，传送一个 ASCII 字符(7 位)，加上同步信号最少需 9 位数据位。

目前，较为常用的串口有 9 针串口(DB9)和 25 针串口(DB25)。通信距离较近时(＜12m)，可以用电缆线直接连接标准 RS232 端口(RS422、RS485 可以连接更长距离进行通信)；若距离较远，需附加调制解调器(MODEM)。最为简单且常用的是三线制接法，即接地线、接收数据线和发送数据线三线相连接。

2. 常用信号引脚与串口通信接线

1) DB9 和 DB25 的常用信号引脚说明

DB9 和 DB25 的常用信号引脚说明见表 6.2。

表 6.2　DB9 和 DB25 的引脚说明

9 针串口(DB9)			25 针串口(DB25)		
针号	功能说明	缩写	针号	功能说明	缩写
1	输入,数据载波检测	DCD	8	数据载波检测	DCD
2	输入,接收数据	RXD	3	接收数据	RXD
3	输出,发送数据	TXD	2	发送数据	TXD
4	输出,DTE 准备就绪	DTR	20	数据终端准备	DTR
5	信号地	GND	7	信号地	GND
6	输入,MODEM 准备就绪	DSR	6	数据准备好	DSR
7	输出,请求发送	RTS	4	请求发送	RTS
8	输入,允许发送	CTS	5	允许发送	CTS
9	输入,振铃指示	RI	22	振铃指示	RI

2) RS232C 串口通信接线方法(三线制)

首先，串口传输数据只要有接收数据针脚和发送针脚就能实现：一个串口的接收脚与另一个串口的发送脚直接用线相连，对于 9 针串口和 25 针串口，均是 2 与 3 直接相连。三线制的接线方法见表 6.3。

表 6.3　RS232C 串口通信接线方法

9 针—9 针		25 针—25 针		9 针—25 针	
2	3	3	2	2	2
3	2	2	3	3	3
5	5	7	7	5	7

表 6.3 是对微机标准串行口而言的，还有许多非标准设备，如接收 GPS 数据或电子罗盘数据，其针脚的功能不一定与上面表格一样。在应用时只要记住一个原则：接收数据针脚(或线)与发送数据针脚(或线)相连，彼此交叉，信号、地对应相接，就能得心应手地应付各种变化。

如果没有现成的提供了标准 RS232 串口的设备进行实验，可以将自己的电脑模拟成两台不同的串口设备。通常电脑主机后面的面板提供了两个 9 针的串口，请将这两个串口的 2、3、5 脚按如图 6.5 所示的方法连接。

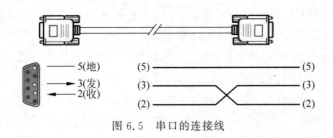

图 6.5 串口的连接线

注意：不要带电插拔串口，插拔时至少有一端是断电的，否则串口易损坏。

6.4.2 嵌入式 Linux 串口设置详解

串口参数的配置我们在 Linux 中配置超级终端和 minicom 时已经接触到了，一般包括波特率、起始位、数据位、停止位和数据流控制协议等。下面，对这些串口参数进行详细说明。

1. 起始位

通信线路上没有数据被传送时，处于逻辑 1 的状态。当发送设备要发送字符数据时，首先发送一个逻辑 0 信号，这个逻辑低电平就是起始位。起始位通过通信线路传输到接收端，接收端检测到这个低电平后，就开始准备接收数据位信号。起始位所起的作用就是使通信双方同步。

2. 数据位

当接收端收到起始位后，开始接收数据位。数据位的个数可以是 5～8 位。在数据传送过程中，数据位从最低有效位开始传送，接收端收到数据后，依次将其转换成并行数据。

3. 奇偶校验位

数据位发送完后，为了保证数据的可靠性，还要再传送一个奇偶校验位。奇偶校验用于差错检测。如果选择偶校验，则数据位和奇偶位的逻辑 1 的个数必须为偶数；相反，如果是奇校验，数据位和奇偶位的逻辑 1 的个数为奇数。

4. 停止位

在奇偶位或数据位（当无奇偶校验时）之后发送停止位。停止位表示一个数据的结束。它可以是 1～2 位的低电平。接收端收到停止位后，通信线路便恢复逻辑 1 的状态，直到下一个数据的起始位到来。

5. 波特率设置

通信线路上传输的位（码元）信号都必须保持一致的信号持续时间，单位时间内传送码元的数目称为波特率。

波特率的取值来源于电话线路特性，电话线路的带通是 3kHz，当时 Hayes 最先搞调制解调器时，用的是 2400Hz 信号，对应波特率是 2400。由于基本频率确定了，以后采用的提高通信速率的方法都是在 2400 基础上倍频的，所以形成了 9600，19200，…

对于大多数嵌入式设备来说，其波特率都设置为 115200。

在 Linux 中，所有的设备文件一般都位于/dev 下，其中串口一、串口二所对应的设备名依次为/dev/ttyS0、/dev/ttyS1，可以查看在/dev 下的文件以确认。

6.4.3　RS232C 标准

RS232C 是 1969 年由电子工业协会(EIA)公布的标准,该标准的用途是定义数据终端设备(Data Terminal Equipment,DTE)与数据通信设备(Data Communication Equipment, DCE)的接口特性。

数据终端设备就是通信两端的数据源和数据到达的目的地。数据通信设备就是连接通信两端设备的连线(如空 MODEM)或其他设备。RS232C 标准的架构如图 6.6 所示。

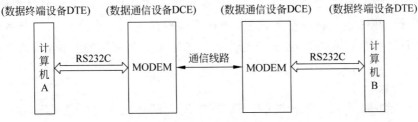

图 6.6　RS232C 架构

RS232C 标准的一些主要规范如下。

1. 电气特性

RS232C 采用非归零、双极性编码,且使用负逻辑规定的逻辑电平:−15～−5V 规定为逻辑 1,+5～+15V 规定为逻辑 0。信号电平与 TTL 电平不兼容,所以需要电平转换电路(通常使用 MAX3232 转换)。电平转换电路如图 6.7 所示。

2. 引脚定义

目前,使用比较广泛的 DB9 引脚定义如图 6.8 所示。信号引脚定义的说明见表 6.2。

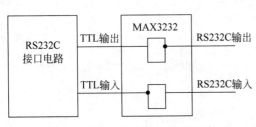

图 6.7　RS232C 的电平转换电路

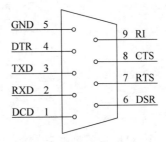

图 6.8　DB9 引脚定义

3. 字符(帧)格式

RS232C 采用起止式异步通信协议,其特点是一个字符接着一个字符进行传输,并且传送一个字符总是以起始位开始,以停止位结束,字符之间没有固定的时间间隔要求。其传输格式如图 6.4 所示,每个字符的前面都有一位起始位(低电平,逻辑值 0),字符本身有 5～8 位数据位,接着字符后面是一位校验码(也可以没有校验码),最后是停止位。停止位后面是不定长度的空闲位。停止位和空闲位都规定为高电平(逻辑值 1),这样就能保证起始位开始处一定有一个下跳沿,便于接收方识别。

从图 6.4 中可以看出,这种格式是靠起始位和停止位来实现字符的界定或同步的,故称为“起止式”协议。没有统一的时钟,没有同步字符,依靠起始位和停止位标识每一帧。传送时,数据的低位在前,高位在后。

起始位实际上是作为同步信号附加进来的,当它变为低电平时,告诉接收方传送开始,后面接着是数据位;而停止位则标志一个字符的结束。这样就为通信双方提供了何时开始收发、何时结束的标志。传送开始前,收发双方把所采用的字符格式(包括字符的数据位长度、停止位位数、有无校验位以及是奇校验还是偶校验等)和数据的传输速率做统一规定。传送开始后,接收设备不断地检测线路,看是否有起始位到来。当收到一系列的 1(停止位或空闲位)之后,检测到一个下跳沿(由 1 变为 0),说明起始位出现,起始位经确认后,就开始接收所规定的数据位和奇偶校验位以及停止位。然后去掉停止位,把数据位作串并转换,并且经奇偶校验无误后,才算正确地接收到一个字符。一个字符接收完毕,接收设备又继续测试线路,监视 0 电平的到来和下一个字符的开始,直到全部数据传送完毕。

4. 握手协议

RS232C 标准除了规定字符格式和通信波特率以外,还在数据终端设备 DTE 和数据通信设备 DCE 之间定义了一套握手协议。握手协议的过程如图 6.9 所示。

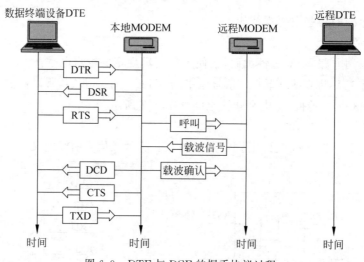

图 6.9　DTE 与 DCE 的握手协议过程

(1) DTR:数据终端设备 DTE 准备就绪。

DTE 加电以后,并能正确实现通信时,向 DCE 发出 DTR 信号。

(2) DSR:数据通信设备 DCE 准备就绪。

MODEM 加电以后,并能正确执行通信功能时,向 DTE 发出 DSR 信号。

(3) RTS:请求发送。

当 DTE 有数据需要向另一远程 DTE 传送时,DTE 在检测 DSR 有效时向本地 MODEM 发出 RTS 信号。本地 MODEM 检测到 RTS 有效,然后根据目的电话号码向远程 MODE 发出呼叫。远程 MODE 收到该呼叫,发出回答载波信号。本地 MODEM 接收到此载波信号,然后它向远程 MODE 发出原载波信号进行确认,同时向 DTE 发出数据载波信号 DCD。

(4) DCD:数据载波信号检测。

由 MODEM 发向数据终端设备 DTE,表示已检测到对方载波信号。

（5）CTS：允许发送。

当一个 MODEM 辨认出对方 MODEM 已经准备接收时，使用 CTS 信号通知自己的 DTE，表示这个通信通路已经做好数据传输的准备，允许 DTE 进行数据发送。至此通信链路建立，可以通信。

（6）RI：振铃指示。

如果 MODEM 具有自动应答能力，当对方呼叫传来时，MODEM 向 DTE 发出该信号，指示此呼叫。在电话呼叫振铃结束后，MODEM 在 DTE 已准备好的情况下（即 DTR 有效），立即向对方自动应答。

5. 双机互连方式

双机可以利用 RS232C 通信接口进行直接互连（数据终端设备 DTE 到 DTE），即空 MODEM 连接。这种形式在嵌入式系统中应用极为广泛。

由于 RS232C 标准中有两对硬件握手协议的引线：DTR 和 DSR、RTS 和 CTS，根据应用握手协议的机制不同，可分为 3 种情况：DTR 和 DSR 握手、RTS 和 CTS 握手、无硬件握手。

1）DTR 和 DSR 握手情况

DTR 和 DSR 握手的双机互连如图 6.10 所示。

利用 DTR 和 DSR 握手进行发送和接收数据的过程如下（设计算机 A 接收、计算机 B 发送）。

当计算机 A 已经准备就绪，则使 DTR 有效。计算机 B 通过采集 DSR，得知计算机 A 已经做好接收数据的准备，可以发送数据。当计算机 A 未准备好，则 DTR 无效，计算机 B 通过采集 DSR，得知计算机 A 尚未做好接收数据的准备，则停止发送数据。

2）RTS 和 CTS 握手情况

RTS 和 CTS 握手的双机互连如图 6.11 所示。

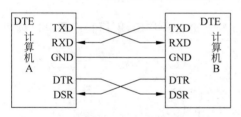

图 6.10　DTR 和 DSR 握手的双机互连

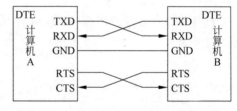

图 6.11　RTS 和 CTS 握手的双机互连

利用 RTS 和 CTS 握手进行发送和接收数据的过程如下（设计算机 A 接收、计算机 B 发送）。

当计算机 A 已经准备就绪，则使 RTS 有效。计算机 B 通过采集 CTS，得知计算机 A 已经做好接收数据的准备，可以发送数据。当计算机 A 未准备好，则 RTS 无效，计算机 B 通过采集 CTS，得知计算机 A 尚未做好接收数据的准备，则停止发送数据。

3）无硬件握手情况

无硬件握手的连线最简单，只需要三根线。无硬件握手的双机互连如图 6.12 所示：

在无硬件握手的情况下，通常要使用软件来实现握手。由于连接端口没有硬件流控制线，数

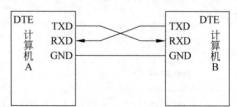

图 6.12　无硬件握手的双机互连

据流的传送与停止需要用数据 ASCII 代码表示。

- 字符 19(停止传送)。
- 字符 17(继续传送)。

这种只需要 3 条线(地线、发送、接收)的通信协议方式应用较为广泛。

视频讲解

6.4.4　串口驱动程序设计

一个串口驱动程序,通常包括打开串口、设置串口参数、对串口进行读写操作等内容。下面对这些内容详细介绍。

1. 串口操作需要的头文件

在开发嵌入式 Linux 串口驱动程序时,需要以下的头文件。

```
# include      < stdio. h >       / * 标准输入输出定义 * /
# include      < stdlib. h >      / * 标准函数库定义 * /
# include      < unistd. h >      / * UNIX 标准函数定义 * /
# include      < sys/types. h >
# include      < sys/stat. h >
# include      < fcntl. h >       / * 文件控制定义 * /
# include      < termios. h >     / * PPSIX 终端控制定义 * /
# include      < errno. h >       / * 错误号定义 * /
```

2. 打开串口

在嵌入式 Linux 系统中,打开一个串口设备,和打开普通文件一样。通常嵌入式 Linux 系统下的串口文件是位于/dev 下。

串口一 为 /dev/ttyS0;

串口二 为 /dev/ttyS1。

打开串口是通过使用标准的文件打开函数 open()来进行操作的,下面我们假设以读写方式打开串口一。

```
int fd;                          //文件描述符
fd = open( "/dev/ttyS0", O_RDWR); //以读写方式打开串口
if ( fd == -1 )                   // 如果不能打开串口一
   {
       perror(" 提示错误!");
   }
```

3. 设置串口参数

最基本的串口参数设置包括波特率设置、校验位和停止位设置。串口主要是设置 struct termios 结构体的各成员值。

```
# include < termios. h >
struct termio
{
    unsigned short   c_iflag;        / * 输入模式标志 * /
    unsigned short   c_oflag;        / * 输出模式标志 * /
    unsigned short   c_cflag;        / * 控制模式标志 * /
    unsigned short   c_lflag;        / * 本地模式标志 * /
    unsigned char    c_line;         / * 线路规范      * /
```

```
unsigned char    c_cc[NCC];              /* 控制特征值      */
};
```

设置这个结构体比较复杂,在这个结构中最为重要的是 c_cflag(控制模式标志),通过对它的赋值,用户可以设置波特率、字符大小、数据位、停止位、奇偶校验位和硬件流控等。另外 c_iflag 和 c_cc 也是比较常用的标志。

在这里,对于 c_cflag 成员不能直接对其初始化,而是要通过"与""或"操作使用其中的某些选项。我们在这里只介绍一些常见的设置。

1) 波特率设置

首先,为了安全起见和以后调试程序方便,可以先保存原先串口的配置,在这里可以使用函数 tcgetattr(fd,&oldtio)。该函数得到与 fd 指向对象相关的参数,并将它们保存于 oldtio 引用的 termios 结构中。该函数还可以测试配置是否正确、该串口是否可用等。若调用成功,则函数返回值为 0;若调用失败,则函数返回值为 −1。下面是设置(或修改)波特率的代码。

```
struct    termios Opt;
tcgetattr(fd, &Opt);
cfsetispeed(&Opt,B115200);      /* 设置为 115200bps */
cfsetospeed(&Opt,B115200);
tcsetattr(fd,TCANOW,&Opt);
```

下面演示一个设置串口通信波特率的例子函数 set_speed(int fd,int speed),该函数有两个参数。

```
int fd ;        // 打开串口的文件描述符
int speed ;     // 串口速度
```

在该函数中,定义了两个数组变量,预先存放可供选择的波特率值。

```
int speed_arr[] = {B115200, B38400, B19200, B9600, B4800, B2400, B1200, B300,
        B38400, B19200, B9600, B4800, B2400, B1200, B300, };
int name_arr[] = { 115200, 38400, 19200, 9600, 4800, 2400, 1200, 300,
        38400, 19200, 9600, 4800, 2400, 1200, 300, };
```

另外,还使用了一个函数:sizeof(speed_arr) / sizeof(int)。

关于数组函数 sizeof 的用法

数组的 sizeof 值等于数组所占用的内存字节数,如:

```
char a1[] = "abc";
int a2[3];
sizeof( a1 ); // 结果为 4,字符末尾还存在一个 NULL 终止符
sizeof( a2 ); // 结果为 3 * 4 = 12(依赖于 int)
```

一些初学者刚开始时把 sizeof 当作求数组元素的个数,现在,应该知道这是不对的。那么应该怎么求数组元素的个数呢,通常有下面两种写法。

```
int c1 = sizeof( a1 ) / sizeof( char );     // 总长度/单个元素的长度
int c2 = sizeof( a1 ) / sizeof( a1[0] );    // 总长度/第一个元素的长度
```

```
void set_speed( int fd, int speed)
  {
     int    i;
     int    status;
     struct termios   Opt;
     tcgetattr(fd, &Opt);
     for ( i= 0;   i < sizeof(speed_arr) / sizeof(int);   i++)
       {
             if  (speed == name_arr[i])
               {
                     tcflush(fd, TCIOFLUSH);
                     cfsetispeed(&Opt, speed_arr[i]);
                     cfsetospeed(&Opt, speed_arr[i]);
                     status = tcsetattr(fd1, TCSANOW, &Opt);
                       if  (status != 0)
                         {
                               perror("tcsetattr fd1");
                                 return;
                         }
                     tcflush(fd, TCIOFLUSH);
               }
       }
  }
```

2) 设置校验的函数

```
/**
* @brief    设置串口数据位,停止位和校验位
* @param   fd      类型   int  打开的串口文件句柄
* @param   databits 类型   int 数据位    取值 为 7 或者 8
* @param   stopbits 类型   int 停止位     取值为 1 或者 2
* @param   parity  类型   int   效验类型 取值为 N,E,O,,S
*/
    int set_Parity( int fd, int databits, int stopbits, int parity)
    {
         struct termios options;
         if   ( tcgetattr( fd,&options)   !=   0) {
             perror("SetupSerial 1");
             return(FALSE);
         }
         options.c_cflag & =   ~CSIZE;
         switch (databits) / * 设置数据位数 * /
         {
         case 7:
             options.c_cflag | = CS7;
             break;
         case 8:
             options.c_cflag | = CS8;
             break;
         default:
             fprintf(stderr,"Unsupported data size\n"); return (FALSE);
```

```
        }
switch (parity)
{
    case 'n':
    case 'N':
        options.c_cflag & =  ～PARENB;          /* Clear parity enable */
        options.c_iflag & =  ～INPCK;            /* Enable parity checking */
        break;
    case 'o':
    case 'O':
        options.c_cflag | = (PARODD | PARENB); /* 设置为奇校验 */
        options.c_iflag | = INPCK;               /* Disnable parity checking */
        break;
    case 'e':
    case 'E':
        options.c_cflag | = PARENB;             /* Enable parity */
        options.c_cflag & =  ～PARODD;           /* 转换为偶校验 */
        options.c_iflag | = INPCK;               /* Disnable parity checking */
        break;
    case 'S':
    case 's':  /* as no parity */
        options.c_cflag & =  ～PARENB;
        options.c_cflag & =  ～CSTOPB;break;
    default:
        fprintf(stderr,"Unsupported parity\n");
        return (FALSE);
    }
/* 设置停止位 */
switch (stopbits)
{
    case 1:
        options.c_cflag & =  ～CSTOPB;
        break;
    case 2:
        options.c_cflag | = CSTOPB;
        break;
    default:
        fprintf(stderr,"Unsupported stop bits\n");
        return (FALSE);
}
/* Set input parity option */
if (parity != 'n')
    options.c_iflag | = INPCK;
tcflush(fd,TCIFLUSH);
options.c_cc[VTIME] = 150;                       /* 设置超时 15 seconds */
options.c_cc[VMIN] = 0;                           /* Update the options and do it NOW */
if (tcsetattr(fd,TCSANOW,&options) != 0)
{
    perror("SetupSerial 3");
    return (FALSE);
}
```

```
return (TRUE);
}
```

注意：如果不是开发终端之类的，只是串口传输数据，而不需要串口来处理，那么使用原始模式(Raw Mode)方式来通信，设置方式如下。

```
options.c_lflag  &= ~(ICANON | ECHO | ECHOE | ISIG);  /* Input */
options.c_oflag  &= ~OPOST;  /* Output */
```

4. 读写串口
设置好串口之后，读写串口就很容易了，把串口当作文件读写就是。

1) 发送数据

```
char   buffer[1024];
int    Length;
int    nByte;
nByte = write(fd, buffer ,Length);
```

2) 读取串口数据

使用文件操作 read 函数读取，如果设置为原始模式(Raw Mode)传输数据，那么 read 函数返回的字符数是实际串口收到的字符数。可以使用操作文件的函数来实现异步读取，如 fcntl 或 select 等来操作。

```
char   buff[1024];
int    Len;
int    readByte = read(fd,buff,Len);
```

5. 关闭串口
关闭串口就是关闭文件。

```
close(fd);
```

【例 6-15】 从串口读取数据。

```
1    # include < stdio. h>
2    # include < string. h>
3    # include < sys/types. h>
4    # include < errno. h>
5    # include < sys/stat. h>
6    # include < fcntl. h>
7    # include < unistd. h>
8    # include < termios. h>
9    # include < stdlib. h>
10
11   int open_port();
12   int set_opt(int fd, int nSpeed, int nBits, char nEvent, int nStop);
13
14   int main(void)
15   {
16     int fd;
17     int readByte = 0, i;
```

```
18    char buff[1024];
19    printf("Start .... \n");
20    fd = open_port();          打开串口
21    set_opt(fd, 115200, 8, 'N', 1);      对串口进行参数设置
22    printf("Reading .....\n");
23    while(readByte <= 0)
24      { readByte = read(fd, buff, 500); }      从串口读取数据
25    printf("readByte = %d\n", readByte);
26    printf("%s\n", buff);
27    close(fd);          关闭串口
28    return  0;
29  }
30
31  int open_port()
32  {
33    int fd;          fd 为文件描述符
34    fd = open("/dev/ttyS0", O_RDWR|O_NOCTTY|O_NDELAY);      读写方式打开串口
35    printf("fcntl = %d\n", fcntl(fd, F_SETFL,0));
36    printf("isatty success!\n");
37    return fd;
38  }        设置串口参数,这里使用掩码来操作,其中: nSpeed 表示波特率、
39           nBits 表示数据位、nEvent 表示奇偶校验、nStop 表示停止位
40  int set_opt(int fd, int nSpeed, int nBits, char nEvent, int nStop)
41  {
42    struct termios newtio,oldtio;
43    bzero(&newtio, sizeof( newtio ) );
44    newtio.c_cflag  | = CLOCAL | CREAD;      //设置成本地连接和接收
45    newtio.c_cflag  & = ~CSIZE;              //设置字符大小
46    newtio.c_cflag  | = CS8;                 //设置数据位为 8 位
47    newtio.c_cflag  & = ~PARENB;             //设置奇偶校验为无
48    cfsetispeed(&newtio, B115200);           //设置波特率
49    cfsetospeed(&newtio, B115200);
50    newtio.c_cflag  & = ~CSTOPB;             //设置停止位为 1 位
51    newtio.c_cc[VTIME] = 0;                  //设置超时(等待时间),0 表示没有限制
52    newtio.c_cc[VMIN] = 0;                   //设置最小接收字符
53    tcflush(fd, TCIFLUSH);
54    printf(" set done ! \n");
55    return 0;
56  }
```

将程序保存为 comm_test. c,使用编译命令 gcc 进行编译程序。

```
[root@localhost test]# gcc  -o  comm_test  comm_test.c
```

运行 comm_test 程序,运行结果如下。

```
[root@localhost test]# ./ comm_test
Start ....
```

```
fcntl = 0
isatty success!
set done!
Reading .....
readByte = 12931060
```

本 章 小 结

本章首先介绍了文件描述符的概念,这个概念很重要,Linux 的内核就是利用文件描述符来访问文件的。接着介绍了进程、进程控制及进程间通信的概念。最后,作为应用实例,介绍了嵌入式 Linux 系统对串口操作的程序设计方法,由于它能很好地体现前面所介绍的内容,而且在嵌入式系统的开发中也较为常见,因此进行了比较详细的讲解。

习 题

1. 编写一个可以对文件进行打开、读写操作的程序。
2. 什么是进程? 怎样区别子进程和父进程?
3. 什么是进程描述符? 怎样获得进程描述符?
4. 叙述嵌入式 Linux 进程管理机制的工作原理。
5. 编写程序,创建两个子进程,由主进程建立共享内存,一个子进程写数据到共享内存中,再由另一个子进程读出数据。
6. RS232C 接口的帧(字符)由哪几部分组成?

## 第 7 章

嵌入式 Linux 网络应用开发

计算机网络是计算机技术和通信技术广泛应用和高度发展的产物,人们在工作和生活中越来越离不开网络。本章主要学习嵌入式 Linux 网络程序设计的基础知识,读者将掌握以下内容。

- IP 地址、端口号及网络套接字等基础概念。
- 套接字函数及利用套接字进行网络编程的方法。
- 编写客户机/服务器系统的应用程序。
- 编写嵌入式系统的 Web 服务器程序。
- 如何开发新的 TCP 通信协议。

网络应用的核心思想是使联入网络的不同计算机能够跨越空间协同工作,这就要求它们之间能够准确、迅速地传递信息。嵌入式系统在网络中应用非常广泛,基本上常见的应用都与网络有关。

本章将介绍嵌入式 Linux 网络通信程序开发的一些基本知识,其中重点介绍编写客户机/服务器的应用程序。

7.1 网络编程的基础知识

7.1.1 IP 地址和端口号

下面简要地介绍一些必要的网络基础知识。

1. 客户端程序和服务端程序

网络程序和普通的程序的最大区别在于,网络程序是由两个部分组成的,即客户端程序和服务端程序。在网络中,安装并运行服务端程序的计算机称为服务器;而运行客户端程序的计算机称为客户机。网络通信时,要先有服务端程序启动,等待客户端的程序运行并向服务器端口发起连接。一般来说,是服务端的程序在一个端口上监听,直到有客户端的程序发来了连接请求,服务端随之响应,从而建立起一条数据通信信道,连接过程如图 7.1 所示。

2. IP 地址

网络中连接了很多计算机,假设计算机 A 向计算机 B 发送信息,若网络中还有第 3 台计算机 C,那么主机 A 怎么知道信息被正确传送到主机 B 而不是被传送到主机 C 中了呢?如图 7.2 所示。

图 7.1　客户端与服务端的连接过程　　　　图 7.2　主机 A 向主机 B 发送信息

在网络上的每台计算机都必须有一个唯一的 IP 地址作为标识,网络中的计算机则通过 IP 地址找到要传送数据的另一台主机。这个 IP 地址通常写作一组由.号分隔的十进制数。例如,思维论坛的服务器地址为 218.5.77.187。正如所见 IP 地址均由 4 个部分组成,每个部分的范围都是 0~255,以表示 8 位地址。

注意:IP 地址都是 32 位地址,这是 IP 协议版本 4(简称 Ipv4)规定的,目前由于 IPv4 地址已近耗尽,所以 IPv6 地址正逐渐代替 IPv4 地址,IPv6 地址则是 128 位无符号整数。

3. 端口

由于一台计算机上可同时运行多个网络程序,IP 地址只能保证把数据信息送到该计算机,但无法知道要把这些数据交给该主机上的哪个网络程序,因此,用"端口号"来标识正在计算机上运行的进程(程序)。每个被发送的网络数据包也都包含有"端口号",用于将该数据帧交给具有相同端口号的应用程序来处理。

例如,用户在一个网络程序指定了自己所用的端口号为 52000,那么其他网络程序(例如端口号为 13)发送给这个网络程序的数据包必须包含 52000 端口号,当数据到达计算机后,驱动程序根据数据包中的端口号,就知道要将这个数据包交给这个网络程序,如图 7.3 所示。

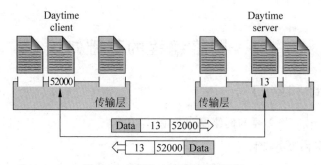

图 7.3　用"端口号"来标识进程

端口号是一个整数,其取值范围为 0~65535。同一台计算机上不能同时运行两个有相同端口号的进程。通常 0~1023 间的端口号作为保留端口号,用于一些网络系统服务和应用,用户的普通网络应用程序应该使用 1024 以后的端口号,从而避免端口号冲突。

4. TCP 与 UDP 协议

在网络协议中,有两个高级协议是网络应用程序编写中常用的,它们是"传输控制协议"(Transmission Control Protocol,TCP)和"用户数据报协议"(User Datagram Protocol,UDP)。

TCP 是面向连接的通信协议,TCP 提供两台计算机之间的可靠无差错的数据传输。应用程序利用 TCP 进行通信时,信息源与信息目标之间会建立一个虚连接。这个连接一旦建立成功,两台计算机之间就可以把数据当作一个双向字节流进行交换。就像打电话一样,互相都能说话,也能听到对方的回应。

UDP 是无连接通信协议,UDP 不保证可靠数据的传输。简单地说,如果一个主机向另外一台主机发送数据,这一数据就会立即发出,而不管另外一台主机是否已准备接收数据。如果另外一台主机收到了数据,它不会确认收到与否。这一过程类似于从邮局发送信件,我们无法确认收信人一定能收到发出去的信件。

7.1.2　套接字

1. 什么是套接字

通过 IP 地址可以在网络上找到主机,通过端口可以找到主机上正在运行的网络程序。

在 TCP/IP 通信协议中,套接字(Socket)就是 IP 地址与端口号的组合。如图 7.4 所示,IP 地址 193.14.26.7 与端口号 13 组成一个套接字。

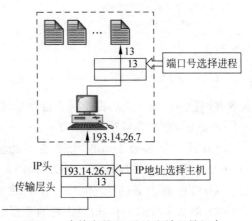

嵌入式 Linux 使用了 TCP/IP 套接字机制,并使用一些函数来实现套接字中的概念。嵌入式 Linux 中的套接字提供了在一台处理机上执行的应用程序与在另一台处理机上执行的应用程序之间进行连接的功能。

网络通信,不能仅说成是两台计算机之间在通信,而是两台计算机上执行的应用程序之间在收发数据。

图 7.4　套接字是 IP 地址和端口号组合

当两个网络程序需要通信时,它们可以通过使用 Socket 等一系列函数建立套接字连接。我们可以把套接字连接想象为一个电话呼叫,当呼叫完成后,通话的任何一方都可以随时讲话。最初建立呼叫时,必须有一方主动呼叫,另一方则正在监听铃声。这时,把呼叫方称为“客户端”,负责监听的一方称为“服务器端”。

2. 套接字类型

根据网络传输的协议类型的不同,套接字也相应有不同的类型。目前最常用的套接口有以下几种。

(1) 字节流套接字(Stream Sockets),基于 TCP 协议的连接和传输方式,又称 TCP 套接字。字节流套接字提供的通信流,能保证数据传输的正确性和顺序性。

(2) 数据报套接字(Datagram Sockets),基于 UDP 协议的连接和传输方式,又称 UDP 套接字。数据报套接字定义的是一种无连接的服务,数据通过相互独立地提出报文进行传输。由于不需要对传输的数据进行确认,因此,传输速度较快。

(3) 原始套接字,原始套接字允许对底层协议如 IP 或 ICMP 进行直接访问,提供 TCP 套接字和 UDP 套接字所不提供的功能,主要用于对一些协议的开发,如构造自己的 TCP 或 UDP 分组等。

7.2　socket 网络编程

7.2.1　socket 网络函数

嵌入式 Linux 网络编程需要用到一系列的网络函数,现将其主要的函数介绍如下。

1. socket 函数

为了建立网络通信的套接字连接,进程需要做的第一件事就是调用 socket 函数获得一个套接字描述符。通过调用 socket 函数所获得的套接字描述符也称为套接口。调用 socket 函数所需要的头文件为:

```
# include < sys/types.h >
# include < sys/socket.h >
```

其函数为:

```
int socket(int family, int type, int protocol);
```

函数返回值:若调用成功则返回套接字描述符,这是一个非负整数,若出错则返回－1。

socket 函数的参数说明如下。

(1) 第 1 个参数 family 指定使用的协议簇,目前支持 5 种协议簇,比较常用的有 AF_INET(IPv4 协议)和 AF_INET6(IPv6 协议)。另外还有 AF_LOCAL(UNIX 协议)、AF_ROUTE(路由套接字)和 AF_KEY(密钥套接字)。

(2) 第 2 个参数 type 指定使用的套接字类型,有 3 种类型可选:SOCK_STREAM(字节流套接字)、SOCK_DGRAM(数据报套接字)和 SOCK_RAW(原始套接字)。

(3) 第 3 个参数 protocol 如果套接字类型不是原始套接字,那么这个参数就为 0。

2. bind 函数

该函数为套接字描述符分配一个本地 IP 地址和一个端口号,将 IP 地址和端口号与套接字描述符绑定在一起。该函数仅适用于 TCP 连接,而对于 UDP 的连接则无必要。若指定的端口号为 0,则系统将随机分配一个临时端口号。

调用 bind 函数所需要的头文件为:

```
# include < sys/types.h >
# include < sys/socket.h >
```

其函数为:

```
int bind(int sockfd, struct sockaddr * myaddr, int addrlen);
```

函数返回值:若调用成功则返回 0,若出错则返回－1。

bind 函数的参数说明如下。

(1) 第 1 个参数 sockfd 是 socket 函数返回的套接字描述符。

(2) 第 2 和第 3 个参数分别是一个指向本地 IP 地址结构的指针和该结构的长度。

bind 函数所使用的 IP 地址和端口号在地址结构 struct　sockaddr　* myaddr 中指定,其结构在下面给出。

3. 地址结构

在网络编程中有两个很重要的数据类型,它们是地址结构 struct sockaddr 和 struct sockaddr_in,这两个数据类型都是用来存放 socket 信息的。struct sockaddr 的结构如下。

```
struct sockaddr {
  unsigned  short sa_family;   /* 通信协议类型族, AF_xxx */
  char   sa_data[14];          /* 14 字节协议地址,包含该 socket 的 IP 地址和端口号 */
};
```

为了方便处理数据结构 struct sockaddr,经常使用与之并列的另一个数据结构——struct sockaddr_in(这里 in 代表 Internet):

```
struct  sockaddr_in {
  short   int sin_family;        /* 通信协议类型族 */
  unsigned  short  int sin_port; /* 端口号 */
  struct  in_addr  sin_addr;     /* IP 地址 */
  unsigned  char  sin_zero[8];   /* 填充 0 以保持与 sockaddr 结构的长度相同 */
};
```

4. connect 函数

该函数用于在客户端通过 socket 套接字建立网络连接。如果是应用 TCP 服务的字节流套接字,connect 就使用 3 次握手建立一个连接;如果是应用于 UDP 服务的数据报套接字,由于没有 bind 函数,connect 有绑定 IP 地址和端口号的作用。

调用 bind 函数所需要的头文件为:

```
# include  <sys/types.h>
# include  <sys/socket.h>
```

其函数为:

```
int connect(int sockfd,const struct sockaddr * serv_addr,socklen_t addrlen);
```

函数返回值:若连接成功则返回 0,若连接失败则返回 −1。

connect 函数的参数说明如下。

(1) 第 1 个参数 sockfd 是 socket 函数返回的套接字描述符。

(2) 第 2 和第 3 个参数分别是服务器的 IP 地址结构的指针和该结构的长度。

connect 函数所使用的 IP 地址和端口号在地址结构 struct sockaddr * myaddr 中指定。

5. listen 函数

listen 函数应用于 TCP 连接的服务程序,它的作用是通过 socket 套接字等待来自客户端的连接请求。

调用 listen 函数所需要的头文件为:

```
# include  <sys/types.h>
# include  <sys/socket.h>
```

其函数为:

```
int listen(int  sockfd, int  backlog);
```

函数返回值：若连接成功则返回 0,若连接失败则返回 −1。

listen 函数的参数说明如下。

(1) 第 1 个参数 sockfd 是 socket 函数经绑定 bind 后的套接字描述符。

(2) 第 2 参数 backlog 为设置可连接客户端的最大连接个数,当有多个客户端向服务器请求连接时,受到这个数值的制约。其默认值为 20。

6. accept 函数

accept 函数与 bind、listen 函数一样,是应用于 TCP 连接的服务程序的函数。accept 调用后,服务器程序会一直处于阻塞状态,等待来自客户端的连接请求。

调用 listen 函数所需要的头文件为:

```
# include  < sys/types.h >
# include  < sys/socket.h >
```

其函数为:

```
int  accept(int sockfd,struct  sockaddr  * cliaddr,socklen_t  * addrlen);
```

函数返回值：若接收到客户端的连接请求,则返回非负的套接字描述符;若失败,则返回 −1。

函数的参数说明如下。

(1) 第 1 个参数 sockfd 是 socket 函数经 listen 后的套接字描述符。

(2) 第 2 个和第 3 个参数分别是客户端的套接口地址结构和该地址结构的长度。

该函数返回的是一个全新的套接字描述符,这时就有两个套接字了,原来的那个套接字描述符还在继续侦听指定的端口,而新产生的套接字描述符则准备发送或接收数据。

7. send()和 recv()函数

这两个函数分别用于发送和接收数据,通常应用于 TCP 协议。

调用 send()和 recv()函数所需要的头文件为:

```
# include  < sys/types.h >
# include  < sys/socket.h >
```

其函数为:

```
int  send(int sockfd, const  void  * msg, int  len, int  flags);
int  recv(int sockfd, void  * buf,  int  len, unsigned  int  flags);
```

函数返回值：send()函数返回发送的字节数,rec v 函数返回接收数据的字节数。若出错则返回 −1。

函数的参数说明如下。

(1) 第 1 个参数 sockfd 是 socket 函数的套接字描述符。

(2) 参数 msg 是发送的数据的指针,buf 是存放接收数据的缓冲区。

(3) 参数 len 是数据的长度,把 flags 设置为 0。

8. sendto()和 recvfrom()函数

这两个函数的作用与 send()和 recv()函数类似,也是用于发送和接收数据,通常应用于 UDP 协议。

调用 sendto()和 recvfrom()函数需要的头文件为:

```
# include  < sys/types.h >
# include  < sys/socket.h >
```

其函数为：

```
int  sendto(int  sockfd,
            const  void  * msg,
            int len,
            unsigned int flags,
            const  struct  sockaddr  * to,
             int  tolen);
```

和

```
int  recvfrom(int sockfd,
              void * buf,
              int len,
              unsigned int flags,
              struct sockaddr  * from,
              int  * fromlen);
```

　　函数返回值：sendto 函数返回发送的字节数，rec vfrom 函数返回接收数据的字节数。若出错则返回-1。

7.2.2　socket 网络编程示例

视频讲解

　　基于 TCP 协议的 socket 网络程序与基于 UDP 协议的 socket 网络程序是有区别的。这里仅介绍使用 TCP 协议的程序设计方法。

1．程序流程

利用 Socket 方式进行数据通信与传输，大致有如下步骤。

（1）创建服务端 socket，绑定建立连接的端口。

（2）服务端程序在一个端口处于阻塞状态，等待客户机的连接。

（3）创建客户端 socket 对象，绑定主机名称或 IP 地址，指定连接端口号。

（4）客户机 Socket 发起连接请求。

（5）建立连接。

（6）利用 send/sendto 和 recv/recvfrom 进行数据传输。

（7）关闭 socket。

基于 TCP 协议的 socket 程序流程如图 7.5 所示。

2．服务端程序 server. c

网络程序的 TCP 服务器端的编写步骤如下。

（1）创建一个用于通信的 TCP 协议的 socked 套接字描述符。创建套接字后反馈一个成功的提示信息：

```
sockfd = socket(AF_INET,SOCK_STREAM,0);
printf("socket Success!, sockfd = % d \n",sockfd);
```

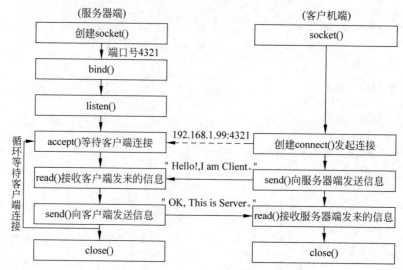

图 7.5 基于 TCP 协议的 socket 程序流程

(2) 在服务器端初始化 sockaddr 结构体,设定套接字端口号(例如,设置端口号为 2323):

```
my_addr.sin_family = AF_INET ;
my_addr.sin_port = htons(4321) ;
my_addr.sin_addr.s_addr = INADDR_ANY ;
bzero(&(my_addr.sin_zero),8) ;
```

(3) 将定义的 sockaddr 结构体与 socked 套接字描述符进行绑定。

```
bind(sockfd, (struct  sockaddr  * )&my_addr, sizeof(struct  sockaddr) ;
```

(4) 调用 listen 函数使 socked 套接字成为一个监听套接字。它与下一步骤的 accept 函数共同完成对套接字端口的监听。

```
listen(sockfd, 10) ;
```

(5) 调用 accept 函数监听套接字端口,等待客户端的连接。一旦建立连接,将产生一个新的套接字,这个新的套接字用于与客户端通信。

```
new_fd = accept(sockfd, (struct  sockaddr  * )&their_addr, &sin_size) ;
```

以上这 5 个步骤是 TCP 服务器的常用步骤。

(6) 处理客户端的会话请求。将接收到的数据存放到字符型数组 buff 中。因为事先不知道客户端发来数据的字符数,所以使用 sizeof()检测接收的数据长度。

```
//读取客户端发来的信息
numbytes = recv(new_fd, buff, sizeof(buff), 0) ;
//向客户端发送信息
send(sockfd, "Hello! I am Server.", 20, 0) ;
```

(7) 通信结束则断开连接。

```
close(sockfd);
```

【例 7-1】 编写基于 Socket 的服务器端程序。
根据前面讲述的服务器端程序设计步骤,完整的服务器端程序如下。

```
1   / *******************************
2   *      服务器端程序 server.c      *
3   ******************************* /
4   # include < sys/types.h >
5   # include < sys/socket.h >
6   # include < stdio.h >
7   # include < stdlib.h >
8   # include < errno.h >
9   # include < string.h >
10  # include < unistd.h >
11  # include < netinet/in.h >

12  main()
13  {
14      int sockfd, new_fd, numbytes;
15      struct sockaddr_in   my_addr;
16      struct sockaddr_in   their_addr;
17      int sin_size;
18      char buff[100];

19      //服务器端建立 TCP 协议的 socked 套接字描述符
20      if((sockfd = socket(AF_INET, SOCK_STREAM, 0)) == - 1)
21        {
22          perror("socket");
23          exit(1);
24        }
25      printf("socket Success!, sockfd = % d \n", sockfd);

26      //服务器端初始化 sockaddr 结构体,绑定 4321 端口
27      my_addr.sin_family = AF_INET;
28      my_addr.sin_port = htons(4321);
29      my_addr.sin_addr.s_addr = INADDR_ANY;
30      bzero(&(my_addr.sin_zero),  8);

31      //绑定套接字描述符 sockfd
32      if(bind(sockfd, (struct sockaddr * )&my_addr,
                     sizeof(struct sockaddr))  == - 1)
33        {
34            perror("bind");
35            exit(1);
36        }
37      printf("bind Success!\n");

38      //创建监听套接字描述符 sockfd
39      if(listen(sockfd, 10) == - 1)
40        {
41            perror("listen");
42            exit(1);
43        }
```

在 netinet/in.h 中定义的常数,为本机 IP 地址

套接字描述符为 - 1,则退出

监听函数返回 - 1,则退出

```
44        printf("Listening....\n");

45        //服务器阻塞监听套接字,等待客户端程序连接
46        while(1)
47          {
48            sin_size = sizeof(struct  sockaddr_in);
49            //如果建立连接,产生新套接字 new_fd,用于与客户端通信.
50            if((new_fd = accept(sockfd,
                struct sockaddr * )&their_addr,&sin_size)) == -1)
51              {
52                  perror("accept");
53                  exit(1);
54                }

55            //生成一个子进程来完成和客户端的会话,父进程继续监听
56            if(!fork())
57              {
58                //读取客户端发来的信息
59                if((numbytes = recv(new_fd, buff, sizeof(buff), 0)) == -1)
60                  {
61                    perror("recv");
62                    exit(1);
63                  }
64                printf("  %s  \n", buff);

65                  //发送信息到客户端
66                if(send(new_fd, "Welcome,This is Server.", 25, 0) == -1)
67                  perror("send");

68                /* 本次通信结束   */
69                close(new_fd);
70                exit(0);
71              }
72            /* 下一个循环   */
73          }
74      close(sockfd);
75  }
```

接收到客户端连接信息,则产生新套接字

接收函数返回 -1,则退出

3. 客户端程序 client. c

网络程序客户端的编程步骤如下。

（1）创建一个 socket 套接字描述符。

```
sockfd = socket(AF_INET, SOCK_STREAM, 0) ;
```

（2）在客户端初始化 sockaddr 结构体,并调用函数 gethostbyname( )获取从命令行输入的服务器 IP 地址,设定与服务器程序相同的端口号(例如,服务器的端口号是 4321,则这里也必须设为 4321)。

```
he = gethostbyname(argv[1]);
their_addr.sin_family = AF_INET;
```

```
their_addr.sin_port = htons(4321);
their_addr.sin_addr = * ((struct in_addr * )he -> h_addr);
bzero(&(their_addr.sin_zero), 8);
```

（3）调用 connect 函数来连接服务器。

```
connect(sockfd, (struct sockaddr * )&their_addr, sizeof(struct sockaddr));
```

（4）发送或者接收数据，一般使用 send 和 recv 函数调用来实现（与服务器程序相同）。
（5）终止连接（与服务器程序相同）。

【例 7-2】　编写基于 Socket 的客户端程序。
根据前面讲述的客户端程序设计步骤，完整的客户端程序如下。

```
1    /*********************************
2     *      客户端程序 client.c       *
3     ********************************* /
4    # include < stdio. h >
5    # include < stdlib. h >
6    # include < errno. h >
7    # include < string. h >
8    # include < netdb. h >
9    # include < sys/types. h >
10   # include < netinet/in. h >
11   # include < sys/socket. h >

12   int main( int argc, char * argv[])
13   {
14     int sockfd, numbytes;
15     char buf[100];
16     struct hostent   * he;
17     struct sockaddr_in   their_addr;
18     int i = 0;

19     //从输入的命令行第 2 个参数获取服务器的 IP 地址
20     he = gethostbyname(argv[1]);          ◄—————  在 netdb. h 中定义的函数

21     //客户端程序建立 TCP 协议的 socked 套接字描述符
22     if((sockfd = socket(AF_INET, SOCK_STREAM, 0)) == -1)
23       {
24         perror("socket");                              套接字描述符
25         exit(1);                                        为 -1，则退出
26       }

27     //客户端程序初始化 sockaddr 结构体，连接到服务器的 4321 端口
28     their_addr.sin_family = AF_INET;
29     their_addr.sin_port = htons(4321);
30     their_addr.sin_addr = * ((struct in_addr * )he -> h_addr);
31     bzero(&(their_addr.sin_zero), 8);

32     //向服务器发起连接
```

```
33      if(connect(sockfd, (struct sockaddr * )&their_addr,
                        sizeof(struct sockaddr) ) == -1)
34        {
35          perror("connect");
36          exit(1);
37        }

38      //向服务器发送字符串"hello!"
39      if(send(sockfd, "Hello! I am Client.", 20, 0) == -1)
40        {
41          perror("send");
42          exit(1);
43        }

44      //接收从服务器返回的信息
45      if((numbytes = recv(sockfd, buf, 100, 0)) == -1)
46        {
47          perror("recv");
48          exit(1);
49        }

50      printf("result:  % s  \n", buf);
51      /* 通信结束 */
52      close(sockfd);
53      return 0;
54   }
```

连接函数返回 -1,
则连接不成功,退出

发送函数返回 -1,
则发送不成功,退出

接收函数返回 -1,
则接收不成功,退出

4. 编译和运行程序

现在来编译这两个程序。

1) 编译服务器程序

编写编译服务器程序的 Makefile 文件,注意,服务器程序是在嵌入式系统开发板上运行的,这里要使用 arm-linux-gcc 编译器。Makefile 文件如下。

```
1    EXTRA_LIBS += -lpthread
2    CC = arm-linux-gcc
3    EXEC = ./server
4    OBJS = server.o
5    all: $(EXEC)
6    $(EXEC): $(OBJS)
7          $(CC) $(LDFLAGS) -o $@ $(OBJS) $(EXTRA_LIBS)
8    install:
9          $(EXP_INSTALL) $(EXEC) $(INSTALL_DIR)
10   clean:
11         -rm -f $(EXEC) *.elf *.gdb *.o
```

运行编译服务器程序的 Makefile。

```
[root@localhost server] # make
```

2) 编译客户端程序

编写编译客户端程序的 Makefile 文件,由于客户端程序在宿主机上运行,因此使用 gcc

编译器。Makefile 文件如下。

```
1    EXTRA_LIBS += - lpthread
2    CC = gcc
3    EXEC =   ./client
4    OBJS = client.o
5    all: $ (EXEC)
6    $ (EXEC): $ (OBJS)
7             $ (CC) $ (LDFLAGS)  - o  $ @   $ (OBJS)  $ (EXTRA_LIBS)
8    install:
9             $ (EXP_INSTALL)  $ (EXEC)  $ (INSTALL_DIR)
10   clean:
11            - rm  - f  $ (EXEC)  *.elf  *.gdb  *.o
```

运行编译客户端程序的 Makefile。

```
[root@localhost client] # make
```

把编译后的服务端执行程序下载到开发板上,客户端执行程序保留在宿主机上运行。然后配置双方的 IP 地址,确保双方可以通信(如使用 ping 命令验证)。

运行开发板上的服务器端执行程序,服务器监听端口,等待客户端的连接。当客户端连接成功,则显示客户端发来的信息,如下所示。

```
[root@linux server] # ./server
socket Success! sockfd = 3
bind Success!
Listening… …
Hello!  Client connect.
```

在宿主机上运行客户端执行程序,后面要跟嵌入式系统开发板的 IP 地址,设开发板的 IP 地址:192.168.1.99。在宿主机上显示服务器端回应的信息,如下所示。

```
[root@localhost client] # ./client 192.168.1.99   ◄——  开发板的 IP 地址
result: Welcome, This is Server.
```

7.3　嵌入式系统的 Web 服务器程序设计

7.3.1　Web 服务器

1. HTTP 协议

HTTP(HyperText Transfer Protocol)即超文本传输协议的缩写,主要用于 Web 方式传输数据。它能以文本、超文本、音频和视频等形式传输数据。之所以称其为超文本传输协议,是因为它能有效地用在超文本环境中,能迅速地从一个文件跳转到另一个文件。

HTTP 协议是 TCP 协议的一个连接应用,在客户机端和服务器之间传输数据。HTTP 的思想非常简单。客户机端发送一个请求给服务器,服务器则返回一个响应给客户机。

2. Web 服务器的工作原理

超文本文档存放在服务器端,当客户请求访问文档时,服务器将文档的一个副本发送出去。客户可以使用浏览器来显示文档,如图 7.6 所示。

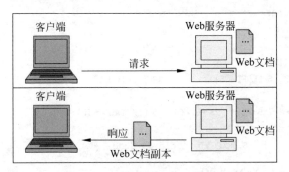

图 7.6　Web 服务器的工作原理

从图 7.6 可以看出,Web 服务器的任务有两个:第一,建立客户端和服务器端的 socket 连接;第二,服务器端接收客户端的请求后,对请求数据进行解析,按其要求,把存放在服务器端文件内容复制一个副本,发送给客户机。

7.3.2　Web 服务器的程序设计

视频讲解

下面介绍 Web 服务器处理静态超文本文档(HTML 网页)的设计方法。

1. 建立 Web 服务器的主要步骤

建立 Web 服务器的步骤如图 7.7 所示。

图 7.7　建立 Web 服务器的步骤

1) 建立客户端与服务器端的 socket 套接字通信

服务器端建立基于 TCP 服务的 socket 套接字通信,一般需要经过以下 3 个过程。

创建一个 socket 套接字描述符:

```
sockfd = socket(AF_INET, SOCK_STREAM, 0);
```

给 socket 绑定一个地址和端口号:

```
bind(sockfd, (struct sockaddr * )&server_sockaddr, sizeof(server_sockaddr));
```

监听套接字端口,等待连接请求,一旦有接入,则创建一个新套接字描述符 fd:

```
listen(sockfd, 8 * 3);
fd = accept(sockfd, (void * )&ec,   &len);
```

2) 客户端连接处理

调用函数 HandleConnect()处理客户端的连接请求。在这个函数中,用 fdopen()函数将套接字描述符 fd 转为文件指针,再用 fgets()函数将其内容存放到缓冲区中,以便对其请求进行分析处理。

函数 fdopen()的功能是将一个文件描述符与流联系起来,其一般形式如下。

```
FILE  * fdopen( int fd,   const char   * mode);
```

该函数的返回值为指向文件对象的指针。其中,参数 fd 为文件描述符,参数 mode 为操作模式,其操作模式有 6 种。

- r:读操作,打开文本文件,流被定位于文件的开始处。
- r:读写操作,打开文本文件,流被定位于文件的开始处。
- w:写操作,创建文本文件,或者将已经存在的文件内容覆盖,流被定位于文件的开始处。
- w+:读写操作,打开文件,如果文件不存在,就创建它,否则将它覆盖。流被定位于文件的开始处。
- a:追加操作(在文件尾处写操作),打开文件,如果文件不存在,就创建它,流被定位于文件的末尾处。
- a+:追加操作(在文件尾处写操作),打开文件,如果文件不存在,就创建它。读文件的初始位置是文件的开始处,但是写文件总是被追加到文件的末尾。

函数 fgets()的功能是从流中读取一字符串,其一般形式如下。

```
char  * fgets(char  * string,   int n,   FILE  * stream);
```

其中,参数 * string 为输入数据的首地址,参数 n 为一次读入数据块的长度,string 为文件指针。

函数 HandleConnect()的具体结构如下。

```
int HandleConnect( int fd)
{
    FILE * f;
    char buf[160];
    f = fdopen(fd, "a + ");
    setbuf(f, 0);
    fclose(f);
    return 1;
}
```

3) 分析和处理客户请求

在函数 ParseReq()中解析和处理客户请求。主要是去除掉空白符(空格、换页、换行、回车、制表符等)。

```
int ParseReq(FILE  * f,   char  * r)
{
    char  * bp;
    char  * c;
    while( * (++r) !=   ' ');       /* 判断是空格,则跳过 */
    while(isspace( * r))  r++;      /* 判断是否为空白符(空格、换页、换行、回车、制表符等) */
    while ( * r == '/')  r++;
    bp = r;
```

```
    while( * r && ( * (r) != ' ') && ( * (r) != '?'))  r++;
     * r = 0;
    c = bp;
    return 0;
}
```

4）复制一个 Web 文档副本发送给客户

Web 服务器根据解析处理,将客户请求的内容,复制成一个文档副本,以 HTML 文件方式发送给用户。

```
int copy(FILE * read_f, FILE * write_f)
{
  int n;
  int wrote;
  n = fread(copybuf, 1, sizeof(copybuf), read_f);
  wrote = fwrite(copybuf, n, 1, write_f);
  return 0;
}
```

2. 简易的 Web 服务器程序示例

【例 7-3】 编写一个简易的 Web 服务器程序。

根据前面讲述的 Web 服务器程序设计步骤,一个简易的 Web 服务器程序如下。

```
1   /*****************************************
2    *   httpd.c:   A   simple http server     *
3    ***************************************** /
4   # include < stdio. h >
5   # include < sys/types. h >
6   # include < sys/socket. h >
7   # include < netinet/in. h >

8   int KEY_QUIT = 0;
9   char referrer[128];
10  int content_length;
11  #define   SERVER_PORT   80   ◄── 定义常数,HTTP 服务的端口号通常为 80
12  static char copybuf[16384];

13  /* 复制一个 Web 文档副本 */
14  int copy(FILE   * read_f,   FILE   * write_f)
15    {
16      int n;
17      int wrote;
18      n = fread(copybuf, 1, sizeof(copybuf), read_f);
19      wrote = fwrite(copybuf, n, 1, write_f);   ◄── 复制文档副本发送给客户端
20      return 0;
21    }

22  /* 发送 HTML 文件内容 */
23  int DoHTML(FILE   * f,   char   * name)
24    {
```

```
25      char * buf;
26      FILE * infile;
27      infile = fopen(name, "r");
28      copy(infile, f);          ←── 调用复制文档副本函数
29      fclose(infile);
30      return 0;
31    }

32  /* 解析客户请求 */
33  int ParseReq(FILE  * f,  char  * r)
34    {
35      char   * bp;
36      char   * c;
37      # ifdef DEBUG
38          printf("req is '% s' \n",  r);
39      # endif
40      while( * (++r)  !=   ' ');      ←── 跳过空格
41      /*   判断是否为空白符(空格、换页、换行、回车、制表符等) * /
42      while( isspace( * r) ) r++;
43      while ( * r == '/')  r++;
44      bp = r;
45      while( * r && ( * (r) != ' ') && ( * (r) != '?') )
46          r++;
47      * r = 0;
48      c = bp;       ←── 解析出客户端请求的文件名

49      DoHTML(f,  c);          ←── 调用发送 HTML 文件函数
50      return 0;
51    }

52  /* 客户连接处理 */
53  int HandleConnect(int fd)
54    {
55      FILE * f;
56      char buf[160];
57      f = fdopen(fd, "a + ");
58      setbuf(f,  0);          ←── 设置(清空)缓冲区
59      fgets(buf, 150,  f);
60      # ifdef DEBUG
61          printf("buf = '% s' \n",  buf);
62      # endif
63      ParseReq(f,  buf);          ←── 调用解析客户请求函数

64      fflush(f);          ←── 清空文件缓冲区,将其内容写入文件
65      fclose(f);
66      return 1;
67    }
```

```
68    /* 按 Q 键能退出服务程序 */
69    void * key(void * data)        ◄─── 建立多线程函数
70      {
71        int c;
72        for( ; ; )
73          {
74              c = getchar();
75              if(c == 'q' || c == 'Q')    ◄─── 从键盘输入'q'或'Q'
76                { KEY_QUIT = 1;
77                      exit(10);
78                      break;
79                }
80          }
81      }

82    int main(int argc,   char   * argv[])
83      {
84        int fd,  sockfd;
85        int len;
86        volatile  int   true = 1;
87        struct  sockaddr_in  ec;
88        struct  sockaddr_in  server_sockaddr;
89        pthread_t  th_key;
90        printf("starting httpd...\n");
91        printf("press q to quit.\n");
92        /*  建立 socket 套接字   */
93        sockfd = socket(AF_INET,  SOCK_STREAM,  IPPROTO_TCP);
94        setsockopt(sockfd,  SOL_SOCKET,  SO_REUSEADDR,
95                      (void *)&true,  sizeof(true) );
96        server_sockaddr.sin_family = AF_INET;
97        server_sockaddr.sin_port = htons(SERVER_PORT);
98        server_sockaddr.sin_addr.s_addr = htonl(INADDR_ANY);
99        //把套接字 socket 与地址、端口号绑定到一起
100       bind(sockfd,  (struct sockaddr * )&server_sockaddr,
101                   sizeof(server_sockaddr)  );
102       //设置监听
103       listen(sockfd, 8 * 3);    ◄─── 任意,这里按每页 8 个文件、共连接 3 个客户计算

104       //接受键盘输入,以便按 Q 键能退出服务程序
105       pthread_create(&th_key,  NULL,  key,  0);      建立多线程

106       /* 等待客户端连接请求 */
107       printf("wait for connection...... \n");
108       while (1) {
109           len = sizeof(ec);
110           if((fd = accept(sockfd,  (void * )&ec,  &len)) == -1)
111               {
112                   exit(5);
113                   close(sockfd);
```

```
114                    }
115               HandleConnect(fd);   ← 调用客户连接处理函数
116          }
117     }
```

将一个网页脚本文件 index.html 存放到 httpd 文件同一目录中,输入下列执行命令。

```
[root@linux web] # ./httpd
starting httpd...
press q to quit.
wait for connection......

buf = 'GET /index.html HTTP/1.1'
req is 'GET /index.html HTTP/1.1'
```

在宿主机上打开 IE 浏览器,在地址栏中输入嵌入式系统开发板的 IP 地址 http://192. 168.1.99/index.html,显示的结果如图 7.8 所示。

图 7.8　宿主机 IE 浏览器显示访问嵌入式 Web 服务器上的网页

7.4　开发新的 TCP 通信协议

为了保证数据传输的安全性,不希望使用已经存在的 ICP/IP 协议,而是开发一种和 TCP 协议在同一层次上的新协议。可以对嵌入式 Linux 系统中已经存在的 TCP 协议代码 加以改造,来达到目的。这样做即稳定又省事,达到事半功倍的效果。

下面开发一个新的基于 TCP 的新协议 MTCP。新协议 MTCP 的位置如图 7.9 所示。 也就是说,用户可以在传输层建立连接新的 MTCP 协议连接,而其他方面的调用和 TCP 完 全相同。

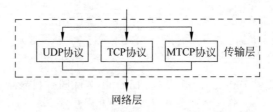

图 7.9　协议 MTCP 在传输层的位置

利用 TCP 协议的代码来开发新协议 MTCP 的过程并不复杂,大概可以分为如下几个步骤。

(1) 复制 TCP 协议代码。

(2) 修改头文件和一些关键函数。

(3) 编写测试程序,测试 MTCP 新协议。

1. 复制 TCP 协议代码

在嵌入式 Linux 系统中与网络协议有关的源代码和头文件在 linux/net/ipv4、linux/include/net 和 linux/include/linux 等目录下。其中与 TCP 协议有关的源代码文件如下。

(1) 在目录 linux/net/ipv4 下。

- tcp.c:提供 TCP 协议的初始化、控制流程等子函数。
- tcp_ipv4.c:提供 TCP 协议和 IP 协议之间的接口子函数。
- tcp_input.c:提供数据流入 TCP 协议的函数(接收过程)。
- tcp_output.c:提供数据流出 TCP 协议的函数(发送过程)。
- tcp_timer.c:提供 TCP 协议中使用的定时器。

(2) 在目录 linux/include/net 下。

tcp.h:提供 TCP 协议中需要使用的数据结构定义、底层过程、外部函数和变量声明、宏定义等。

(3) 在目录 linux/include/linux 下。

tcp.h:提供 TCP 数据包头、状态等数据结构定义。

在复制 TCP 协议代码的过程中,凡是与 TCP 协议相关的文件都需要复制,并且文件中所有的函数和外部变量,为了不和原有的 TCP 协议冲突,都需要改名。例如,可以将上述文件复制出来后,以 mtcp 命名,然后将文件中有 tcp 前缀的函数和外部变量统统更换为以 mtcp 作前缀。另外,还有一些没有加前缀的符号,需要仔细辨别,进行相应的修改。由于 Linux 是一种移植方便的操作系统,只有极少数的代码没有使用 tcp 前缀,还是比较容易识别的。代码复制的过程虽然比较简单,但工作量非常大。

2. 修改头文件

为了不和原有的 TCP 类型冲突,在内核空间和用户空间都有一些相关的头文件需要修改。

(1) 在目录 Linux/include/Linux 下与内核空间相关的头文件中,需要增加与标记 TCP 协议类型相对应的宏定义。

在 socket. h、in. h、proc_fs. h、sysctl. h 等 4 个文件中,需要增加用于 MTCP 协议与 TCP 协议类型对应的宏定义及值见表 7.1。

表 7.1　在内核空间头文件中增加用于 MTCP 协议的宏定义

头文件名	原有 TCP 协议的宏定义		增加 MTCP 协议的对应宏定义		宏定义说明
socket. h	SOCK_STREAM	1	MTCP_SOCK_STREAM	6	连接定义类型
	SOL_TCP	6	SOL_MTCP	7	标记类型
	TCP_NODELAY	1	MTCP_NODELAY	1	TCP 选项
	TCP_MAXSEG	2	MTCP_MAXSEG	2	TCP 选项
	TCP_CORK	3	MTCP_CORK	3	TCP 选项
in. h	IPPROTO_TCP	6	IPPROTO_MTCP	7	TCP 类型标识
proc_fs. h	PROC_NET_TCP	134	PROC_NET_MTCP	134	/proc/net/tcp 对应的标识号
sysctl. h	NET_IPv4_TCP_TEMESTAMPS 等		NET_IPv4_MTCP_TEMESTAMPS 等		对应 sysctl() 系统调用的标识号

（2）在应用空间的目录/usr/include/下,有几个头文件中需要增加与上述相应的宏值,表 7.2 列出了需要增加的宏值。

表 7.2　用户空间头文件中需要增加的宏值

头文件名	原有 TCP 协议的宏定义及值		增加 MTCP 协议的对应宏定义及值	
/usr/include/ bits/socket. h	SOCK_STREAM	1	MTCP_SOCK_STREAM	6
	SOL_TCP	6	SOL_MTCP	7
	TCP_NODELAY	1	MTCP_NODELAY	1
	TCP_MAXSEG	2	MTCP_MAXSEG	2
	TCP_CORK	3	MTCP_CORK	3
/usr/include/ netinet/in. h	IPPROTO_TCP	6	IPPROTO_MTCP	7

3. 测试 MTCP 新协议

编写一个简单的网络应用程序,对新开发的 TCP 协议进行测试。

本 章 小 结

本章首先介绍了 IP 地址和端口号,从而引出套接字的概念。在网络中,通过 IP 地址找到另一台主机,通过端口号找到发送或接收信息的网络程序,IP 地址与端口号的组合就是套接字。通过套接字技术,可以实现网络上进行数据通信的目的。作为套接字应用实例,详细讲解了一个编写客户机/服务器系统的应用程序及一个嵌入式系统的 Web 服务器程序。最后,简单介绍了开发新的 TCP 通信协议的一种方法。

习　题

1. 什么是套接字?

2. 开发一个新的基于 TCP 的新协议 MTCP(采用复制 TCP 副本的办法,将 TCP 更名为 MTCP),并按照例 7-1 的示例,编写基于新的 TCP 通信协议的网络应用系统。

3. 编写程序,使用多线程来实现嵌入式系统的 Web 服务器。

第8章

嵌入式设备驱动程序设计

设备驱动程序设计是嵌入式应用系统项目开发中一个很重要的内容。通过本章内容的学习,可以掌握和了解设备驱动程序的开发方法和步骤。在本章主要学习以下知识点。

- 设备驱动程序基础知识。
- 字符型设备驱动程序的设计方法和步骤。
- 块设备驱动程序的设计方法和步骤。

8.1 嵌入式设备驱动程序基础

视频讲解

8.1.1 设备驱动程序概述

1. 设备文件

嵌入式 Linux 的一个重要特点是将所有的设备都当作文件进行处理,这一类特殊的文件就是设备文件。设备文件分为 3 类:字符设备文件、块设备文件和网络接口设备文件。当然它们之间也并不是严格加以区分。

- 字符设备文件通常指不需要缓冲就能够直接读写的设备,它们以字节为单位进行读写,如串行口、并行口、虚拟控制台等。
- 块设备文件通常指仅能以块为单位读写的设备,典型的块大小为 512 或 1024 字节,它的存取是通过缓冲区来进行的。如磁盘、内存、Flash 等存储设备。
- 网络接口设备文件通常指网络设备访问的接口,如网卡等。它们由内核中网络子系统驱动,负责接收和发送数据包。

2. 内核空间和用户空间

内核是嵌入式操作系统最基本最重要的组成部分,它是整个操作系统的灵魂。它是为应用程序提供对嵌入式系统硬件进行安全访问的一部分软件。直接对硬件操作是非常复杂的,因此由内核控制着嵌入式系统基本的硬件。内核通常提供一种硬件抽象的方法来完成这些操作。硬件抽象隐藏了复杂性,为应用软件和硬件提供了一套简洁、统一的接口,使程序设计更为简单。

内核主要负责操作系统最基本的内存管理、进程调度和文件管理以及虚拟内存、需求加载、TCP/IP 网络功能等。

内核具有最高的运行级别,而应用程序则运行在最低级别的用户态。内核空间和用户空间分别引用不同的内存映射,也就是程序代码使用不同的地址空间,如图 8.1 所示。

3. 设备驱动程序和用户应用程序

设备驱动可以理解为操作系统的一部分,它的作用是让操作系统能正确识别和使用设备。对于不同的硬件设备,其对应的设备驱动程序是不同的,如网卡、声卡、鼠标、键盘、显卡等。对于操作系统来说,挂接的设备越多,所需要的设备驱动程序也越多。操作系统本身并没有对种类繁多的硬件设备提供一个万能的"设备驱动",即操作系统在没有设备程序支持下是无法正常支配硬件行为的。这时就需要应用系统设计人员独立开发一套适合自己产品的设备。

嵌入式 Linux 内核采用可加载的模块化设计方式,即将最基本的核心代码编译在内核中,其他的代码可以则编译成内核的模块文件。例如,CPU、PCI 总线、TCP/IP 协议等驱动程序就直接编译在内核文件中。常见的设备驱动程序则作为内核模块动态地加载的,如声卡驱动程序和网卡驱动程序等。

Linux 的驱动设计是嵌入式 Linux 应用开发十分重要的部分,它要求开发人员熟悉 Linux 的内核机制、驱动程序与用户级应用程序的接口关系、系统中对设备的并发操作等,还要求开发人员非常熟悉所开发硬件的工作原理。

对设备进行访问和操作的程序由两部分组成,即:设备驱动程序＋用户应用程序。

设备驱动程序与用户应用程序是不同的,设备驱动程序是用户应用程序与硬件之间的一个中间软件层。设备驱动的层次结构如图 8.2 所示。

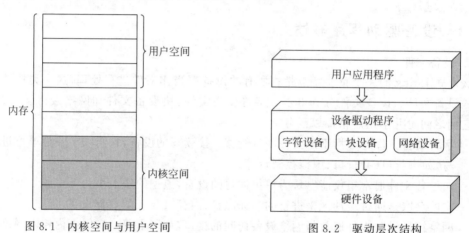

图 8.1　内核空间与用户空间　　　　图 8.2　驱动层次结构

应用程序一般都有一个 main 函数,从头到尾执行一个任务。设备驱动程序没有 main 函数,它通过用户空间的 insmod 命令将设备驱动程序的初始化函数加入内核中,在内核空间执行驱动程序的初始化函数,完成驱动程序的初始化和注册,之后驱动便停止下来,一直等待被应用程序调用。设备驱动程序有时简称为驱动。

嵌入式 Linux 中的设备驱动程序有如下特点。

- 内核代码:设备驱动程序是内核的一部分,如果设备驱动程序出错,则有可能导致系统崩溃。
- 内核接口:设备驱动程序必须为内核或者其子系统提供一个标准接口。例如,一个终端驱动程序必须为内核提供一个文件 I/O 接口。
- 可动态装载:大多数嵌入式 Linux 设备驱动程序都可以在需要时动态地装载进内核,在不需要时从内核中卸载。如果设备驱动程序所控制的设备不存在也不影响系统的运行,此时的设备驱动程序只是多占用了一点内存罢了。

设备驱动程序运行在内核空间,而用户应用程序则运行在用户空间。嵌入式操作系统通过系统调用和硬件中断来完成从用户空间到内核空间的控制转移。

4. 设备驱动程序的加载

用户在调用设备驱动程序之前,首先需要加载设备驱动程序。加载设备驱动程序有两种方法:静态加载和动态加载。

- 静态加载设备驱动程序就是把驱动程序直接编译到内核里,系统启动后可以直接调用。静态加载的缺点是调试起来比较麻烦,每次修改一个地方都要重新编译下载内核,效率较低。
- 动态加载设备驱动程序就是将驱动程序编译成一个内核模块。在需要使用时,用加载命令,将这个驱动程序的内核模块加载到内核中;在不需要的时候可以用卸载命令将其从内核中清除。

在嵌入式系统的产品设计时,通常先用动态加载的方式来调试,调试完毕后再用静态加载的方法把驱动程序编译到内核里。

8.1.2 设备驱动程序的框架

所有设备驱动程序均有相同的基本结构。一个设备驱动程序模块的基本框架如下。

视频讲解

```
1    # include < … … /xxx.h >        ←── 驱动程序所必需的包含文件
2    open(){ … }
3    read(){ … }
4    write(){ … }
5    …                                ←── 设备的功能接口函数与数据结构体
6    struct file_operation{
7        …
8        };
9    int init_module(void)
10   {    …      //驱动程序注册语句   }  ←── 驱动程序注册及初始化
11   void cleanup_module(void)
12   {    …      //释放设备资源语句   }  ←── 释放驱动程序资源
13
14   module_init(init_module);        ←── 加载设备驱动的入口点
15
16   module_exit(cleanup_module);     ←── 卸载设备驱动的入口点
```

8.1.3 设备驱动程序的动态加载过程

视频讲解

在学习设备驱动程序的动态加载过程之前,必须先了解关于设备号、设备文件等一些基本知识。

1. 设备号

嵌入式 Linux 系统通过设备号来区分不同设备。设备号分为主设备号和次设备号。内核通过主设备号将设备与相应的驱动程序对应起来。主设备号的取值范围是 $0\sim255$。当一个驱动程序要控制若干个设备时,就要用次设备号来区分它们。

对于标准设备,可以在 Linux 内核资源文档中找到标准设备所对应的主设备号,嵌入式 Linux 内核资源文档在系统的 / ＊ usr_linux_src/linux/Documentation/devices. txt 文件中。(这里, / ＊ usr_linux_src 指用户安装 Linux 系统文件的目录,根据用户安装的目录位置不同,其目录名有所不同。例如, /pxa270_linux/linux/Documentation/devices. txt)。

对于自定义的产品设备,则需要开发者自己定义设备的主设备号。这时要注意自定义的主设备号不能与已经存在的主设备号冲突。通过查看位于文件系统/dev 目录下的设备文件,可以查到每个设备的名称、主从设备号及文件属性等信息。

在/proc 目录下的 devices 文件中记录了系统中处于活动状态的设备的主设备号。活动状态是指与设备对应的设备驱动程序已经装载在内核空间之中。如果系统存在硬件设备但没有装载设备驱动程序,那么,系统是不会给该设备分配设备号的。通过命令:

```
cat /proc/devices
```

可以查看到当前系统中已经装载了的设备情况。

---

2. 设备进入点

对每个设备都要定义一个设备进入点,该设备进入点的名称则称为设备名。由于设备进入点是设备驱动程序向内核注册设备名和设备号的入口点,也是用户应用程序访问和操作设备的入口点,因此,设备进入点也可以理解为"设备文件句柄",故设备进入点又称为设备文件。

如果设备注册成功,则设备名就会写入/proc/devices 文件中。

对于设备进入点(设备文件),可以像操作磁盘上的普通文件一样,进行删除(rm)、移动(mv)和复制(cp)等操作。

(1) 创建设备进入点。

使用 mknod 命令在文件系统中创建一个设备进入点。

创建设备进入点的命令格式为:

```
mknod   /dev/xxx type major minor
```

其中:

xxx 为设备名。

type 为设备类型。若为字符设备,则为 c; 若为块设备,则为 b。

major 和 minor,分别为主设备号和次设备号。

例如,假设已经设计好了一个字符设备驱动程序 demo_drv. c,在该驱动程序中已经定义其主设备号为 98,次设备号未定义(这时次设备号默认为 0)。程序经编译后,生成 demo_drv. o。使用下列命令语句创建字符设备文件 demo_drv。

```
[root@localhost/]# mknod /dev/demo_drv c 98 0
```

其中,参数 c 代表字符设备,如果要创建块设备,则用 b 代替 c。参数 98 代表该设备的主设备号,0 代表该设备的次设备号。该主设备号应与驱动程序中定义的主设备号一致。

（2）查看设备进入点。

查看设备进入点是否创建成功,命令的一般格式为:

```
ls -l /dev |grep 设备名
```

例如:

```
[root@localhost /]# ls -l /dev |grep demo_drv
crw-r--r--    1 root     root     98,   0 9月 20 15:53 demo_drv
```

（3）删除设备进入点。

删除设备进入点也很简单。

```
[root@localhost /]# rm /dev/demo_drv
```

3. 动态加载设备驱动程序

创建了设备进入点,并不代表设备驱动和设备硬件已经就绪,只是为设备驱动程序加载到内核时建立了一个入口点,从而在需要使用设备时就可以将设备驱动程序加载到内核之中。在前面提到,设备驱动程序是以模块的方式动态地加载到内核中的,这种加载模块的方式与以往的应用程序有很大的不同。应用程序都有一个 main 函数作为程序的入口点,而驱动程序却没有 main 函数,要通过命令 insmod 加载设备驱动程序模块。

（1）加载设备驱动程序的一般格式如下。

```
insmod  < 设备驱动程序.ko >
```

（2）要查看当前加载了哪些设备驱动程序则使用下列命令。

```
lsmod  -l
```

（3）查看驱动程序模块信息,可以使用下面命令。

```
modinfo  < 设备驱动程序.ko >
```

下面使用 modinfo 命令,显示设备驱动程序模块 demo_drv.ko 相关信息。

```
[root@localhost usr]# modinfo demo_drv.ko
filename:     demo_drv.k1o
license:      GPL
depends:
vermagic:     3.0.8 preempt mod_unload ARMv7
```

特别要注意信息中的 vermagic 项,这里表明该模块是使用版本号为 3.0.8 的 Linux 内核源码编译的,只有使用与这个版本号一致的嵌入式 Linux 内核版本系统,才能加载和运行该驱动程序。

（4）若要卸载驱动程序,则使用命令:

```
rmmod  < 设备驱动程序.ko >
```

下面使用 insmod 命令,加载 demo_drv.ko 设备驱动程序模块,并通过 lsmod 命令可以看到设备驱动程序模块的加载情况。

```
[root@localhost usr]# insmod demo_drv.ko
[root@localhost usr]# lsmod -l
Module          Size        Used
Demo_drv        186         0 (unused)  ←  显示已经加载 Demo_drv 模块
mmc_block       36884       0 (unused)
mmc_core        6824        2 (mmc_pxa mmc_block)
```

设备驱动程序用完之后,若要卸载,则通过 rmmod 命令卸载设备驱动程序模块。

```
[root@localhost usr]# rmmod demo_drv.o
[root@localhost usr]# lsmod -l
Module          Size        Used
mmc_block       36884       0 (unused)
mmc_core        6824        2 (mmc_pxa mmc_block)
```

可以看到,demo_drv.ko 模块已经不在了。

4. 设备驱动程序加载与卸载的工作过程

在用户空间通过命令 insmod 向内核空间加载设备驱动程序模块,此时程序的入口点是初始化函数 init_module(),在该函数中完成设备的注册。完成设备注册加载之后,此时,系统将设备驱动加载到内核之中,在用户空间的用户应用程序就可以通过调用驱动程序的功能接口函数对该设备进行操作。设备用完之后,可以在用户空间通过移除已加载的驱动设备命令 rmmod 将设备卸载,此时的入口点是 cleanup_module 函数,在该函数中完成设备的卸载。设备驱动程序的动态加载与卸载的工作过程如图 8.3 所示。

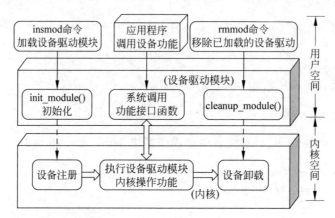

图 8.3   设备驱动程序动态加载与卸载的工作过程

8.1.4   设备驱动程序的功能接口函数模块

设备驱动程序通过功能接口函数完成对设备的各种操作。一个设备驱动程序模块包含如下 5 个部分的功能接口函数。

- 驱动程序的注册函数 register_chrdev()与释放函数 unregister_chrdev()。
- 设备的打开函数 open()与关闭函数 release()。
- 设备的读操作函数 read()与写操作函数 write()。
- 设备的控件操作函数 ioctl()。

- 设备的中断或轮询处理。

下面具体介绍如下。

1. 设备驱动程序的注册与释放

设备要能使操作系统找到并正确识别,必须向内核注册。设备的注册函数通常包含在设备驱动程序的初始化模块中。

字符设备的注册函数为:

```
register_chrdev (Demo_ID, DEVICE_NAME, &Test_ctl_ops);
```

其中:

- 参数 Demo_ID 是设备驱动程序向系统申请的主设备号,嵌入式 Linux 系统通过设备号来区分不同设备。
- 参数 DEVICE_NAME 是设备名。该设备名与在文件系统/dev 中创建的设备进入点一致。
- 参数 &Test_ctl_ops 为驱动程序中所定义的结构体 struct file_operations,在这个数据体中定义了设备的各种操作功能。如果设备注册成功,则设备名就会出现在/proc/devices 文件里。

一旦将设备注册到内核表中,对它的操作就与指定的主设备号相联系。无论何时对与主设备号相匹配的设备文件进行操作,内核都会从 file_operations 结构体中找出并调用相应的功能函数。

从本质上来说,设备注册的过程,其实就是将设备驱动程序与该设备的设备号及设备名(设备进入点)相关联。

将不需要的资源及时释放是一个良好的设计习惯。释放设备资源只需要调用函数:

```
unregister_chrdev (Demo_ID, DEVICE_NAME);
```

2. 设备的打开与关闭

1) open()函数

在设备驱动程序中,设备的打开操作由功能接口函数 open()完成。它主要提供驱动程序初始化的能力,为以后对设备进行 I/O 操作做准备。

如果功能接口函数的返回值为 0,表示打开设备成功;如果返回值为负数,则表示打开设备失败,比如设备尚未准备好。

如果设备驱动程序没有提供功能接口函数 open()入口,则只要/dev 目录下设备文件存在,就默认这个函数为 NULL,那么,设备的打开操作永远成功,且系统不通知驱动程序。就默认为打开设备成功。

2) release()函数

release()函数是释放设备的接口。需要指出的是,释放设备和关闭设备是完全不同的。当一个进程释放设备时,其他进程还可以继续使用该设备,只是该设备暂时停止对该设备的使用。而当一个进程关闭设备时,其他进程必须重新打开此设备才能使用。

open()和 release()这两个接口函数所需要的头文件为:

```
#include <linux/kernel.h>
```

---

3. 设备的读写操作

在设备驱动程序中,由接口函数 read()和 write()完成字符设备的读写操作。函数 read()和 write()的主要任务就是把内核空间的数据复制到用户空间,或者从用户空间把数据复制到内核空间。这个过程看起来简单,但是内核空间地址和应用空间地址是有很大区别的。例如,用户空间的内存内容是可以换出的,因此可能出现内存页面失效的情况,所以就不能使用诸如 memcpy 之类的函数来完成这样的操作。

read()和 write()这两个接口函数所需要的头文件:

```
# include < linux/fs.h>
```

块设备使用通用的读写函数 generic_file_read()和 generic_file_write()进行读写操作。块设备一般都采用缓冲机制来加快读写速度。

4. 设备的控制操作

在设备驱动程序中,接口函数 ioctl()主要用于对设备进行读写之外的其他控制操作。函数 ioctl()的操作与设备密切相关。例如,串口的传输波特率、马达的转速等,这些操作一般无法通过 read()和 write()操作来完成。

在用户空间 ioctl 函数的定义为:

```
int ioctl( int fd, ind cmd, … );
```

其中,fd 就是用户程序打开设备时使用 open 函数返回的文件标识符,cmd 就是用户程序对设备的控制命令,后面的省略号代表可选参数,一般最多一个,有或没有是和 cmd 的意义相关的。

在驱动程序中定义的 ioctl()函数是文件结构中的一个属性分量,就是说如果你的驱动程序提供了对 ioctl()的支持,用户就可以在用户程序中使用 ioctl 函数控制设备的 I/O 通道。

ioctl()接口函数所需要的头文件:

```
# include < linux/fs.h>
```

5. 设备中断与设备循环查询处理

在设备驱动程序的初始化模块中还定义了设备中断。设备驱动程序通过调用 request_irq()函数来申请中断,并通过中断信息将中断号和中断服务联系起来。中断使用结束,可以通过调用 free_irq()函数来释放中断。

对于不支持中断处理的设备,在对其进行读写操作时驱动程序需要循环查询设备的状态,以便决定是否继续进行数据处理。

8.1.5　设备驱动程序的重要数据结构体

用户应用程序调用设备的功能都是在设备驱动程序中定义的,也就是设备驱动程序中所定义的功能入口点函数(或称为功能接口函数)。这些设备的功能接口函数都被定义在 < include/linux/fs.h >中的数据结构体里面,在< include/linux/fs.h >中有以下 3 个最重要的数据结构体。

```
struct file_operations{ };
```

```
struct inode{ };
struct file{ };
```

编写设备驱动程序,很大一部分工作就是"填写"结构体中定义的函数。这是内核结构,不会出现在用户级的程序中。

1. file_operations⟨ ⟩结构体

在内核的内部,通过 file_operations⟨ ⟩结构体提供文件系统的入口点函数,即访问设备驱动的功能接口函数。

在< include/linux/fs. h >中所定义的 file_operations⟨ ⟩结构体的结构如下所示。

```
struct file_operations{
    struct module * owner;
    loff_t ( * llseek)();
    ssize_t ( * read)();
    ssize_t ( * aio_read)();
    ssize_t ( * write)();
    ssize_t ( * aio - write)();
    int ( * readdir)();
    int ( * poll)();
    int ( * ioctl)();
    int ( * mmap)();
    int ( * open)();
    int ( * flush)();
    int ( * release)();
    int ( * fsync)();
    int ( * aio_fsync)();
    int ( * faync)();
    int ( * lock)();
};
```

在结构体 file_operations⟨ ⟩中,每个成员的名字都对应着一个系统调用,对应着设备驱动程序所提供的入口点位置。在用户进程利用系统调用对设备文件进行操作时,系统调用通过设备文件的主设备号找到相应的设备驱动程序,然后读取这个结构体相应的函数指针,接着把控制权交给该函数,这就是设备驱动程序的工作原理。

设备驱动程序所提供的入口点位置分别表述如下。

(1) lseek,移动文件指针的位置,显然只能用于可以随机存取的设备。

(2) read,进行读操作,参数 buf 为存放读取结果的缓冲区,count 为所要读取的数据长度。返回值为负表示读取操作发生错误,否则返回实际读取的字节数。对于字符型,要求读取的字节和实际读取字节数都必须是 inode_> i_blksize 的倍数。

(3) write,进行写操作,与 read 类似。

(4) readdir,取得目录入口点,只用于文件系统相关的设备驱动程序。

(5) select,进行选择操作,如果驱动程序没有提供 select 入口,select 操作将会认为设备已经准备好进行任何的 I/O 操作。

(6) ioctl,进行读、写以外的其他操作,前面已有详细介绍。

(7) mmap,用于把设备的内容映射到地址空间,一般只有块设备驱动程序使用。

（8）open，打开设备准备进行 I/O 操作，返回 0 表示打开成功，返回负数表示失败。如果驱动程序没有提供 open 入口，则只要/dev/driver 文件存在就认为打开成功。

（9）release，关闭设备并释放资源。

一般编写设备驱动程序时并不一定要全部定义以上函数，只需定义对设备有意义的接口函数。例如，一个仅有输出功能的设备只要定义一个 write()函数；一个仅有输入功能的设备只要定义一个 read()函数。在大多数的嵌入式系统的开发中，一般仅仅实现其中几个关键的接口函数，如 open、read、write、ioctl、release 等。

在编写用 gcc 编译的设备驱动程序时，经常使用下面这种更为方便的结构体形式。

```
struct file_operations fops = {
    read:     device_read,
    write:    device_write,
    open:     device_open,
    release:  device_release
};
```

当 gcc 编译上述结构体时，对于没有显式声明的结构体成员都被 gcc 初始化为 NULL。

2. inode｛｝和 file｛｝结构体

文件系统处理文件所需的信息在 inode（索引结点）数据结构体中。inode 中保存了"页"结构，用于进行设备缓冲，当进行读、写操作时，系统首先检查是否有 inode 存在，然后检查是否已经获得其缓冲内容。若没有则请求，若已经存在，则把被写的"页"做上标记。

inode 数据结构体提供了关于特别设备文件/dev/driver（这里假设设备名为 driver）的信息。

file 结构主要是与文件系统对应的设备驱动程序使用。当然，其他设备驱动程序也可以使用。

限于篇幅，在<include/linux/fs. h>中所定义的 inode｛｝和 file｛｝的数据结构体不一一列出来，需要了解的读者请自行查阅相关资料或打开 include/linux 目录下的 fs. h 文件查看。

8.2　字符设备驱动程序设计

视频讲解

8.2.1　字符设备驱动程序

下面设计一个简单的字符设备驱动程序，这个驱动程序不涉及任何硬件设备，在真实的操作系统中没有实际作用。但是利用它，可以帮助了解嵌入式驱动的设计过程。可以说，再复杂再烦琐的驱动，框架结构都是一样的。这个驱动程序可以让读者掌握设计驱动程序的基本方法。

【例 8-1】　一个简单的字符设备驱动程序。

1. 新建一个项目目录并编写设备驱动程序

（1）创建项目目录。

设嵌入式 Linux 的系统内核源代码存放目录为/linux-kernel，在该源代码中创建一个名为 Demo_hello 的子目录，其路径为：

```
/linux-kernel/drivers/char/Demo_hello
```

在 Demo_hello 目录下,新建一个名为 Demo_hello_module.c 的程序。

(2) 程序 Demo_hello_module.c 代码如下。

```
1   # include < linux/kernel.h>       //内核头文件,其中定义了 printk()函数
2   # include < linux/module.h>       //其中定义了动态加载和卸载模块
3   static int __init Demo_hello_module_init(void)
4   {
5       printk(KERN_ERR "Demo_hello module is installed !\n");   ◄──  加载模块
6       return 0;
7   }
8   static void __exit Demo_hello_module_cleanup(void)
9   {
10      printk(KERN_ERR "Demo_hello module was removed!\n");      ◄──  卸载模块
11  }
12
13  module_init(Demo_hello_module_init);    ◄──  内核模块入口
14
15  module_exit(Demo_hello_module_cleanup); ◄──  卸载时调用的函数入口
16  MODULE_LICENSE("GPL");
```

2. 创建 Kconfig 文件

在内核源程序目录/linux-kernel/drivers/char/Demo_hello 下,新建 Kconfig 文件,其代码如下。

```
1   menuconfig Demo_hello
2   tristate "DEMO_hello driver "
3   if Demo_hello
4   config DEMO_HELLO_MODULE
5       tristate "DEMO_hello module test"
6       depends on CPU_S5PV210   ◄──  该语句取决于 CPU 型号
7       help
8         DEMO_hello module sample.
9   endif # Demo_hello
```

3. 创建 Makefile 文件

在内核源程序目录/linux-kernel/drivers/char/Demo_hello 下,新建 Makefile 文件,其代码只有一行,代码如下。

```
obj-$(CONFIG_DEMO_HELLO_MODULE)    += Demo_hello_module.o
```

4. 修改上层 Kconfig 文件代码

修改上一层目录中的 Kconfig 文件,即修改/linux-kernel/drivers/char/Kconfig 文件,将下面内容添加到该文件中。

```
source "drivers/char/Demo_hello/Kconfig"
```

一般是将代码添加到文件的最后,但注意要添加在 endmenu 之前。

5. 修改上层 Makefile 文件

修改上一层目录中的 Makefile 文件,即修改/linux-kernel/drivers/char/Makefile 文件,在其中添加如下语句。

```
obj-$(CONFIG_Demo_hello)   += Demo_hello/
```

6. 编译设备驱动程序

进入内核源代码目录,调用 menuconfig 的图形对话框窗口。

```
# cd  /linux-kernel
# make  menuconfig
```

(1) 在弹出的 menuconfig 图形对话框窗口中,用键盘方向键,选择 Device Drivers --->项,如图 8.4 所示。

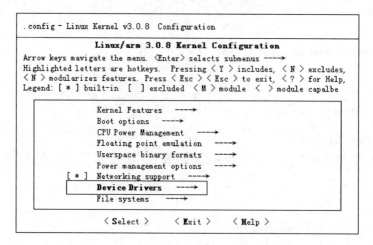

图 8.4　选择 Device Drivers --->项

(2) 再选择 Character devices --->项,如图 8.5 所示。

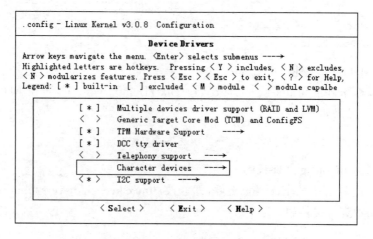

图 8.5　选择 Character devices --->项

（3）在文件 Kconfig 的代码中，设置 Demo_hello 模块菜单项。

```
menuconfig Demo_hello
    tristate "DEMO_hello driver"
```

可以看到，< M > DEMO_hello driver --->项，如图 8.6 所示。

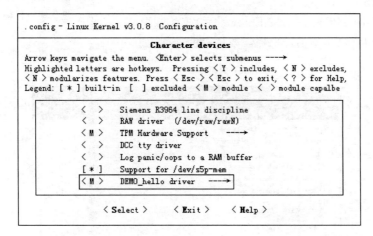

图 8.6　选择< M > Demo_hello driver --->项

（4）选择 DEMO_hello driver 项后，在文件 Kconfig 的代码中，菜单项代码：

```
config DEMO_HELLO_MODULE
    tristate "DEMO_hello module test"
```

可以看到< M > DEMO_hello module test 项，如图 8.7 所示。

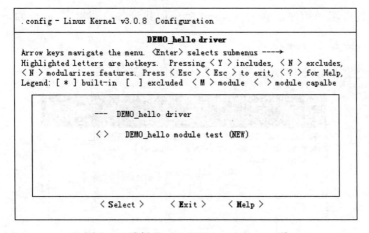

图 8.7　选择 Demo_hello module test 项

（5）运行/linux-kernel 下的 build 脚本文件，对所有程序进行重新编译。

```
# ./build
```

编译完成后，在/linux-kernel/drivers/char/Demo_hello 目录下，可以看到编译后生成的设备驱动程序 Demo_hello_module. ko 文件。

（6）下载程序到开发板(通过串口传输文件)。在终端窗口运行命令 minicon 后,再启动开发板的嵌入式 Linux 系统,通过 minicom 超级终端进入开发板的/mnt 目录,按下 Ctrl＋A＋S 快捷键,进入串口传输文件模式,如图 8.8 所示。

图 8.8　按下 Ctrl＋A＋S 快捷键,进入串口传输文件模式

选择 zmodem 传输方式,按 Enter 键后,连续按两次空格键选择目录,按空格键选择需要传输的文件,如图 8.9 所示。

图 8.9　按空格键选中下载文件

则将驱动程序 Demo_hello_module.ko 下载到开发板的/mnt 目录下。

（7）加载设备驱动程序。输入 insmod 命令加载设备驱动程序,命令如下。

```
# insmod Demo_hello_module.ko
```

在开发板上加载设备驱动程序,运行结果如图 8.10 所示。

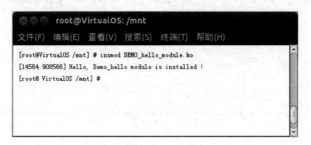

图 8.10　在开发板上加载设备驱动程序

8.2.2　用户调用设备驱动程序

视频讲解

可以编写应用程序,在用户空间通过系统调用操控内核空间的设备驱动程序功能函数。下面通过一个示例来说明用户空间的应用程序调用工作在内核空间的驱动程序函数。

【例 8-2】　编写一个设备驱动程序,并通过用户应用程序调用设备驱动程序的功能函数。

1. 驱动程序主要函数模块

设有一个名称 DEMO_drv_module 的字符型设备,该设备驱动程序的主要函数模块如表 8.1 所示。

表 8.1　字符型设备 Demo 驱动的主要函数模块

驱动程序模块	模 块 说 明
int Demo_open(){　}	定义 Demo 设备的打开操作函数
ssize_t Demo_write(){　}	定义 Demo 设备的写入操作函数
struct file_operationsDemo_flops ={　};	定义设备向系统注册的操作功能
static int __init Demo_init(){　}	定义系统的初始化模块
static void __exit Demo_exit(){　}	定义系统的卸载模块
module_init(Demo_init);	内核模块入口,完成模块初始化
module_exit(Demo_exit);	卸载时的函数入口,完成模块卸载

2. 设备驱动程序代码

进入 Linux 内核系统的/linux-kernel/drivers/char/Demo_hello 目录,该目录在例 8-1 已经创建,新建设备驱动程序 DEMO_drv_module.c,其代码如下。

```
1   # include < linux/kernel.h >    //内核头文件,其中定义了 printk()函数
2   # include < linux/module.h >    //其中定义了动态加载和卸载模块
3   # include < linux/fs.h >        //定义 file_operations,file 等结构体
4   # include < linux/init.h >      //初始化模块
5   # include < linux/delay.h >

6   # define  Demo_MAJOR    111    //定义主设备号,创建设备进入点时要与此值一致
7   # define  DEVICE_NAME   "Demo_Module"

8   void showversion(void)
9   {
10      printk(" ***************************** \n");
11      printk("\t % s \t\n", DEVICE_NAME);
12      printk(" ***************************** \n\n");
13  }

14  static int Demo_open(struct inode * inode, struct file * file)
15  {
16      printk("Demo open. \n");
17      return 0;
18  }

19  static int Demo_write(struct file * file,
20      const char __user * buf, size_t count, loff_t * ppos)
21  {
22      printk("Demo write. \n");
23      return 0;
24  }
```

显示标题

打开设备操作

对设备写操作

```
25  static struct file_operations Demo_flops = {
26    .open     =    Demo_open,
27    .write    =    Demo_write,
28  };
```

连接用户空间与内核空间的接口

```
29  static int __init Demo_init(void)
30  {
31    int ret;
32    ret = register_chrdev(Demo_MAJOR, DEVICE_NAME, &Demo_flops);
33    showversion();
34    if (ret < 0) {
35        printk(" can't register major number.\n");
36        return ret;
37    }
38    printk("OOKK! initialized.\n");
39    return 0;
40  }
```

加载注册模块

```
41  static void __exit Demo_exit(void)
42  {
43    unregister_chrdev(Demo_MAJOR, DEVICE_NAME);
44    printk(DEVICE_NAME " removed.\n");
45  }
```

卸载模块

```
46  module_init(Demo_init);
```

加载入口模块

```
47  module_exit(Demo_exit);
48  MODULE_LICENSE("GPL");
```

卸载入口模块

3. 用户应用程序调用驱动程序功能函数

用户空间的应用程序可以调用驱动程序定义的功能接口,其系统调用关系如图 8.11 所示。

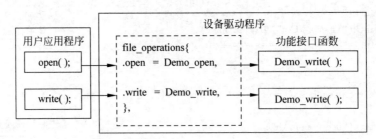

图 8.11　应用程序与驱动程序的系统调用关系

4. 用户应用程序代码

在/mnt 目录下,编写用户应用程序 DEMO_drv_test.c,其源代码如下。

```
1   # include < fcntl.h >
2   # include < stdio.h >
```

```
3    int main(void)
4    {
5        int fd;
6        int val = 1;
7        fd = open("/dev/DEMO_drv_module", O_RDWR);
8        printf("fd = %d\n", fd);
9        if(fd < 0){
10           printf("can't open!\n");
11       }
12       write(fd, &val, 1);
13       return 0;
14   }
```

open()调用设备驱动程序的功能函数 Demo_open()

write()调用设备驱动程序的功能函数 Demo_write()

5. 编译设备驱动程序

(1) 修改 Kconfig 文件。

修改例 8-1 已经创建的/linux-kernel/drivers/char/Demo_hello/中的 Kconfig 文件,代码如下。

```
1    menuconfig Demo_hello
2    tristate "DEMO_hello driver "
3    if Demo_hello
4    config DEMO_HELLO_MODULE
5        tristate "DEMO_hello module test"
6        depends on CPU_S5PV210          该语句取决于依赖的 CPU 型号
7        help
8          DEMO_hello module sample.
9    config DEMO_DRV_MODULE
10       tristate "DEMO_drv module test"
11       depends on s5pv210              新增项
12       help
13         DEMO_drv module sample.
14   endif # Demo_hello
```

(2) 修改 Makefile 文件。

修改例 8-1 已经创建的/linux-kernel/drivers/char/Demo_hello/中的 Makefile 文件,代码如下:

```
obj-$(CONFIG_DEMO_DRV_MODULE)      += Demo_drv_module.o     新增项
obj-$(CONFIG_DEMO_HELLO_MODULE)    += Demo_hello_module.o
```

由于上一层的 Kconfig 和 Makefile 文件在例 8-1 中已经修改,故这里不需要修改。

(3) 进行驱动程序配置。

在终端窗口,进入内核源程序根目录,打开 menuconfig 的图形对话框窗口:

```
# cd /linux-kernel
# make menuconfig
```

选择 Device Drivers | Character devices | < M > DEMO_hello driver 项,可以看到 <> DEMO_drv module test(NEW)项,如图 8.12 所示。

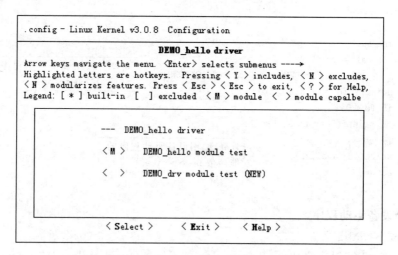

图 8.12　选择<＞DEMO_drv module test 项

运行/linux-kernel 下的 build,对所有程序进行重新编译。

```
# ./build
```

编译完成后,在/linux-kernel/drivers/char/Demo_hello 目录下,可以看到编译后生成的设备驱动程序 Demo_drv_module. ko 文件。

6. 编译用户应用程序

进入/mnt 目录,运行 arm-linux-gcc 命令,对用户应用程序 DEMO_drv_test. c 进行编译。

```
# arm-linux-gcc  DEMO_drv_test.c  -o  DEMO_drv_test
```

7. 下载程序到开发板(通过串口传输文件)

在终端窗口运行 minicon 命令后,再启动通过串口连接的开发板,在开发板上进入嵌入式 Linux 系统的/mnt 目录,按下 Ctrl＋A＋S 键,进入串口传输文件模式。选择 zmodem 传输方式,按 Enter 键后,按两下空格键选择目录,按空格键选择需要传输的文件,将驱动程序 Demo_drv_module. ko 和用户应用程序 DEMO_drv_test 下载到开发板的/mnt 目录下。

8. 创建设备进入点

通过超级终端 minicom 在开发板上创建设备进入点。运行 mknod 命令在文件系统中创建设备进入点(设备文件)。由于在设备驱动程序中已经定义其主设备号为111,次设备号没有定义,故取默认值 0。

```
# mknod /dev/DEMO_drv_module  c  111  0
```

可以运行 ls 命令查看设备进入点。

```
    # ls -1/dev |grep DEMO_drv_module
crw-r--r--  1 root  root  111,  0  3 月 20 15:53  DEMO_drv_module
```

9. 加载设备驱动程序

通过超级终端 minicom 运行 insmod 命令来加载驱动程序。

```
# insmod DEMO_drv_module.ko
```

运行结果中可以看到,在加载设备驱动程序时,调用了驱动程序的加载注册模块Demo_init(),显示了驱动程序的标题,如图8.13所示。

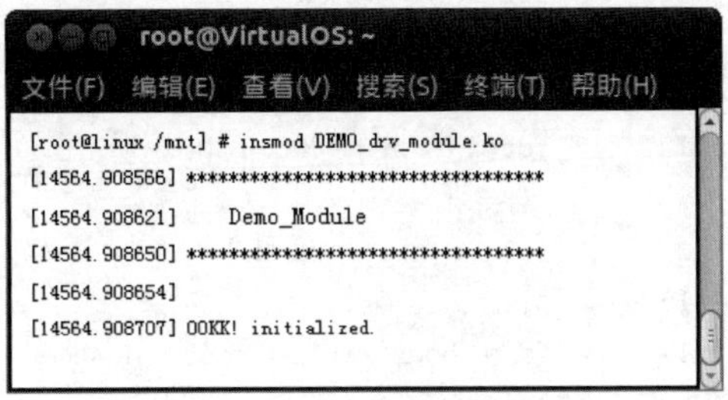

```
[root@linux /mnt] # insmod DEMO_drv_module.ko
[14564.908566] ********************************
[14564.908621]      Demo_Module
[14564.908650] ********************************
[14564.908654]
[14564.908707] OOKK! initialized.
```

图 8.13　加载设备驱动程序

10. 运行用户应用程序

在开发板上运行用户应用程序,可以通过系统调用来调用驱动程序中的功能函数。

```
# ./DEMO_drv_test
[14779.125272] Demo open.
fd = 3
[14779.125478] Demo write.
```

11. 卸载驱动程序

运行 rmmod 命令卸载驱动程序。

```
# rmmod DEMO_drv_module
Demo_Module  removed.
```

这时,再用 lsmod 命令来查看驱动程序加载情况,可以看到已经没有驱动模块 DEMO_drv_module 了。

8.3　简单字符驱动程序设计示例

视频讲解

【例 8-3】　设计一个程序,在用户空间的用户应用程序中产生 20 个随机数,通过内核空间的设备驱动程序按 5 行 4 列的排列输出,并打印出能被 3 整除的数。

1. 用户应用程序设计

根据题目要求,产生 20 个数值,存入数组 num[20]中,并通过调用设备驱动程序的 read()、write()接口函数,将数据传入内核空间的设备驱动程序中。这里把在/dev 目录下建立的设备文件(设备进入点)设定为 data_drv_module。

程序设计如下:

```
/*********************************
 *   用户程序 data_drv_test.c        *
 ********************************* /
1   # include < stdio.h >
2   # include < string.h >
3   # include < stdlib.h >
4   # include < fcntl.h >
5   # define DEVICE_NAME "/dev/data_drv_module "

6   int main(void)
7   {
8       int fd;
```

```
9        int ret;
10       int i;
11       int MAX_LEN = 20;
12       char num[20];
13       for(i = 1;i < = MAX_LEN;i++)
14        {
15            num[i] = rand();        //产生随机数
16        }
17       fd = open(DEVICE_NAME,O_RDWR);
18       printf("fd = % d\n",fd);
19       if(fd == - 1)
20        {
21            printf("open device % s error\n",DEVICE_NAME);
22        }
23      else
24        {
25            read(fd,num,0);
26            write(fd,num,0);
27            ret = close(fd);
28            printf("close data_driver .\n");
29        }
30      return 0;
31    }
```

2. 设备驱动程序设计

（1）设主设备号为104，即：

```
# define data_MAJOR 104
```

（2）在函数 data_read()中将用户空间通过参数 buf 传递来的数据按 5 行 4 列的排列输出：

```
for(i = 0;i < = 4;i++){
    for(j = 0;j < = 3;j++) {
        if(k < = 20){
            printk("  % d  ",buf[k]);
            k++;
        }
    }
    printk("\n");
}
```

（3）在函数 data_write()中找出用户空间通过参数 buf 传递来的能被 3 整除的数据。

```
for(i = 1;i < = 20;i++){
    if (buf[i] % 3 == 0)
        printk("  % d  ",buf[i]);
    }
```

（4）程序设计如下。

```
/ ***********************************************************************
 *      用户程序 data_drv.c
 *      由用户应用程序传递 20 个数值,在本设备驱动程序中进行排列输出,并打印出能被 3 整除
 *      的数.
 *********************************************************************** /
1    # include < linux/module. h >
2    # include < linux/kernel. h >
3    # include < linux/init. h >
4    # include < linux/fs. h >
5    # include < linux/delay. h >

6    # define data_MAJOR 104
7    # define data_DEBUG
8    # define VERSION "data_drv_v1.0"
9    void showversion(void)
10   {
11       printk((KERN_ERR "\t % s \t\n",VERSION);
12   }

13   ssize_t data_read(struct file * file,char * buf,size_t count,loff_t * f_ops)
14   {
15     # ifdef data_DEBUG
16        int i,j,k = 1;
17        printk("\n  data_read [ -- kernel -- ] \n");
18        for(i = 0;i < = 4;i++){
19            for(j = 0;j < = 3;j++) {
20                 if(k < = 20){
21                       printk((KERN_ERR "   % d   ",buf[k]);
22                       k++;
23                    }
24               }
25            printk("\n");
26        }
27      printk((KERN_ERR "\n\\\\\\\\\\\\\\\\\\\\\\\\\\\\\\\\\\n");
28    # endif
29     return count;
30   }

31   ssize_t data_write(struct file * file,const char * buf,size_t count, loff_t * f_ops)
32   {
33     # ifdef data_DEBUG
34        int i;
35        printk((KERN_ERR "\n  data_write [ -- kernel -- ]\n");
36        for(i = 1;i < = 20;i++){
37              if (buf[i] % 3 == 0)
38                  printk((KERN_ERR "   % d   ",buf[i]);
39              }
40        printk("\n\\\\\\\\\\\\\\\\\\\\\\\\\\\\\\\\\\n");
41    # endif
```

```
42   return count;
43  }

44  struct file_operations Test_ctl_ops = {
45   read:           data_read,
46   write:          data_write,
47  };

48  static int __init HW_Test_CTL_init(void)
49  {
50   int ret = - ENODEV;
51   ret = register_chrdev(data_MAJOR,"data_drv",&Test_ctl_ops);
52   showversion();
53   if(ret < 0)
54     {
55       printk((KERN_ERR "data_module failed with % x\n [ -- kernel -- ]",ret);
56       return ret;
57     }
58   else
59     {
60       printk((KERN_ERR "data_driver register success!!! [ -- kernel -- ]\n");
61     }
62   printk("\n...........\nret = % x\n.........\n",ret);
63   return ret;
64  }

65  static int __init data_Test_CTL_init(void)
66  {
67   int ret = - ENODEV;
68   # ifdef data_DEBUG
69       printk((KERN_ERR "data_Test_CTL_init [ -- kernel -- ]\n");
70   # endif
71   ret = HW_Test_CTL_init();
72   if(ret)
73       return ret;
74   return 0;
75  }

76  static void __exit cleanup_Test_ctl(void)
77  {
78   # ifdef data_DEBUG
79       printk((KERN_ERR "cleanup_INT_ct1 [ -- kernel -- ]\n");
80   # endif
81   unregister_chrdev(data_MAJOR,"data_drv");
82  }

83  MODULE_LICENSE("GPL");
84  module_init(data_Test_CTL_init);
85  module_exit(cleanup_Test_ctl);
```

3. 编写 Kconfig 和 Makefile 文件

（1）编写 Kconfig 文件。

```
1  menuconfig DEMO_hello
2      tristate "DEMO_hello driver"

3  config DATA_DRV_MODULE
4      tristate "DATA_drv module test"
5      depends on CPU_S5PV210
6      help
7        DATA_drv module sample.

8  endif # DEMO_hello
```

新增菜单配置项

（2）编写 Makefile 文件。

```
obj- $(CONFIG_DATA_DRV_MODULE)   += data_drv.o
```

新增编译项

4. 编译和运行程序

（1）编译设备驱动程序。

```
# ./build
```

生成设备驱动程序 data_drv.ko。

（2）编译用户应用程序。

```
# arm-linux-gcc data_drv_test.c  -o  data_drv_test
```

生成用户应用程序 data_drv_test。

（3）将上述编译后的用户应用程序及设备驱动程序下载到嵌入式系统开发板上。

（4）在开发板的/dev 目录下，建立设备入口点。

```
# mknod  /dev/data_drv_module  c  104  0
```

（5）加载设备驱动程序。

```
# lsmod data_drv.ko
[  124.398735] data_Test_CTL_init [ -- kernel -- ]
[  124.398790]   data_drv_v1.0
[  124.398821] data_driver register success!!! [ -- kernel -- ]
[  124.398865]
[  124.398867] ............
[  124.398870] ret = 0
[  124.398872] ........
```

（6）运行用户应用程序。

```
# ./data_drv_test
fd = 3
data_read [ -- kernel -- ]
 103    198    105    115
 81     255    74     236
```

```
41      205     186     171
242     251     227     70
124     194     84      248
\\\\\\\\\\\\\\\\\\
data_write [ -- kernel -- ]
 198    105     81      255     186     171     84
\\\\\\\\\\\\\\\\\\
close data_driver test.
```

5. 在宿主机上测试运行驱动程序

下面以本例前面所编写的驱动程序 data_drv.c 为例,介绍在本地 PC 机(宿主机)上编译和测试运行驱动程序的方法。

(1) 把编写好的驱动程序 data_drv.c 复制到一个宿主机上 Linux 系统的工作目录下(注意,不是 Linux 内核系统),例如,本例将 data_drv.c 复制到为/mnt/ctest/目录下。

(2) 编写使用 GCC 编译驱动程序的 Makefile 文件。

前面所介绍编译驱动程序的方法,都是使用交叉编译的方法,即使用 arm-linux-gcc 来编译驱动程序。若在使得编译后的驱动程序能在宿主机上运行,就需要用 GCC 来编译。

下面以说明 Makefile 文件的编写。

```
1  obj-m := data_drv.o    ← 需要编译的目标程序
2  PWD   := $(shell pwd)
3  all:
4      make  -C  /lib/modules/$(shell  uname  -r)/build  M=$(PWD)  modules
5  clean:
6      rm  -rf  *.o  *~  core  .*.cmd  *.mod.c  ./tmp_version
```

(3) 在当前工作目录/mnt/ctest/下,执行 make 命令。

```
# make
```

此时,在当前目录下,生成能在宿主机上运行的 data_drv.ko 程序。

(4) 查看 data_drv.ko 及宿主机的系统版本信息。

首先,用 modinfo 命令查看驱动程序的系统版本信息。

```
# modinfo  data_drv.ko
filename:     hello.ko
author:       xxxx
license:      GPL
srcversion:   7B50E9F36F44BC1F4DC857A
depends:
vermagic:     2.6.35-22-generic SMP mod_unload modversions 686
```

然后再用 cat 命令查看宿主机的系统版本信息。

```
#  cat /proc/version
    Linux version 2.6.35-22-generic (buildd@rothera)
```

可以看到,驱动程序版本信息中的 vermagic 版本与宿主机操作系统的版本号一致,该驱动程序能在宿主机上运行。

（5）加载设备驱动程序。

```
# lsmod data_drv.ko
#
```

在执行加载设备驱动程序的命令之后，并没有看到内核空间中运行的驱动程序中 printk()所显示的内容。这是因为在系统默认的设置下，printk()显示的级别不够。

这时，使用 dmesg 命令查看内核的运行日志，可以看到，加载设备驱动程序时，printk() 所显示的内容。

```
# dmesg
[   84.893149] data_Test_CTL_init [ -- kernel -- ]
[   84.893155]     data_drv_v1.0
[   84.893158] data_driver register success!!! [ -- kernel -- ]
[   84.893159]
[   84.893162] ...........
[   84.893165] ret = 0
[   84.893166] ........
```

（6）创建设备进入点后，运行用户应用程序。

这个操作过程与前面在开发板上所述的操作相同，不再赘述。需要指出的是，用户应用程序中调用驱动程序的 read()、write()函数的输出内容，是不会显示的，需要通过查看内核运行日志才能看到。

8.4　块设备驱动程序设计

8.4.1　块设备的基本概念

1. 块设备

块设备（blockDevice）是一种具有一定结构的随机存取设备，这类设备以块为单位进行读写操作。在处理数据时，使用缓冲区来暂时存放数据，最后一次性从缓存区写入设备或者从设备一次性读到缓冲区。

2. 扇区

扇区（Sectors）是块设备硬件对数据处理的基本单位，硬件每次传送一个扇区的数据到内存中。在内核模块中，通常以 512 字节（Byte）来定义扇区的大小。目前，虽然有许多块设备的扇区超过了 512 字节，但内核仍然使用 512 字节扇区来处理。例如，光盘设备的扇区大小是 2048 字节，光驱读写操作一次将返回 2048 字节数据，内核将这 2048 字节看成为 4 个连续的扇区。在内核看来，光驱进行了 4 次读写操作。

3. 块

块（Blocks）是由 Linux 制定对内核或文件系统等数据处理的基本单位。通常，1 个块由 1 个或多个扇区组成。因此，块必须是扇区大小的整数倍，其大小可以是 512、1024、2048、4096 字节。

4. 段

段(Segments)是由若干相邻的块组成,是 Linux 内存管理机制中一个内存页或内存页的一部分。段的大小与块相关,是块的整数倍。

5. 扇区、块及段的关系

理解扇区、块和段的概念对开发块设备驱动很重要。块设备驱动是基于扇区(sector)来访问底层物理磁盘,基于块(block)来访问上层文件系统。

- 扇区是由物理硬件的机械特性所决定的。
- 块缓冲区由内核代码决定,且块大小通常为扇区大小的整数倍。
- 段由块缓冲区决定,是块缓存大小的倍数。

扇区、块及段三者的关系如图 8.14 所示。

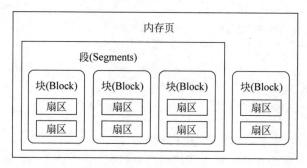

图 8.14　扇区、块及段的关系

8.4.2　块设备的重要数据结构体

块设备是与字符设备并列的概念,这两类设备在 Linux 中驱动程序的架构有较大差异,总体而言,块设备驱动比字符设备驱动要复杂一些。

1. gendisk 结构体

实际使用的各种不同物理块设备其结构是不一样的,如 U 盘、磁盘、光盘等。为了将这些块设备的共同属性在内核中统一起来,内核定义了一个 gendisk(general disk 的简称,通用磁盘)结构体来描述块设备。

gendisk 结构体可以表示一个磁盘,也可能表示一个分区。这个结构体的定义代码如下。

```
struct gendisk
{
    int major;                                /* 主设备号 */
    int first_minor;                          /* 第 1 个次设备号 */
    int minors;                               /* 最大的次设备数,若为 1,则磁盘不能分区 */
    char disk_name[32];                       /* 设备名称 */
    struct hd_struct ** part;                 /* 磁盘上的分区信息 */
    struct block_device_operations  * fops;   /* 块设备操作结构体 */
    struct request_queue * queue;             /* 请求队列 */
    void * private_data;                      /* 私有数据 */
    sector_t capacity;                        /* 扇区数,512 字节为 1 个扇区 */
    int flags;
```

```
    char devfs_name[64];
    int number;
    struct device * driverfs_dev;
    struct kobject kobj;
    struct timer_rand_state * random;
    …
    …
};
```

gendisk 结构体的主要参数说明如下。

- major、first_minor 和 minors 共同表征了磁盘的主、次设备号。同一个磁盘的各个分区共享一个主设备号,而次设备号则不同。
- fops 为 block_device_operations,即 6.4.1 节描述的块设备操作集合。queue 是内核用来管理这个设备的 I/O 请求队列的指针。
- capacity 表明设备的容量,以 512 字节为单位。
- private_data 可用于指向磁盘的任何私有数据,用法与字符设备驱动 file 结构体的 private_data 类似。

2. 操作 gendisk 结构体的函数

Linux 内核提供了一组函数来操作 gendisk,下面介绍几个主要函数。

1) 分配 gendisk

gendisk 结构体是一个动态分配的结构体,它需要特别的内核操作来初始化。驱动不能自己分配这个结构体,而应该使用如下函数来分配 gendisk。

```
struct  gendisk  * alloc_disk(int minors);
```

其中,minors 参数是这个磁盘使用的次设备号的数量,一般就是磁盘分区的数目,此后 minors 不能被修改。

2) 增加 gendisk

gendisk 结构体被分配后,系统还不能使用这个磁盘,还需要调用如下函数来注册这个磁盘设备。

```
void add_disk(struct gendisk * gd);
```

特别要注意的是,对 add_disk() 的调用必须发生在驱动程序的初始化工作完成并能响应磁盘的请求之后。

3) 释放 gendisk

当不再需要一个磁盘时,应当使用如下函数释放 gendisk。

```
void del_gendisk(struct gendisk * gd);
```

4) 设置 gendisk 容量

```
void set_capacity(struct gendisk * disk, sector_t size);
```

块设备中最小的可寻址单元是扇区,扇区大小一般是 2 的整数倍,最常见的大小是 512 字节。扇区的大小是设备的物理属性,扇区是所有块设备的基本单元,块设备无法对比它还小的单元进行寻址和操作,不过许多块设备能够一次就传输多个扇区。大多数块设备的扇区大小都是 512 字节,不过其他大小的扇区也很常见。例如,很多 CD-ROM 盘的扇区都是 2KB 大小。

不管物理设备的真实扇区大小是多少,内核与块设备驱动交互的扇区都以 512 字节为单位。因此,set_capacity()函数也以 512 字节为单位。

3. 请求结构体 request

在 Linux 块设备驱动中,使用 request 结构体来表征等待进行的输入输出 I/O 请求,这个结构体的定义代码如下。

```
struct request
{
    struct list_head queuelist;          /* 链表结构 */
    unsigned long flags;                 /*  请求标志  */
    sector_t sector;                     /*  要传送输的下一个扇区  */
    unsigned long nr_sectors;            /* 要传送的扇区数目 */
    unsigned int current_nr_sectors;     /* 当前要传送的扇区数目 */
    sector_t hard_sector;                /* 要完成的下一个扇区 */
    unsigned long hard_nr_sectors;       /* 要被完成的扇区数目 */
    unsigned int hard_cur_sectors;       /* 当前要被完成的扇区数目 */
    struct bio * bio;                    /* 块输入输出请求的 bio 结构体的链表 */
    struct bio * biotail;                /* 请求的 bio 结构体的链表尾 */
    void * elevator_private;
    unsigned short ioprio;
    int rq_status;
    struct gendisk * rq_disk;
    int errors;
    unsigned long start_time;
    unsigned short nr_phys_segments;     /* 请求在物理内存中占据的不连续的段的数目 */
    unsigned short nr_hw_segments;       /* 与 nr_phys_segments 相同 */
    int tag;
    char * buffer;                       /* 传送的缓冲,内核虚拟地址 */
    int ref_count;                       /*  引用计数  */
    ...
};
```

4. 请求队列结构体 request_queue

简单地讲,一个块设备的请求队列就是包含块设备 I/O 请求的一个队列。这个队列使用链表线性的排列。

请求队列 request_queue 结构体在<include/linux/blkdev. h>中定义,其代码如下。

```
struct request_queue
 {
    ...
    /* 保护队列结构体的自旋锁 */
    spinlock_t __queue_lock;
    spinlock_t * queue_lock;
    /* 队列 kobject */
    struct kobject kobj;
    /* 队列设置 */
    unsigned long nr_requests;           /*  最大的请求数量  */
```

```
    unsigned int nr_congestion_on;
    unsigned int nr_congestion_off;
    unsigned int nr_batching;
    unsigned short max_sectors;         /* 最大的扇区数 */
    unsigned short max_hw_sectors;
    unsigned short max_phys_segments;   /* 最大的段数 */
    unsigned short max_hw_segments;
    unsigned short hardsect_size;       /* 硬件扇区尺寸 */
    unsigned int max_segment_size;      /* 最大的段尺寸 */
    unsigned long seg_boundary_mask;    /* 段边界掩码 */
    unsigned int dma_alignment;         /* DMA 传送的内存对齐限制 */
    struct blk_queue_tag * queue_tags;
    atomic_t refcnt;                    /* 引用计数 */
    unsigned int in_flight;
    unsigned int sg_timeout;
    unsigned int sg_reserved_size;
    int node;
    struct list_head drain_list;
    struct request * flush_rq;
    unsigned char ordered;
};
```

5. 处理请求队列的函数

1）初始化请求队列函数

```
request_queue_t * blk_init_queue(request_fn_proc * rfn, spinlock_t * lock);
```

其中,第 1 个参数是请求处理函数的指针,第 2 个参数是控制访问队列权限的自旋锁。这个函数会发生内存分配的行为,它可能会失败,因此一定要检查它的返回值。这个函数一般在块设备驱动的模块加载函数中调用。

2）清除请求队列函数

```
void  blk_cleanup_queue(request_queue_t  * q);
```

该函数完成将请求队列返回给系统的任务,一般在块设备驱动模块卸载函数中调用。

3）提取请求函数

```
struct  request  * elv_next_request(request_queue_t  * queue);
```

上述函数用于返回下一个要处理的请求(由 I/O 调度器决定),如果没有请求则返回 NULL。elv_next_request()不会清除请求,它仍然将这个请求保留在队列上,但是标识它为活动的,这个标识将阻止 I/O 调度器合并其他的请求到已开始执行的请求。因为 elv_next_request()不从队列里清除请求,因此连续调用它两次,两次会返回同一个请求结构体。

6. block_device_operations 结构体

在块设备中有一个和字符设备中 file_operations 对应的结构体 block_device_operations,它也是一个对块设备操作的函数集合,其代码如下。

```
struct block_device_operations
```

```
{
    int( * open)(struct inode * , struct file * );                          //打开
    int( * release)(struct inode * , struct file * );                       //释放
    int( * ioctl)(struct inode * , struct file * , unsigned, unsigned long); //ioctl
    long( * unlocked_ioctl)(struct file * , unsigned, unsigned long);
    long( * compat_ioctl)(struct file * , unsigned, unsigned long);
    int( * direct_access)(struct block_device * , sector_t, unsigned long * );
    int( * media_changed)(struct gendisk * );                               //介质被改变
    int( * revalidate_disk)(struct gendisk * );                             //使介质有效
    int( * getgeo)(struct block_device * , struct hd_geometry * );          //填充驱动器信息
    struct module * owner;                                                  //模块指针
};
```

7. block_device_operations 结构体的主要函数

1)打开和释放块设备函数

```
int ( * open)(struct inode * inode, struct file * filp);
int ( * release)(struct inode * inode, struct file * filp);
```

与字符设备驱动类似,当设备被打开和关闭时将调用它们。

2)I/O 控制函数

```
int ( * ioctl)(struct inode * inode, struct file * filp, unsigned int cmd, unsigned long arg);
```

上述函数是 ioctl()系统调用的实现,块设备包含大量的标准请求,这些标准请求由 Linux 块设备层处理,因此大部分块设备驱动的 ioctl()函数相当短。

3)介质改变函数

```
int ( * media_changed) (struct gendisk * gd);
```

被内核调用来检查是否驱动器中的介质已经改变,如果是,则返回一个非 0 值,否则返回 0。这个函数仅适用于支持可移动介质的驱动器,通常需要在驱动中增加一个表示介质状态是否改变的标志变量,非可移动设备的驱动不需要实现这个方法。

4)使介质有效函数

```
int ( * revalidate_disk) (struct gendisk * gd);
```

revalidate_disk()被调用来响应一个介质改变,它给驱动一个机会来进行必要的工作以使新介质准备好。

5)获得驱动器信息的函数

```
int ( * getgeo)(struct block_device * , struct hd_geometry * );
```

根据驱动器的几何信息填充一个 hd_geometry 结构体,hd_geometry 结构体包含磁头、扇区、柱面等信息。

6)模块指针

```
struct module * owner;
```

一个指向拥有这个结构体的模块的指针,通常被初始化为 THIS_MODULE。

8.4.3　块设备的驱动程序设计方法

1. 块设备驱动程序的模块结构

块设备驱动程序主要由加载模块、卸载模块及磁盘功能操作模块组成。

加载模块主要结构如图 8.15 所示。

2. 块设备驱动程序的注册与释放

块设备驱动程序通常首先要做的工作是在内核中注册，注册的目的是使内核知道设备的存在。完成这个任务的函数是 register_blkdev()，其原型为：

图 8.15　加载模块结构

```
int register_blkdev(unsigned int major, const char * name);
```

其中，major 参数是块设备要使用的主设备号，name 为设备名，它会在 cat/proc/devices 中被显示。如果 major 为 0，内核会自动分配一个新的主设备号，register_blkdev() 函数的返回值就是这个主设备号。如果 register_blkdev() 返回一个负值，表明发生了一个错误。

与 register_blkdev() 对应的注销函数是 unregister_blkdev()，其原型为：

```
int unregister_blkdev(unsigned int major, const char * name);
```

传递给 unregister_blkdev() 的参数必须与传递给 register_blkdev() 的参数匹配，否则这个函数返回-EINVAL。

值得一提的是，在 Linux 2.6 内核中，对 register_blkdev() 的调用完全是可选的，register_blkdev() 的功能已随时间正在减少，这个调用最多只完成以下两件事。

（1）如果需要，分配一个动态主设备号。

（2）在/proc/devices 中创建一个入口。由于 register_blkdev() 函数的作用不大，在未来的内核源程序中，register_blkdev() 函数可能会被去除掉。但是目前的大部分驱动仍然调用它。

3. 块设备驱动的模块加载与卸载

（1）在块设备驱动的模块加载函数中通常需要完成如下工作。

· 创建、初始化请求队列，绑定请求队列和请求函数。

· 创建、初始化 gendisk，给 gendisk 的 major、fops、queue 等成员赋值，最后添加 gendisk。

· 注册块设备驱动 register_blkdev()。

（2）在块设备驱动的模块卸载函数中完成与模块加载函数相反的工作。

· 清除请求队列。

· 删除 gendisk 和对 gendisk 的引用。

· 删除对块设备的引用，注销块设备驱动。

4. 块设备驱动程序示例

【例 8-4】　设计一个简单的块设备驱动程序。

```
/*   块设备驱动程序 v_blkdev.c   */
1    # include < linux/module. h >
2    # include < linux/init. h >
3    # include < linux/kernel. h >
4    # include < linux/fs. h >
5    # include < linux/types. h >
6    # include < linux/fcntl. h >
7    # include < linux/genhd. h >
8    # include < linux/blkdev. h >
9    # include < linux/bio. h >
10   # include < linux/hdreg. h >
11
12   # define TEST_BLKDEV_DEVICEMAJOR COMPAQ_SMART2_MAJOR      /* 主设备号 */
13   # define TEST_BLKDEV_DISKNAME "TEST_BLKDEV"               /* 设备名 */
14   # define TEST_BLKDEV_BYTES (8 * 1024 * 1024)              /* 设备的大小为 8M */
15   static struct request_queue * TEST_BLKDEV_queue;          /* 请求队列指针 */
16   static struct gendisk * TEST_BLKDEV_disk;                 /* 通用磁盘 */
17   unsigned char TEST_BLKDEV_data[TEST_BLKDEV_BYTES];        /* 8M 的静态内存空间 */
18
19   static void TEST_BLKDEV_do_request(struct request_queue * q)   ◄── 请求处理函数
20   {
21     struct request * req;
22     while ((req = elv_next_request(q)) != NULL)   ◄── 在请求队列中循环
23     {
24       if ((req -> sector + req -> current_nr_sectors) << 9    ┐
25              > TEST_BLKDEV_BYTES)                              ├── 如果写入数据大于设备容量
26       {
27         printk(KERN_ERR TEST_BLKDEV_DISKNAME
28                 ": bad request: block = % llu, count = % u\n",
29                 (unsigned long long)req -> sector,
30                  req -> current_nr_sectors);
31         end_request(req, 0);
32         continue;
33       }  /* endif */
34       switch (rq_data_dir(req))
35       {
36        case READ:
37          memcpy(req -> buffer, TEST_BLKDEV_data + (req -> sector << 9),
38                  req -> current_nr_sectors << 9);
39           end_request(req, 1);
40           break;
41        case WRITE:
42          memcpy(TEST_BLKDEV_data + (req -> sector << 9),
43                  req -> buffer, req -> current_nr_sectors << 9);    ├── 读写操作
44          end_request(req, 1);
45          break;
46        default:
47          break;
48      }
```

```
49    }
50  }
51
52  struct block_device_operations TEST_BLKDEV_fops =
53  {
54    .owner = THIS_MODULE,
55  };
56
57  static int __init TEST_BLKDEV_init(void)          ← 加载模块,初始化
58  {
59    int ret;
60    TEST_BLKDEV_disk = alloc_disk(1);               ← 创建 gendisk 磁盘结构
61    if (!TEST_BLKDEV_disk)
62     {
63      ret = − ENOMEM;
64      goto err_alloc_disk;
65     }
66    blk_init_queue(TEST_BLKDEV_do_request, NULL);   ← 创建请求队列
67    if (!TEST_BLKDEV_queue)
68     {
69      ret = − ENOMEM;
70      goto err_init_queue;
71     }
72    strcpy(TEST_BLKDEV_disk − > disk_name, TEST_BLKDEV_DISKNAME);
73    TEST_BLKDEV_disk − > major = TEST_BLKDEV_DEVICEMAJOR;
74    set_capacity(TEST_BLKDEV_disk, TEST_BLKDEV_BYTES >> 9);   ← 设置 gendisk 容量

75    add_disk(TEST_BLKDEV_disk);                     ← 激活磁盘
76    return 0;
77    err_init_queue:
78        put_disk(TEST_BLKDEV_disk);                 ← 删除磁盘引用
79    err_alloc_disk:
80        return ret;
81  }
82  static void __exit TEST_BLKDEV_exit(void)
83  {
84    del_gendisk(TEST_BLKDEV_disk);        //删除磁盘
85    put_disk(TEST_BLKDEV_disk);           //删除磁盘引用
86    blk_cleanup_queue(TEST_BLKDEV_queue); //清除请求队列
87  }
88
89  module_init(TEST_BLKDEV_init);          ← 加载模块入口
90  module_exit(TEST_BLKDEV_exit);          ← 卸载模块入口
```

设置块设备操作结构体

若加载磁盘错误,跳转至第 79 行

若队列错误,跳转至第 77 行

卸载模块

本 章 小 结

　　本章首先介绍了设备驱动程序所需要的一些基本概念,设备驱动程序的基本结构框架；介绍了如何创建设备入口点及加载设备驱动程序,介绍了设备驱动程序的主要功能接口模块；介绍了字符设备驱动程序及用户应用程序的设计方法,还以在内核空间进行数据处理为例,讲解了设备驱动程序与用户应用程序之间数据传递的设计方法。最后,介绍了块设备驱动程序基本的设计方法。

　　通过本章的学习,读者应该可以轻松开始驱动程序的开发设计了,但是要深入了解驱动程序开发技术,还应该进一步学习相关专业知识,对硬件电路要有一定的了解,要查阅各元器件数据手册。这样,才可能设计出实用且高效的设备驱动程序来。

习　　题

　　1. 什么是内核空间? 什么是用户空间? 设备驱动程序运行在什么空间?

　　2. 设备驱动程序的作用是什么?

　　3. 如何创建设备入口点? 如何加载和卸载设备驱动程序?

　　4. 字符设备驱动程序开发的流程主要是什么?

　　5. 修改例 8-4,由用户应用程序产生 16 个随机整数按 4 行 4 列排列显示,并通过设备驱动程序逆序排列输出。

　　6. 设计一个程序,在用户空间的用户应用程序中输入一个 10 以内的整数 n,通过内核空间的设备驱动程序计算从 1 加到 n 的和。

　　7. 块设备有哪些主要数据结构?

## 第 9 章

设备驱动程序应用设计实例

本章主要讲述嵌入式系统开发中,几种常见设备的驱动程序设计实例。
- GPIO 设备驱动程序设计。
- 键盘驱动程序设计。
- 直流电机驱动程序的设计。

9.1 通用 I/O 接口驱动程序设计

视频讲解

9.1.1 GPIO 设备的虚拟地址映射

1. GPIO 设备

在嵌入式 Linux 系统下有字符设备和块设备之分。字符设备和块设备的主要区别是:在对字符设备发出读/写请求时,实际的硬件 I/O 操作就紧接着发生了。块设备则不然,它利用一块系统内存作缓冲区,当用户进程对设备请求能满足用户的要求,就返回请求的数据;如果不能,就调用请求函数来进行实际的 I/O 操作。块设备是主要针对磁盘等慢速设备设计的,以免耗费过多的 CPU 时间来等待。

GPIO 属于字符设备,其驱动可以归类为 Linux 设备驱动的字符设备驱动。开发这类设备驱动,要为设备分别设计设备驱动程序和用户应用程序,其设备驱动程序的一般方法与步骤与上节内容是相同的。只要编写应用程序要调用的打开、读取、写入和关闭等处理函数(又称为标准系统调用函数)就完成了驱动程序的开发。

2. 引用的头文件在内核源程序中的位置

在设备驱动程序中要引用许多定义函数或常量的头文件,这些头文件的存放位置基本都是有规则的,其存放规则如下。

(1) #include < linux/ ****.h >

名称形如 linux/ ****.h 的头文件位于/linux-kernel/include/linux 目录之下。

(2) #include < asm/ ****.h >

名称形如 asm/ ****.h 的头文件位于/linux-kernel/arch/arm/include/asm 目录之下。

(3) #include < mach/ ****.h >

形如 mach/ ****.h 的头文件在/linux-kernel/arch/arm/mach-s5pv210/include/mach 目录之下。

3. Linux 内核中虚拟地址与物理地址的映射

在操作硬件的时候,需要使用到硬件中的一些相关寄存器。之前在逻辑程序中都是直接使用其物理地址,把内核移植到开发板后,内核程序则是运行在虚拟地址上。因此,要对 Linux 内核中虚拟地址跟物理地址进行映射。

在嵌入式 Linux 的内核系统中,对于要使用的硬件相关寄存器,通过定义映射关系,把虚拟地址映射到物理地址上。这些映射关系分别在下面几个头文件中进行了声明(以微处理器 s5pv210 的 GPH3 端口为例)。

(1) kernel - s5pv210/arch/arm/plat - samsung/include/plat/map - base.h
```
#define S3C_ADDR_BASE      (0xFD000000)
#define S3C_ADDR(x) (S3C_ADDR_BASE + (x))
```

(2) kernel - s5pv210/arch/arm/plat - s5p/include/plat/map - s5p.h
```
#define S5P_VA_GPIO        S3C_ADDR(0x00500000)
```

(3) kernel - s5pv210/arch/arm/mach - s5pv210/include/mach/regs - gpio.h
```
#define S5PV210_GPH3_BASE     (S5P_VA_GPIO + 0xC60)
```

(4) kernel - s5pv210/arch/arm/mach - s5pv210/include/mach/gpio - bank.h
```
#define S5PV210_GPH3CON     (S5PV210_GPH3_BASE + 0x00)
#define S5PV210_GPH3DAT     (S5PV210_GPH3_BASE + 0x04)
```

视频讲解

9.1.2 编写 LED 设备驱动程序

下面用一个实例来说明 GPIO 设备驱动程序的编写。

【例 9-1】 设有一个基于 Cortex A8 架构的 S5PV210 微处理器开发板,其 GPIO 端口 GPH3 引脚的 4 个 LED 发光二极管,编写一个设备驱动程序,使开发板上的发光二极管实现流水灯方式交替闪烁。

1. LED 电路设计

本实例涉及的外部硬件只有电阻和蓝色发光二极管。凡是使用操作系统控制外部设备,即使是最简单的硬件电路,也是需要驱动的。

设在 S5PV210 开发板上系统 GPIO 的 GPH3 端口引脚,将其连接 4 个 LED 发光二极管,其电路原理图如图 9.1 所示。

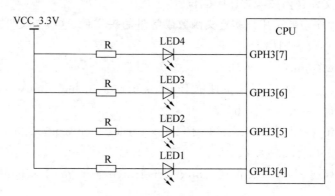

图 9.1 LED 电路原理图

2. GPH3 端口的相关数据

按题意,编写一个驱动程序及应用程序来控制 GPH3 端口引脚的电平,使得连接在 GPH3 端口的 LED 按照一定的时间间隔闪烁。

GPH3 端口对应的控制寄存器是 GPH3CON,对应的数据寄存器是 GPH3DAT,其寄存器的引脚如表 9.1 所示。

表 9.1　GPH3 端口的控制寄存器 GPH3CON 和数据寄存器 GPH3DAT 引脚

寄存器类型	GPH3[0]	GPH3[1]	GPH3[2]	GPH3[3]	GPH3[4]	GPH3[5]	GPH3[6]	GPH3[7]
GPH3CON	[3:0]	[7:4]	[11:8]	[15:12]	[19:16]	[23:20]	[27:24]	[31:28]
GPH3DAT	[0]	[1]	[2]	[3]	[4]	[5]	[6]	[7]

当控制寄存器 GPH3CON 设置为 1 时,即设置为输出模式时,数据寄存器 GPH3DAT 的某位设置为 1,则对应引脚输出高电平,LED 发光二极管熄灭;数据寄存器 GPH3DAT 的某位设置为 0 时,对应引脚输出低电平,LED 发光二极管点亮。

按照图 9.1 所示的电路原理图,要让 LED 实现流水灯闪烁,就需要编写一个驱动程序及应用程序来控制连接 LED 发光二极管的 GPH3 端口的电平。对照表 9-1,GPH3[4]~GPH3[7]对应的控制寄存器是 GPH3CON 的高 16 位([19:16] ～ [31:28]),对应的数据寄存器是 GPH3DAT 的后 4 位([4]~[7])。

3. 设置控制寄存器 GPH3CON 为输出模式

假设 tmp 为存放控制寄存器 GPH3CON 数据的变量。下面对变量 tmp 进行位运算,将其设置为 1,则控制寄存器 GPH3CON 被设置为输出模式。

根据位运算,将控制寄存器 GPH3CON 的高 16 位设置为 1 的表达式如下。

```
tmp  & =   ~(0xffff << 16);
tmp  | =   (0x1111 << 16);
```

现详细说明其运行过程。

1) 表达式 tmp   & =   ~(0xffff << 16)

先计算~(0xffff << 16),其运算结果为 0x0000ffff。再进行 tmp 与~(0xffff << 16)的"与"运算,即 tmp 和 0x0000ffff 进行"与"运算,得到 tmp 的高 16 位全为 0,而低 16 位保持原来的值不变。

2) 表达式 tmp | = (0x1111 << 16)

先计算 0x1111 << 16,其运算结果为 0x11110000,即其高 16 位为 0001 0001 0001 0001。再进行 tmp 与(0x1111 << 16)的"或"运算,即 tmp 和 0x11110000 进行"或"运算,得到 tmp 的高 16 位为 0001 0001 0001 0001。

从而,将 GPH3CON[4]~[7]设置为输出模式。

4. 设置 GPH3DAT 数据寄存器的值,控制 LED 发光二极管点亮或熄灭

当数据寄存器 GPH3DAT 的某位设置为 1 时,则对应引脚输出高电平,发光二极管的两端均为高电位,电流不导通,LED 熄灭。当数据寄存器 GPH3DAT 的某位设置为 0 时,对应引脚输出低电平,发光二极管的两端存在电位差,电流导通,LED 点亮。

假设 data 为存放数据寄存器 GPH3DAT 数据的变量,现在通过位运算,实现上述的

功能。

1) data ｜= 0x1 ≪ 4

先计算 0x1 ≪ 4,其结果为 10000,即第 5 位为 1,其余 4 位为 0。再和 data 的值进行"或"运算,得到 data 的第 5 位设置为 1,即 GPH3DAT[4]的值设置为 1,其他位保持不变。其功能为该引脚所连接的 LED 发光二极管熄灭。

2) data &= ～(0x1 ≪ 4)

先计算～(0x1 ≪ 4),其结果为 01111,即第 5 位为 0,其余 4 位为 1。再和 data 进行"与"运算,得到 data 的第 5 位设置为 0,其他位保持不变。其功能为该引脚所连接的 LED 发光二极管点亮。

3) 其余数据寄存器引脚值的设置

其余数据寄存器引脚值的设置与上述方法相同,详见后面的代码。

5. 混杂设备及其定义

在嵌入式系统的驱动程序设计过程中,经常会使用到混杂设备。混杂设备也是一种字符设备,它有固定的主设备号,其主设备号固定为 10。相对于普通字符设备驱动,它不需要程序设计人员自己去/dev 目录下建立设备进入点,而由系统自动生成。其设备进入点的名称为驱动程序中定义混杂设备时设置的设备名称。

下面介绍混杂设备的使用方法。

1) 定义混杂设备需要声明的头文件

```
#include <linux/miscdevice.h>
```

2) 混杂设备的定义

混杂设备的一般形式如下。

```
static struct miscdevice miscDevice = {
    minor = MISC_DYNAMIC_MINOR,             //自动分配从设备号
    name = "设备名称", fops = &dev_fops,     //设备文件操作指针
};
```

3) 混杂设备的注册

```
misc_register(&miscDevice)              //若注册成功则返回 0
```

4) 注销混杂设备

```
misc_deregister(&miscDevice);
```

6. __raw_readb()与__raw_writeb()函数

在嵌入式 Linux 系统中,对 I/O 的操作都定义在 asm/io.h 中,其中__raw_readb()函数为从寄存器中读取数据,__raw_writeb()函数向寄存器写入数据。

例如,语句 tmp =__raw_readl(S5PV210_GPH3CON);表示从 S5PV210_GPH3CON 寄存器中读取数据,存放到变量 tmp 中。

语句__raw_writel(tmp, S5PV210_GPH3CON);表示把变量 tmp 中的数据写入 S5PV210_GPH3CON 寄存器中。

7. 模块初始化函数 dev_init()

在模块初始化函数 dev_init() 中调用 misc_register() 函数对 file_operations{ }结构体
进行注册。

```
static int __init dev_init(void) {
    int ret;
    unsigned int tmp;
    tmp = __raw_readl(S5PV210_GPH3CON);
    tmp &= ~(0xffff << 16);          将控制寄存器 GPH3CON 设置为输出模式
    tmp |= (0x1111 << 16);
    __raw_writel(tmp, S5PV210_GPH3CON);
    ret = misc_register(&misc);   ←  &misc 为 file_operations{ }结构体
    printk ("[ *** " DEVICE_NAME " *** ]: initialized\n");
    return ret;
}
```

8. ioctl 操作函数

```
static long gpioleds_ioctl(struct file * filp,
                    unsigned int cmd,  unsigned long arg) {
    unsigned int  tmp;
    tmp = __raw_readl(S5PV210_GPH3CON);
    tmp &= ~(0xffff << 16);
    tmp |= (0x1111 << 16);          将 GPH3CON 设置为 1
    __raw_writel(tmp, S5PV210_GPH3CON);
    unsigned char data;
    switch(cmd)
    {
        case LED_OFF:
        {
            data = __raw_readb(S5PV210_GPH3DAT);
            data |= 1 <<(4 + arg);          将 GPH3DAT 设置为 1
            __raw_writeb(data, S5PV210_GPH3DAT);
            break;
        }
        case LED_ON:
        {
            data = __raw_readb(S5PV210_GPH3DAT);
            data &= ~(1 <<(4 + arg));          将 GPH3DAT 设置为 0
            __raw_writeb(data, S5PV210_GPH3DAT);
            break;
        }
        default:
        {
            return - EINVAL;
        }
    }
}
```

9. 卸载模块

模块退出时，必须删除设备驱动程序并释放占用的资源，使用 unregister_chrdev 删除设备驱动程序。

```
static void __exit dev_exit(void)
{
    misc_deregister(&misc);
}
```

10. 编写 LED 驱动程序

在前面已经说过,要驱动发光二极管闪烁,其实质是控制 GPIO 的引脚输出合适的电平。LED 驱动程序如下,将其保存为: GPIO_led_drv.c 文件。

按上述分析和说明,编写 LED 驱动程序源代码 GPIO_leds_drv.c,并将其保存到目录/kernel-Linux/drivers/char/drv_test/下。

```
1    # include < linux/miscdevice.h>
2    # include < linux/kernel.h>
3    # include < linux/module.h>
4    # include < linux/init.h>
5    # include < linux/fs.h>
6    # include < linux/ioctl.h>
7    # include < linux/cdev.h>
8    # include < linux/pci.h>
9    # include < mach/regs - gpio.h>

10   # define DEVICE_NAME   "gled _drv"
11   # define LED_ON        0
12   # define LED_OFF       1
13   # define S5PV210_GPH3CON    (S5PV210_GPH3_BASE + 0x00)
14   # define S5PV210_GPH3DAT    (S5PV210_GPH3_BASE + 0x04)

15   static long gpioleds_ioctl(struct file * filp, unsigned int cmd, unsigned long arg)
16   {
17       unsigned char data;
18       unsigned int   tmp;
19       if(arg < 0 || arg > 3)
20       {
21           return - EINVAL;
22       }
23       tmp = __raw_readl(S5PV210_GPH3CON) >> 16;
24       if(tmp != 0x1111)
25       {
26           tmp = __raw_readl(S5PV210_GPH3CON);
27           tmp &= ~(0xffff << 16);
28           tmp |= (0x1111 << 16);
29           __raw_writel(tmp, S5PV210_GPH3CON);
30           __raw_writeb(0xff, S5PV210_GPH3DAT);
31       }
32       switch(cmd)
33       {
34           case LED_OFF:
35           {
```

```
36              data = __raw_readb(S5PV210_GPH3DAT);
37              data |= 1 <<(4 + arg);
38              __raw_writeb(data, S5PV210_GPH3DAT);
39              break;
40          }
41      case LED_ON:
42          {
43              data = __raw_readb(S5PV210_GPH3DAT);
44              data &= ~(1 <<(4 + arg));
45              __raw_writeb(data, S5PV210_GPH3DAT);
46              break;
47          }
48      default:
49          {
50              return - EINVAL;
51          }
52      }
53  }

54  static struct file_operations dev_fops = {
55    .owner = THIS_MODULE,
56    .unlocked_ioctl = gpioleds_ioctl,
57  };

58  static struct miscdevice misc = {
59      .minor = MISC_DYNAMIC_MINOR,
60      .name = DEVICE_NAME,
61      .fops = &dev_fops,
62  };

63  static int __init dev_init(void)
64  {
65      int ret;
66      unsigned int tmp;
67      tmp = __raw_readl(S5PV210_GPH3CON);
68      tmp &= ~(0xffff << 16);
69      tmp |= (0x1111 << 16);
70      __raw_writel(tmp, S5PV210_GPH3CON);
71      __raw_writeb(0xf, S5PV210_GPH3DAT);
72      ret = misc_register(&misc);
73      printk ("[ *** " DEVICE_NAME " *** ]: initialized\n");
74      return ret;
75  }

76  static void __exit dev_exit(void)
77  {
78      misc_deregister(&misc);
79  }

80  module_init(dev_init);
```

```
81    module_exit(dev_exit);
82    MODULE_LICENSE("GPL");
```

11. 编写 Kconfig 和 Makefile 程序

1）编写配置驱动程序的 Kconfig 文件

```
1    menuconfig GPIO_drv
2        tristate "GPIO_drv driver"
3
4    if GPIO_drv
5    config GPIO_LED_DRV_MODULE
6        tristate "GPIO_LED_drv module test"
7        depends on CPU_S5PV210
8        help
9          GPIO_LED_drv module sample.
10   endif # GPIO_drv
```

2）编写编译驱动程序的 Makefile 文件

```
obj- $(CONFIG_GPIO_LED_DRV_MODULE) += GPIO_leds_drv.o
```

12. 编译 GPIO_LED 驱动程序

在 Linux 的终端窗口，输入启动内核配置菜单命令。

```
# make menuconfig
```

在弹出的图形窗口中，选择 Device Drivers -->|Character devices -->项后，可以看到新建的< > menu_test driver（NEW）选项，选择该项后，进入选择编译驱动程序的界面，选择"< > LED driver（NEW）"的驱动方式为 M，也就是用动态加载方式，将上述配置保存到 .config 文件中。

再通过调用 make 命令把 LED 驱动程序编译为 .ko 文件。

13. 编写用户应用程序

在编写用户应用程序过程中，考虑通过接口 open() 函数打开设备，再通过接口 ioctl() 函数来实现对 LED 的控制功能。其调用关系如图 9.2 所示。

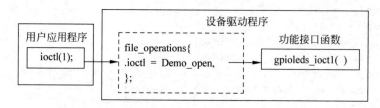

图 9.2　用户应用程序与驱动程序的调用关系

应用程序的 ioctl() 参数与驱动程序的 gpioleds_ioctl() 参数的传递关系，如图 9.3 所示。

从图 9.3 可以看出，用户应用程序的文件描述符 fd 通过内核，找到对应的 file 结构体指针并传递给驱动函数。

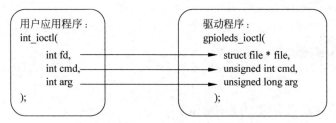

图 9.3　应用程序与驱动程序的参数传递

用户应用程序的参考程序如下，将其保存为 led_drv_test.c 文件。

```
/ ****************************************
 * LED_Driver 用户程序 led_drv_test.c   *
 **************************************** /
1    # include < stdio. h >
2    # include < string. h >
3    # include < unistd. h >
4    # include < stdlib. h >
5    # include < fcntl. h >         // 调用 open()、close() 函数时使用
6    # define DEVICE_NAME "/dev/gled_drv"
7    / * 定义发光二极管 LED 状态   * /
8    # define LED_ON   0
9    # define LED_OFF 1
10   static int fd =  -1;
11   int main(void)
12   {
13       int fd;
14       int ret;
15       char * i;
16       printf("\nstart GPIO_led_driver test\n\n");
17       fd = open(DEVICE_NAME, O_RDWR);
18       printf("fd =  % d\n",fd);
19       if (fd ==  -1)
20        {   printf("open device % s error\n",DEVICE_NAME);   }
21       else
22        {
23          while(1)
24           {
25                ioctl(fd, LED_OFF, 0); printf("LED_OFF 0\n");
26                ioctl(fd, LED_OFF, 1); printf("LED_OFF 1\n");
27                ioctl(fd, LED_OFF, 2); printf("LED_OFF 2\n");
28                ioctl(fd, LED_OFF, 3); printf("LED_OFF 3\n");
29                delay_LedOn();   //休眠
30                for(i = 0; i < 4; i++)
31                {
32                    ioctl(fd, LED_ON, i);
33                    printf("LED_ON % d\n", i);
34                }
35                delay_LedOn();    //休眠
36            }
37       close(fd);
38       return 0;
39    }
```

```
40   void delay_LedOn(void)
41   {
42     char a_0,b_0;
43     for(b_0 = 9000;b_0 < 0;b_0 -- )
44       for(a_0 = 8000;a_0 < 0;a_0 -- );
45   }
```

14. 编写用户应用程序的 Makefile 程序

```
1    CROSS = arm – linux –
2
3    all: gpioledtest
4
5    gpioledtest:
6        $ (CROSS)gcc – o gpioledtest gpioledtest.c
7        $ (CROSS)strip gpioledtest
8
9    clean:
10   @rm – vf gpioledtest * .o * ~
```

15. 运行程序

（1）下载设备驱动程序到开发板，执行加载驱动程序的命令。

```
[root@linux /mnt]# insmod GPIO_leds_drv.ko
[22128.428574] [ *** GPIO_led_driver *** ]: initialized
```

由于驱动程序中已经定义其为混杂模式，在加载设备驱动程序时，系统自动将其主设备号默认为 10，且自动在/dev 中建立了设备进入点，其设备进入点的名称为驱动程序中定义的设备名称，即/dev/GPIO_led_driver。

（2）运行用户应用程序，运行结果如下。

```
[root@linux led]# insmod led_drv.o
LED_OFF   0
LED_OFF   1
LED_OFF   2
LED_OFF   3
LED_ON    0
LED_ON    1
LED_ON    2
LED_ON    3
```

这时，可以看到目标板上的 LED 发光二极管依次循环闪烁。

9.2　键盘驱动程序的设计

视频讲解

9.2.1　键盘原理介绍

1. 键盘按键

键盘按键是嵌入式应用系统中最常用到的输入通道部件，可用于多种状态的输入或选择。键盘按键通常只有"接通"或者"断开"两种工作状态，对应到电路逻辑中就是把电平 0

或 1 提供给微处理器。如图 9.4 所示为 3 种常见的按键。

(a) 弹性按键开关　　　　(b) 自锁式开关　　　　(c) 贴片式按键

图 9.4　3 种常见的按键

2. 按键原理

实现键盘有两种方案：一是采用现有的一些芯片实现键盘扫描；二是用软件实现键盘扫描。用软件扫描的方式，灵活性高，成本低，且只需要很少的 CPU 开销。

通常在一个键盘中使用了一个瞬时接触开关，如图 9.5 所示是一个简单的电路，微处理器很容易检测到开关闭合的状态。当开关打开时，通过微处理器 I/O 口上的一个上拉电阻提供逻辑 1；当开关闭合时，微处理器 I/O 口的输入将被拉低到逻辑 0。

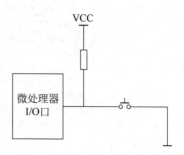

图 9.5　键盘的连接电路

但是开关并不完美，当它们被按下或释放的时候，并不能够产生一个明确的 1 或 0。尽管触点可能看起来稳定而且很快地闭合，但与微处理器快速的运行速度相比，这种动作是比较慢的。当触点闭合时，其弹起就像一个球。弹起效果将产生如图 9.6 左图所示的好几个脉冲，弹起的持续时间通常将维持在 5~30ms，从而引发抖动，产生抖动的毛刺现象，如图 9.6 右图所示。

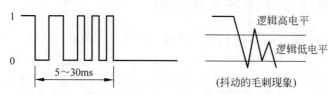

图 9.6　点触按键产生抖动

为了获取稳定的按键信息，必须想办法去掉这种抖动，才能避免将用户的一次按键误当作几次按键来处理。去毛刺的一种常见的方法是在有键盘中断信息到达时，并不立即去扫描键盘，而是先延迟一段时间，等跳过毛刺抖动以后再扫描键盘。

3. 矩阵键盘原理

如果需要多个键，则可将每个开关连接到微处理器的输入端口上，但微处理器的端口是有限的。利用行列式的方法来安排这些按键是个有效的方法。行列式是一种二维矩阵。一个瞬时接触开关（按钮）放置在矩阵的每一行与每一列的交叉点。

键盘扫描过程就是让微处理器按有规律的时间间隔查看键盘矩阵，以确定是否有键按下。一旦微处理器判定有一个按键按下，键盘扫描软件将过滤掉抖动并且判定哪个键被按下。每个键被分配一个称为扫描码的唯一标识符。应用程序利用该扫描码，根据按下的键来判定该执行什么样的功能。

键盘扫描算法:在初始化阶段,所有的行(输出端口)被强行设置为低电平。在没有任何键按下时,所有的列(输入端口)将读到高电平。任何键的闭合将造成其中的一列变为低电平。一旦检测到有键被按下,就需要找出是哪一个键。过程很简单,微处理器只需在其中一列上输出一个低电平。如果它在输入端口上发现一个 0 值,微处理器就知道在所选择行上产生了键的闭合。相反,如果输入输出端口全是高电平,则被按下的键就不在那一行,微处理器将选择下一行,并重复该过程直到它发现了该行为止。一旦该行被识别出来,则被按下键的具体列可通过锁定输入端口上唯一的低电平来确定,如图 9.7 所示。

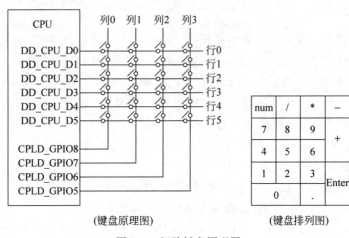

图 9.7 矩阵键盘原理图

首先按列扫描,对应每一列(GPIO 端口),都对该列所有行(CPU_D[0:15])检测一遍。

9.2.2 键盘驱动程序设计思路分析

下面以一个 6×4 按键的键盘为例,讲述键盘驱动程序的设计方法。

该键盘有 4 列,其地址分别为:0xfe、0xfd、0xfb、0xf7。该键盘的 6 行地址分别为:0xfe、0xfd、0xfb、0xf7、0xef、0xdf。各行按键的地址分布排列如表 9.2 所示。

表 9.2 各按键的地址分布排列

行地址	列 地 址			
	0xfe	0xfd	0xfb	0xf7
0xfe		—		
0xfd		*	/	Num
0xfb	+	8	9	7
0xf7		6	5	4
0xef	Enter	3	2	1
0xdf		•	0	

1. 头文件

设计键盘驱动程序,要使用的 Linux 系统头文件,位于嵌入式 Linux 内核源码的根目录/＊ARM_Linux 下。所需要的头文件如下。

```
# include <linux/kernel.h>
```

```
# include < linux/sched. h >
# include < linux/timer. h >
# include < linux/init. h >
# include < linux/module. h >
# include < asm/io. h >
# include < linux/delay. h >
# include < linux/fs. h >
```

2. 处理设备 I/O 端口的数据的几个重要函数

在键盘驱动程序中用到了 I/O 端口,在嵌入式 Linux 系统中,对设备 I/O 端口的操作与标准文件的操作是不一样的。操作端口要用虚拟地址而非实际的物理地址。现在介绍几个有关这方面的重要函数,它们都在< asm/io. h >头文件中作出了声明。

1) ioremap()函数

函数 ioremap()的定义为:

```
ioremap(unsigned long offset, unsigned long size );
```

函数 ioremap()的作用是把一个物理内存地址点映射为一个内核指针,实现从物理地址到内核空间虚拟地址的映射。被映射数据的长度由参数 size 设定,长度 size 的单位为字节。即:

```
ioremap(<物理内存起始地址>,<区域长度>);
```

该函数的实质是把一块物理区域映射到一个可以从驱动程序里访问的虚拟地址上去,从而使这个物理区域的地址可以直接访问。

2) inb()函数

函数 inb()的定义为:

```
unsigned char inb(unsigned  port);
```

函数 inb(<端口地址>)作用是从端口读取一字节,这个函数的返回值就是从这个端口读取到的数据。

例如,设 ioremap_addr 为一个设备的虚拟内存地址,则

```
inb( ioremap_addr);
```

意思是从地址 ioremap_addr 处读取数据。

3) outb()函数

outb()的定义为:

```
void outb(unsigned  char  value,unsigned  port);
```

函数 outb(<数值>,<端口地址>)的作用是向端口发送数值。

例如,设 db-> ioaddr = iobase; //iobase 是一个设备的虚拟内存开始地址,则

```
outb(0,  db-> ioaddr);
outb(3,  db-> io_data);
```

意思是先向 db-> ioaddr 写入 0,再向 db-> io_data 写入 3。

注意,每次端口的读写操作都会占用至少1ms的时间。

3. 设备初始化

定义设备驱动程序的初始化函数 KEYBOARD_CTL_init(),在该函数中实现向系统注册设备号、设备名称和初始化寄存器。

1)向系统注册设备

向系统注册字符设备的函数一般形式为:

```
register_chrdev(主设备号, 设备名称, 设备的结构体);
```

设备的注册函数的返回值为非负整数,若返回值小于0,设备注册失败。

例如,定义一个设备的主设备号为宏符号名 KEYBOARD_MAJOR,设备名称为 keypad,设备的结构体为 &KEYBOARD_ops,则设备的注册函数为:

```
register_chrdev(KEYBOARD_MAJOR, "keypad", &KEYBOARD_ops);
```

2)初始化寄存器

应用 ioremap() 函数将物理地址映射成内核空间的虚拟内存地址,内存起始地址为 0x08010000,长度为 0x0f 字节,实现寄存器初始化:

```
ioremap_addr = ioremap(0x08010000,0x0f);
```

3)初始化函数 KEYBOARD_init()

```
static int __init KEYBOARD_init(void)
{
    #define KEYBOARD_MAJOR 104        //定义主设备号
    int ret ;
    ret = register_chrdev(KEYBOARD_MAJOR, "keypad", &KEYBOARD_ctl_ops);
    printk(" Keyboard_driver register success!!! [ -- kernel -- ]\n");
    if (ret < 0)                     //当返回值小于0时,设备注册失败
       {
          printk(" Could not register   Keyboard_driver");
       }
    ioremap_addr = ioremap(0x08010000,0x0f);
    return ret;
}
```

4. 驱动程序的 file-operation 数据结构

由于键盘驱动程序只负责接收键盘按键处理数据,只需要读取数据的接口函数就够了,因此,其数据结构比较简单:

```
struct file_operations KEYBOARD_ops = {
        read:          KEYBOARD_read,
    };
```

5. 键盘扫描的接口函数

在键盘驱动程序中,仅实现检测键盘是否有按键按下的功能。检测键盘扫描的接口函数是实现这一功能的重要函数。

1）按列扫描

（1）首先检测键盘的第 1 列是否有按键按下。

键盘第 1 列的列地址为：outbyte ＝ 0xfe，把该数据写到 ioremap_addr，定位到第 1 列上：

```
outb(outbyte,ioremap_addr);
```

（2）读取该地址的数据，再检测该列各行是否有按键按下。（该列只有两个按键，＋键和 Enter 键）：

```
inbyte = inb(ioremap_addr);
switch (inbyte)
  {
    case 0xfb : { ret_byte = MY_KEY_ADD; break; }   // 检测 + 键是否按下
    case 0xef : { ret_byte = MY_KEY_ENT; break; }   // 检测 Enter 键是否按下
  }
```

（3）检测键盘的第 2 列是否有按键按下。

键盘第 2 列的位置为 0xfd，将该数据写到 ioremap_addr 中，定位到第 2 列上，再读取该地址的数据，然后依次检测该列各行按键，是否有按键按下。（该列有 6 个按键）：

```
  outbyte = 0xfd;       // 扫描第 2 列
  outb(outbyte,ioremap_addr);
  inbyte = inb(ioremap_addr);
switch (inbyte)
    {
      case 0xfe : { ret_byte = MY_KEY_SUB; break; } // scan -
      case 0xfd : { ret_byte = MY_KEY_MUL; break; } // scan *
      case 0xfb : { ret_byte = MY_KEY_NO9; break; } // scan 9
      case 0xf7 : { ret_byte = MY_KEY_NO6; break; }
// scan 6
      case 0xef : { ret_byte = MY_KEY_NO3; break; }
// scan 3
      case 0xdf : { ret_byte = MY_KEY_DOT; break; }
// scan .
      default : {scan_finish_flag = 2;}
    }
```

同理，依次检测键盘其余各列是否有按键按下。

最后将检测到的按键值存放到一个变量 * buf 中，供用户应用程序调用。

```
 * buf = ret_byte;
```

2）键盘扫描函数流程

通过上面的分析，可以得到键盘扫描函数流程图，如图 9.8 所示。

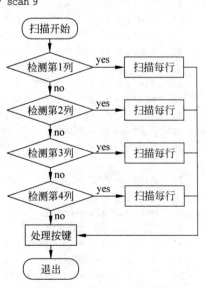

图 9.8　键盘扫描函数流程图

9.2.3 键盘驱动程序设计

【例 9-2】 编写一个 6×4 按键的键盘驱动程序。

根据前面对键盘驱动程序设计思路的分析,编写键盘驱动程序如下。

```
/ **********************************************
 *     简单键盘驱动程序: keyboard_drv.c      *
 ********************************************** /
1    #include<linux/kernel.h>
2    #include<linux/sched.h>
3    #include<linux/timer.h>
4    #include<linux/init.h>
5    #include<linux/module.h>
6    #include<asm/io.h>
7    #include<linux/delay.h>
8    #include<linux/fs.h>

9    //定义主设备号
10   #define KEYBOARD_MAJOR   104

11   //定义各按键的键值
12   #define MY_KEY_NUM       0x11
13   #define MY_KEY_ENT       0x12
14   #define MY_KEY_ADD       0x13
15   #define MY_KEY_SUB       0x14
16   #define MY_KEY_MUL       0x15
17   #define MY_KEY_DIV       0x16
18   #define MY_KEY_DOT       0x17
19   #define MY_KEY_NO0       0x00
20   #define MY_KEY_NO1       0x01
21   #define MY_KEY_NO2       0x02
22   #define MY_KEY_NO3       0x03
23   #define MY_KEY_NO4       0x04
24   #define MY_KEY_NO5       0x05
25   #define MY_KEY_NO6       0x06
26   #define MY_KEY_NO7       0x07
27   #define MY_KEY_NO8       0x08
28   #define MY_KEY_NO9       0x09

29   #define VERSION          "key_driver_2019-04-12"

30   void showversion(void)
31     {
32        printk(" ******************************** \n");
33        printk("\t % s \t\n", VERSION);
34        printk(" ******************************** \n\n");
35     }

36   static long ioremap_addr;
```

```
37   /*   定义设备入口点 READ 接口 */
38   ssize_t KEYBOARD_read (struct file  * file ,
                                        char   * buf ,
                                        size_t  count ,
                                        loff_t  * f_ops)
39   {
40     int scan_finish_flag;
41     unsigned char outbyte, inbyte;
42     unsigned char ret_byte;
43     # ifdef KEYBOARD_DEBUG
44             printk ("KEYBOARD_read [  -- kernel -- ]\n");
45     # endif

46     // 扫描键盘的列 :   0xfe 0xfd 0xfb 0xf7
47     // 扫描每列的行 :   0xfe 0xfd 0xfb 0xf7 0xef 0xdf

48     scan_finish_flag = 0;
49     outbyte = 0xfe;                  // 扫描第 1 列
50     outb(outbyte, ioremap_addr);     //向地址 ioremap_addr 写入数据 outbyte
51     inbyte = inb(ioremap_addr);      //读地址为 ioremap_addr 的 IO 端口
52     switch (inbyte)
53      {
54        case 0xfb : { ret_byte = MY_KEY_ADD; break; } // scan +
55        case 0xef : { ret_byte = MY_KEY_ENT; break; } // scan enter
56        default : {scan_finish_flag = 1;}
57      }
58     if (scan_finish_flag != 1) goto scan_return;

59     outbyte = 0xfd;                  // 扫描第 2 列
60     outb(outbyte, ioremap_addr);
61     inbyte = inb(ioremap_addr);
62     switch (inbyte)
63      {
64        case 0xfe : { ret_byte = MY_KEY_SUB; break; } // scan -
65        case 0xfd : { ret_byte = MY_KEY_MUL; break; } // scan *
66        case 0xfb : { ret_byte = MY_KEY_NO9; break; } // scan 9
67        case 0xf7 : { ret_byte = MY_KEY_NO6; break; } // scan 6
68        case 0xef : { ret_byte = MY_KEY_NO3; break; } // scan 3
69        case 0xdf : { ret_byte = MY_KEY_DOT; break; } // scan .
70        default : {scan_finish_flag = 2;}
71      }
72     if (scan_finish_flag != 2) goto scan_return;

73     outbyte = 0xfb;                  // 扫描第 3 列
74     outb(outbyte, ioremap_addr);
75     inbyte = inb(ioremap_addr);
76     switch (inbyte)
77      {
78        case 0xfd : { ret_byte = MY_KEY_DIV; break; } // scan /
79        case 0xfb : { ret_byte = MY_KEY_NO8; break; } // scan 8
80        case 0xf7 : { ret_byte = MY_KEY_NO5; break; } // scan 5
```

```
81      case 0xef : { ret_byte = MY_KEY_NO2; break; } // scan 2
82      case 0xdf : { ret_byte = MY_KEY_NO0; break; } // scan 0
83      default : {scan_finish_flag = 3;}
84    }
85   if (scan_finish_flag!= 3) goto scan_return;

86   outbyte = 0xf7;                 // 扫描第 4 列
87   outb(outbyte, ioremap_addr);
88   inbyte = inb( ioremap_addr);

89    switch ( inbyte)
90     {
91      case 0xfd : { ret_byte = MY_KEY_NUM; break; } // scan num
92      case 0xfb : { ret_byte = MY_KEY_NO7; break; } // scan 7
93      case 0xf7 : { ret_byte = MY_KEY_NO4; break; } // scan 4
94      case 0xef : { ret_byte = MY_KEY_NO1; break; } // scan 1
95      default : {scan_finish_flag = 4;}
96     }
97    if (scan_finish_flag == 4) ret_byte = 0xff; // 当没有检测到任何按键值时

98    //将检测到的按键值存放到一个变量 * buf 中,供用户应用程序调用
99    scan_return:
100       * buf = ret_byte;
101    return count;
102   }

103   /* 定义设备数据结构 */
104   struct file_operations KEYBOARD_ops = {
105        .read   =   KEYBOARD_read,
106      };

107  /* 定义初始化方法 init */
108  static int __init KEYBOARD_init(void)
109   {
110    int   ret = - ENODEV;
111    ret = devfs_register_chrdev(KEYBOARD_MAJOR, "keypad", &KEYBOARD_ops);
112    showversion( );
113    printk(" key_driver register success!!! [ -- kernel -- ]\n\n");
114    ioremap_addr = ioremap(0x08010000, 0x0f);
115    if (ret)
116          return ret;
117    return 0;
118   }

119  /* 定义注销设备方法 cleanup */
120  static void __exit cleanup_KEYBOARD_ctl(void)
121   {
122     outb(0x00, ioremap_addr); //  将 0x00 写到地址 ioremap_addr,即归 0 处理
123     unregister_chrdev (KEYBOARD_MAJOR, "keypad" );    //取消注册
124   }
```

```
125   MODULE_LICENSE("GPL");
126   module_init(KEYBOARD_init);
127   module_exit(cleanup_KEYBOARD_ctl);
```

9.2.4　键盘用户应用程序设计

【例 9-3】　编写调用键盘驱动程序的用户应用程序。

1. 键盘用户应用程序设计分析

键盘应用程序的功能是在用户空间调用设备驱动程序,其主要步骤如下。

(1) 获取设备驱动程序的文件描述符:

```
#define DEVICE_NAME "/dev/keypad_drv"
fd = open(DEVICE_NAME, O_RDWR);
```

(2) 调用设备驱动程序中的 read()方法,读取检测到的按键数据值:

```
read (fd,buf,1);
```

在用户应用程序中还用到一个函数 usleep(),usleep()函数的作用是:休眠若干微秒,延迟执行的时间,起到去除抖动的作用。

2. 键盘用户应用程序

完整的用户应用程序如下。

```
/*********************************************
 *     键盘用户应用程序: key_drv_test.c         *
 *********************************************/
1    #include <stdio.h>
2    #include <string.h>
3    #include <stdlib.h>
4    #include <fcntl.h>
5    #include <unistd.h>
6    #include <math.h>

7    #define DEVICE_NAME "/dev/keypad_drv"   //设备进入点(设备文件)
8    int main(void)
9    {
10       int fd;                            //文件描述符
11       int ret;
12       unsigned char buf[2] ;             //存放按键值
13       double x;
14       char pre_scancode = 0xff;          //设初值,与驱动程序中没有检测到任何按键值对应
15       printf("\nstart key_driver test\n\n");
16       fd = open(DEVICE_NAME, O_RDWR);    //用读写方式打开文件,获取文件描述符
17       if (fd == -1)
18          {
19               printf("open device %s error\n",DEVICE_NAME);
20          }
21       else
22          {
23               buf[0] = 0x22;
```

```
24              while (1)
25                  {
26                      read (fd,buf,1);    //入口点
27                      if(buf[0]!= pre_scancode)
28                          {
29                              if(buf[0]!= 0xff)
30                                  printf("key = % x\n",buf[0]);
31                          }
32                      pre_scancode = buf[0];
33                      usleep(50000);     //延时去抖
34                  }
35              ret = close(fd);
36              printf ("ret = % d\n",ret);
37              printf ("close keypad_driver test\n");
38          }
39      return 0;
40  }
```

9.2.5 编译和运行键盘程序

1. 编写键盘驱动程序的编译文件 Kconfig 和 Makefile

1）编写 Kconfig 文件

修改键盘驱动程序目录下的 Kconfig 文件，增加下列语句：

```
config KEY_DRV_MODULE
    tristate "KEY_drv module test"
    depends on CPU_S5PV210
    help
        KEY_drv module sample.
```

2）编写 Makefile 文件

修改键盘驱动程序目录下的 Makefile 文件，增加下列语句。

```
obj- $(CONFIG_KEY_DRV_MODULE)   += key_drv.o
```

2. 编译键盘用户应用程序

```
# arm-linux-gcc   key_drv_test.c   -o   key_drv_test
```

3. 建立键盘驱动程序的设备进入点

由于在键盘驱动程序中已经定义其主设备号为 104，次设备号没有定义，故取默认值 0。键盘的设备进入点为 keypad。创建键盘驱动程序的设备进入点如下。

```
[root@linux demo_drv]# mknod  /dev/keypad_drv  c  104  0
```

4. 加载驱动程序

使用 insmod 命令加载驱动程序。下面是加载 keyboard_drv.o 的运行结果。

```
[root@linux demo_drv]# insmod keyboard_drv.o
Using keyboard_drv.o
*****************************************
```

key_driver_2019 - 04 - 12
****

key_driver register success!!! [-- kernel --]

5. 运行用户应用程序

运行用户应用程序 key_drv_test,按下小键盘上的按键时,在屏幕上显示相应的键值:

[root@linux demo_drv]# ./key_drv_test

start key_driver test

key = 0
key = 1
key = 2
key = 3

9.3 直流电机驱动程序设计

视频讲解

9.3.1 直流电机控制电路设计

1. GPIO 端口控制直流电机原理图

利用嵌入式开发板的 GPIO 端口控制直流电机是嵌入式系统的一个应用。GPIO 端口与电机驱动模块相连,其电路原理图如图 9.9 所示。

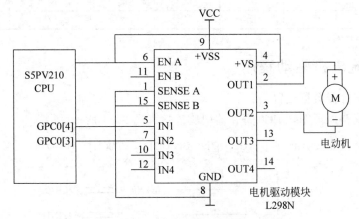

图 9.9 GPIO 端口控制直流电机原理图

2. 电机驱动芯片 L298 特性简介

L298N 是一种高电压、大电流电机驱动芯片。该芯片采用 15 脚封装,其实物图及引脚如图 9.10 所示。

该芯片采用四通道驱动,设计用 L298N 来接收 DTL 或者 TTL 逻辑电平,驱动感性负载(比如继电器,直流和步进马达)和开关电源晶体管。内部包含 4 通道逻辑驱动电路,其额定工作电流为 1A,最大可达 1.5A,Vss 电压最小 4.5V,最大可达 36V;Vs 电压最大值也是 36V。L298N 可直接对电机进行控制,无须隔离电路,可以驱动双电机。

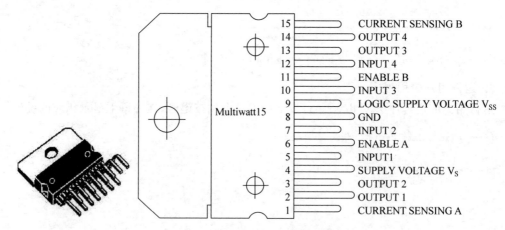

图 9.10　L298N 实物及引脚图说明

由控制端的输入电平控制电机旋转方式,其取值见表 9.3 所示。

表 9.3　控制电机旋转方式

电机	旋转方式	控制端 IN1	控制端 IN2	控制端 IN3	控制端 IN4	输入 PWM 信号改变脉宽可调速	
						调速端 A	调速端 B
M1	正转	高	低	/	/	高	/
	反转	低	高	/	/	高	/
	停止	低	低	/	/	高	/
M2	正转	/	/	高	低	/	高
	反转	/	/	低	高	/	高
	停止	低	低	/	/	/	高

9.3.2　直流电机驱动程序

1. GPC0 寄存器数据设置

根据电机电路原理图,GPC0 寄存器引脚连接如图 9.11 所示。

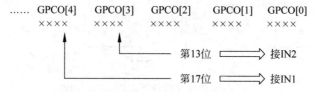

图 9.11　寄存器引脚连接电机驱动芯片

对于 GPC0 寄存器需要进行以下两方面的设置。

- 设置 GPC0CON 为输出模式。
- 设置 GPC0DAT 某位设置为 1 时,对应引脚输出高电平,某位设置为 0 时,对应引脚输出低电平。

(1) 设置寄存器 GPC0CON 为输出模式。

首先清除 GPC0CON[4]、GPC0CON[3]寄存器的内容。

假设 tmp 为存放控制寄存器 GPC0CON 数据的变量。下面对变量 tmp 进行位运算,将其设置为 1,则控制寄存器 GPH3CON 被设置为输出模式。

由于～0xff000 的二进制数为 0000 0000 1111 1111 1111,因此,不论 GPC0CON[4]和 GPC0CON[3]中的值为多少(GPC0CON[4]、GPC0CON[3]为二进制数中的第 13～第 20 位数值),经位运算:

```
tmp  &=  ～0xff000;
```

则第 13 位～第 20 位数(GPC0CON[4]、GPC0CON[3])的值为 0。从而实现了清除 GPC0CON[4]、GPC0CON[3]寄存器中数据的目的。

再设置 GPC0CON[4]、GPC0CON[3]寄存器为输出模式。

由于 0x11000 的二进制数为:0001 0001 0000 0000 0000,经位运算:

```
tmp | = 0x11000;
```

之后,第 13 位数和第 17 位数(GPC0CON[4]和 GPC0CON[3]的个位)的值一定是 1。从而将 GPC0CON[4]、GPC0CON[3]寄存器设置为输出模式。

因此,要将寄存器 GPC0CON[4]、GPC0CON[3]设置为输出模式,需要进行下列位运算。

```
tmp  &=   ～0xff000;
tmp  |=   0x11000;
```

(2) 假设 data 为存放控制寄存器 GPC0DAT 数据的变量。下面对变量 tmp 进行位运算。

设置 GPC0DAT 的第 13 位(GPC0CON[3])设置为 1(高电平),只需:

```
data  | = (0x1 << 13);
```

设置 GPC0DAT 第 17 位(GPC0CON[4])设置为 1(高电平),只需:

```
data  | = (0x1 << 17);
```

(3) 设置 GPC0DAT 的第 13 位设置为 0(低电平),只需:

```
data  &=  ～0x0f000;
```

设置 GPC0DAT 第 17 位设置为 0(低电平),只需:

```
data  &=  ～0xf0000;
```

2. 控制电机运转方向

1) 电机正转

根据表 9.3,电机正转需要 IN1 为高电平,IN2 为低电平。即 GPC0CON[4]引脚输出高电平,GPC0CON[3]引脚输出低电平。

根据前面分析,可知:

```
data  | = (0x1 << 17);
data  &=  ～0x0f000;
```

这时，电机的旋转方式为正转。

2）电机反转

根据表 9.3，电机反转需要 IN1 为低电平，IN2 为高电平。即 GPC0CON[4]引脚输出低电平，GPC0CON[3]引脚输出高电平。

```
data   | = (0x1 << 13);
data   & = ~0xf0000;
```

这时，电机的旋转方式为反转。

3）电机停转

根据表 9.3，电机停转需要 IN1、IN2 均为低电平，即 GPC0CON[4]引脚输出低电平，GPC0CON[3]引脚输出低电平。

```
data   & = ~0xff000;
```

这时，电机的旋转方式为停止转动。

3. 设备初始化

定义直流电机驱动程序的初始化函数 ZLDJ_init()，在该函数中实现向系统注册设备号、设备名称和初始化寄存器。

1）向系统注册设备

这里，定义电机的主设备号宏符号名为 ZLDJ_MAJOR，设备名称为 zldj_drv，设备的结构体为 &ZLDJ_ops，则设备的注册函数为：

```
register_chrdev(ZLDJ_MAJOR, "zldj_drv", ZLDJ_ops);
```

2）设备初始化函数

```
static int __init ZLDJ_init(void)
{
    int  ret = - ENODEV;   // - ENODEV 为未配置(或不存在)的设备
    ret = devfs_register_chrdev(ZLDJ_MAJOR, "ZLDJ_drv", &ZLDJ_ops);
    printk(" ZLDJ_Module register success!!! [ -- kernel -- ]\n");
    return 0;
}
```

3）驱动程序的 file-operation 数据结构

由于直流电机驱动程序只控制电机的旋转和停止，只需要 ioctl 接口函数就够了。

```
static struct file_operations ZLDJ_ops = {
    .unlocked_ioctl    =    ZLDJ_ioctl,
};
```

4. 直流电机驱动源程序

【例 9-4】 设计一个直流电机驱动程序。

```
/*******************************************
 *    直流电机模块驱动程序                 *
 *    "ZLDJ_Module_Driver_(2019 - 4 - 5)"   *
 *    zldj_drv.c
```

```
*********************************** /
1    # include < linux/kernel. h >
2    # include < linux/sched. h >
3    # include < linux/init. h >
4    # include < linux/module. h >
5    # include < linux/fs. h >
6    # include < asm/io. h >
7    # include < linux/ioctl. h >
8    # include < mach/regs - gpio. h >

9    # define ZLDJ_MAJOR   111
10   # define VERS   "ZLDJ_drv"
11   # define S5PV210_GPC0CON  (S5PV210_GPC0_BASE + 0x00)
12   # define S5PV210_GPC0DAT  (S5PV210_GPC0_BASE + 0x04)
13   # define stop   0
14   # define zheng   1
15   # define fan    2

16   void showversion(void)
17   {
18       printk(" *********************** \n");
19       printk(" % s \n", VERS);
20       printk(" *********************** \n\n");
21   }

22   ssize_t  ZLDJ_ioctl (struct inode * inode ,
                          struct file * file,
                          unsigned int cmd,
                          unsigned long arg)
23   {
24       unsigned char data;
25       unsigned int  tmp;
26
27       tmp = __raw_readb(S5PV210_GPC0CON);
28       tmp & = ~0xff000;
29       tmp | =   0x11000;
30       __raw_writel(tmp, S5PV210_GPC0CON);
31
32       switch(cmd)
33       {
34          data = __raw_readb(S5PV210_GPC0DAT);
35          case zheng:
36          {
37            data   | = (0x1 << 17);
38            data   & = ~0x0f000;
39            printk("zheng  zhuan!  [ -- kernel -- ]");
40            break;
41          }
42          case fan:
43          {
44            data   | = (0x1 << 13);
```

```
45          data  & = ～0xf0000;
46          printk("fan  zhuan!  [ -- kernel -- ]");
47          break;
48          }
49        case stop:
50        {
51          data  & = ～0xff000;
52          printk("Stop! [ -- kernel -- ]");
53          break;
54        }
55      __raw_writeb(data, S5PV210_GPC0DAT);
56    }
57    return 0;
58 }


59 static struct file_operations ZLDJ_ops = {
60    .unlocked_ioctl = ZLDJ_ioctl,
61 };

62 static int __init set_ZLDJ_init(void)
63 {
64    int  ret = -ENODEV;
65    ret = register_chrdev(ZLDJ_MAJOR, "ZLDJ_drv", &ZLDJ_ops);
66    showversion();
67    if (ret < 0){
68      printk("Could not register ZLDJ_Module  [ -- kernel -- ]\n");
69      return ret;
70    }
71    printk(" ZLDJ_Module register success!!! [ -- kernel -- ]\n");
72    return 0;
73 }

74 static void __exit cleanup_ZLDJ_ctl(void)
75 {
76    printk ("cleanup_ZLDJ_Module [ -- kernel -- ]\n");
77    unregister_chrdev (ZLDJ_MAJOR, "ZLDJ_drv" );
78 }

79 MODULE_LICENSE("GPL");
80 module_init(set_ZLDJ_init);
81 module_exit(cleanup_ZLDJ_ctl);
```

9.3.3 直流电机用户应用程序

1. 直流电机用户应用程序设计分析

直流电机应用程序的功能是在用户空间调用设备驱动程序,其主要步骤是:

1)获取直流电机驱动程序的文件描述符

```
fd = open("/dev/zldj_drv",O_RDWR);
```

2）调用设备驱动程序中的 ioctl（）方法

应用程序的 ioctl（）参数与驱动程序的 gpioleds_ioctl（）参数的传递关系，如图 9.12 所示。

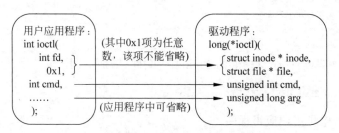

图 9.12　用户应用程序与驱动程序参数传递关系

从图 9.12 可以看到，由于驱动程序有 inode 和 file 结构体，因此，在用户应用程序中 0x1 项不能缺省，且可以取任意数值，这里取值 1（0x1）。

2. 直流电机用户应用程序源程序

```
/ *********************************************
 *     直流电机用户应用程序: zldj_test.c          *
 ********************************************* /
1    # include < stdio. h >
2    # include < sys/ioctl. h >
3    # include < fcntl. h >
4    # include < unistd. h >
5    int main()
6    {
7        int fd;
8        int cmd = 1;
9        fd = open("/dev/zldj_drv", O_RDWR);
10       if (fd < 0)
11          {
12              printf("\n\nOpen device zldj error\n");
13          }
14       printf("\n please input Number (0, 1, 2): ");

15       scanf(" % x", &cmd);
16       ioctl(fd, 0x1, cmd);

17       close(fd);
18       printf("End of Test\n");
19       return 0;
20   }
```

9.3.4　编译和运行程序

1.　编写直流电机驱动程序的编译文件 Kconfig 和 Makefile

1）编写 Kconfig 文件

修改直流电机驱动程序目录下的 Kconfig 文件，增加下列语句。

```
config ZLDJ_DRV_MODULE
    tristate " ZLDJ_drv module test"
    depends on CPU_S5PV210
    help
        ZLDJ_drv module sample.
```

2）编写 Makefile 文件

修改直流电机驱动程序目录下的 Makefile 文件，增加下列语句。

```
obj-$(CONFIG_ZLDJ_DRV_MODULE)   += zldj_drv.o
```

2. 编译直流电机用户应用程序

在终端窗口，使用 arm-linux-gcc 命令编译用户应用程序。

```
# arm-linux-gcc  zldj_test.c  -o  zldj_test
```

3. 建立直流电机驱动程序的设备进入点

在直流电机驱动程序中已经定义其主设备号为 111，次设备号没有定义，故取默认值 0。直流电机的设备进入点为 zldj_drv。创建直流电机驱动程序的设备进入点如下。

```
[root@linux demo_drv]# mknod /dev/zldj_drv c 111 0
```

4. 加载驱动程序

使用 insmod 命令加载驱动程序。下面是加载 zldj_drv.ko 的运行结果。

```
# insmod zldj_drv.ko
************************
    ZLDJ_drv
************************

    ZLDJ_Module register success!!! [ --kernel-- ]
```

5. 运行用户应用程序

运行用户应用程序 zldj_test，按下任意数字键时，电机开始旋转。

```
# ./zldj_test
    Please input Number (0, 1, 2): 1
    zheng  zhuan!  [ --kernel-- ]
    End of TEst
```

本 章 小 结

本章是在学习了嵌入式系统的设备驱动程序的基本设计方法之后，进一步介绍几种常见设备的驱动程序设计实例。

（1）通过 LED 设备驱动程序的设计，可以掌握由 GPIO 控制的设备工作的基本方法。

（2）通过键盘驱动程序的设计，掌握键盘扫描算法。

（3）通过 GPIO 端口控制直流电机的驱动程序设计，进一步加深和了解用 GPIO 控制的设备设计方法。

习　题

1. 根据读者开发板,设计一个驱动程序,控制 LED 的亮灭,并在系统中测试运行。
2. 编写一个由 3 个 LED 组成的流水灯程序。
3. 将一个直流电机连接开发板扩展槽的 GPIO 端口,编写一个驱动直流电机运行的程序。

第10章

Android 系统开发环境的建立

视频讲解

10.1　在主机端建立 Android 系统开发环境

10.1.1　安装 Android SDK 前的必要准备

在主机端安装 Android 系统之前,需要下载和安装一些必要的系统软件。这里,主要介绍下载 Java JDK、Eclipse 及 Android SDK。

1. 下载 Java 的 Linux 版本

可以到 Java 官方网站 http://jdk7.java.net/download.html 下载最新的系统软件,见表 10.1(以版本 jdk7 为例,注意选择 Linux 平台的 JDK 开发版安装包)。

表 10.1　下载 Java 系统安装包

安装平台		JRE	JDK
Windows	32-bit	exe (md5) 29.95MB	exe (md5)　88.66MB
	64-bit	exe (md5) 31.39MB	exe (md5)　90.32MB
Mac OS X	64-bit	dmg(md5)50.03MB	dmg(md5)　143.41MB
Linux	32-bit	tar.gz (md5)45.83MB	tar.gz (md5)　92.92MB
	64-bit	tar.gz (md5) 44.62MB	tar.gz (md5)　91.70MB

2. 下载 Eclipse 的 Linux 版本

可以到 Eclipse 官方网站 http://www.eclipse.org/downloads/?osType＝linux 下载系统软件,注意选择 Linux 平台的 for Java 版本,见图 10.1。

3. 下载 Android 的 Linux 版本

可以到 Android 官方网站 http://developer.android.com/sdk/index.html 下载最新的系统软件,见表 10.2(以版本 Android 4.2.2 为例,注意选择 Linux 安装平台)。

表 10.2　下载 Android 系统安装包

安装平台	系统安装包	Size
Windows	android-sdk_r21.1-windows.zip	90379469 bytes
	installer_r21.1-windows.exe（推荐）	70495456 bytes
Mac OS X(intel)	android-sdk_r21.1-macosx.zip	58218455 bytes
Linux (i386)	android-sdk_r21.1-linux.tgz	82616305 bytes

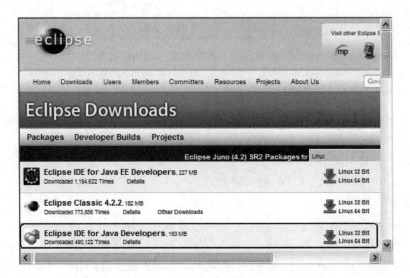

图 10.1　到 Eclipse 官方网站下载 Eclipse

10.1.2　安装 Android SDK

1. 安装 java JDK

将下载的 java JDK 系统安装文件 jdk-6u26-linux-i586.bin 复制到/usr 目录下解压安装。

```
# ./jdk - 6u26 - linux - i586.bin
```

则将 Java 系统安装到在/usr/jdk1.6.0_26 目录下。

2. 安装 Eclipse

将下载的 Eclipse 安装文件 eclipse-java-juno-SR1-linux-gtk.tar.gz 复制到/usr 目录下解压。

```
# tar  xvzf  eclipse - java - juno - SR1 - linux - gtk.tar.gz
```

则将 Eclipse 安装到在/usr/eclipse 目录下。

3. 安装 Android

将下载的 Android 安装文件 android-sdk_r22-linux.tgz 复制到/usr 目录下解压。

```
# tar  xvzf  android - sdk_r22 - linux.tgz
```

则将 Android 系统安装到在/usr/android-sdk-linux 目录下。

10.1.3　设置环境变量

打开/etc/profile 配置文件,添加下列语句。

```
export JAVA_HOME = /usr/jdk1.6.0_26
export ANDROID_HOME = /usr/android - sdk - linux
export PATH = $ JAVA_HOME/bin: $ ANDROID_HOME/platform - tools: $ ANDROID_HOME/tools
```

```
: $ PATH
export CLASSPATH = . : $ JAVA_HOME/lib/dt.jar: $ JAVA_HOME/lib/tools.jar
```

保存后,执行 source /etc/profile 命令,使修改的 profile 配置生效。

10.1.4 安装 ADT 插件

ADT(Android Development Tools)是 Eclipse IDE 的插件,要使用 Eclipse 来开发 Android 应用程序,必须安装 ADT 插件。

安装 ADT 插件有两种不同方式:一种是在线安装;另一种是把 ADT 插件下载到本地机器离线安装。下面分别介绍这两种安装方式。

1. 在线安装 ADT

开启 Eclipse,选择菜单"帮助"(Help)|"安装新软件"(Install New Software),在弹出的 Install 对话框中单击 Add 按钮,再在 Add Repository 对话框中的 Location 项中填写 https://dl-ssl.google.com/android/eclipse/,单击"确定"按钮后,如图 10.2 所示。

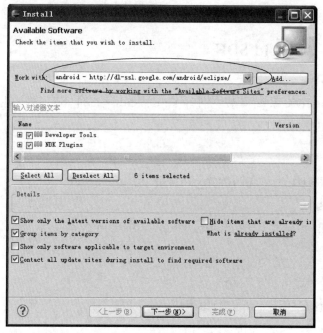

图 10.2 安装 ADT 插件

依照提示进行下一步操作,完成 ADT 插件的安装。

2. 下载 ADT 插件到本地机器安装

(1) 下载 ADT 插件。

打开 Android 官方网站 http://developer.android.com/sdk/installing/installing-adt. html 可以看到 ADT 最新版本的下载说明,找到其下载项,如表 10.3 所示。

表 10.3 ADT 下载

Package	Size	MD5 Checksum
ADT-21.1.0.zip	13564671bytes	f1ae183891229784bb9c33bcc9c5ef1e

单击表中 Package 项中的文件名 ADT-21.1.0.zip，将 ADT 插件文件下载到本地机器。

（2）开启 Eclipse，选择菜单"帮助"（Help）|"安装新软件"（Install New Software），在弹出的 Install 对话框中单击 Add 按钮。

（3）再在 Add Repository 对话框中的 Location 项中填写 ADT 插件文件 ADT-21.1.0.zip 的存放路径，依照提示进行下一步操作，完成插件的安装。

（4）设置 ADT 的首选项。

完成安装 ADT 后，选择 Eclipse 菜单"窗口"（Window）|"首选项"（Preferences），打开 Preferences 对话框，在 SDK Location 项设置安装 Android SDK 的绝对路径/usr/android/android-sdk-linux，如图 10.3 所示。

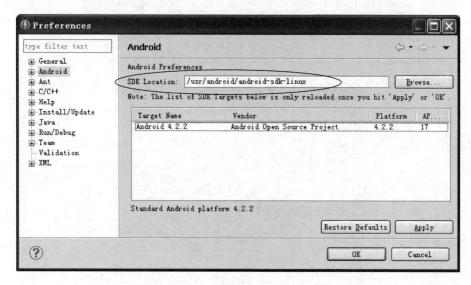

图 10.3　设置 ADT 的首选项

3. 创建 Android 虚拟设备 AVD

Android 应用程序可以在实体手机上执行，也可以创建一个 Android 虚拟设备 AVD（Android Virtual Device）来测试。每个 Android 虚拟设备 AVD 模拟一套虚拟环境来运行 Android 操作系统平台，这个平台有自己的内核、系统图像、外观显示、用户数据区和仿真的 SD 卡等。

下面介绍如何创建一个 Android 虚拟设备 AVD 方法。

Eclipse 集成开发环境提供了 Android SDK and AVD Manager 功能，可以采用它来创建 Android 虚拟设备 AVD。

（1）选择 Eclipse 菜单"窗口"（Window）-> AVD Manager，在弹出的 Android Virtual Device Manager 对话框中可以看见已创建的 AVD。单击右边 New 按钮创建一个新的 AVD，如图 10.4 所示。

（2）在弹出的 Create new Android Virtual Device（AVD）对话框中，输入或选择如图 10.5 所示的各项内容，单击 Create AVD 按钮，创建一个新的 AVD。

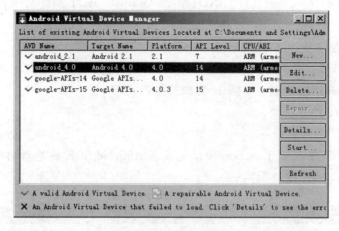

图 10.4　AVD 管理窗口

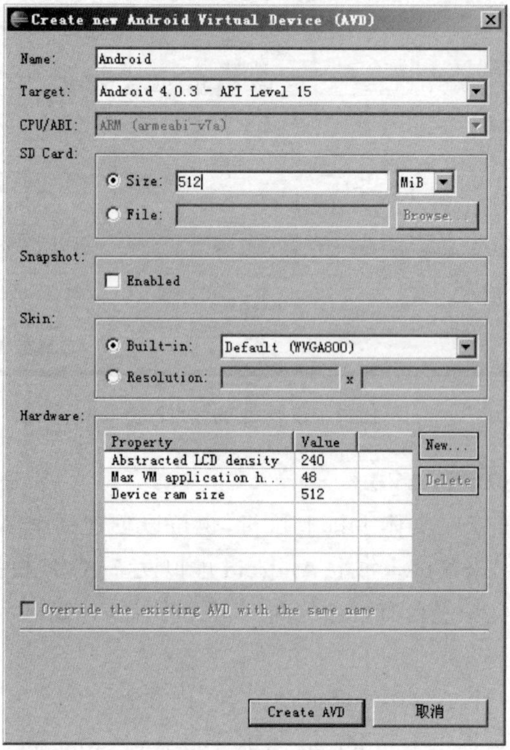

图 10.5　创建新的 AVD

（3）运行 AVD 模拟器。在如图 10.4 所示的 Android Virtual Device Manager 对话框中，选择已经建立的 AVD，单击 Start...按钮，可以启动 AVD 模拟器。启动 AVD 模拟器的过程时间很长，建议打开后，就不要关闭，可以在该模拟器上测试 Android 应用程序。启动的 AVD 模拟器如图 10.6 所示。

图 10.6　Android 的 AVD 模拟器

10.2　创建 Android 应用程序框架

视频讲解

10.2.1　生成 Android 应用程序框架

1. 创建一个新的 Android 项目

启动 Eclipse,选择一个工作目录,如图 10.7 所示。

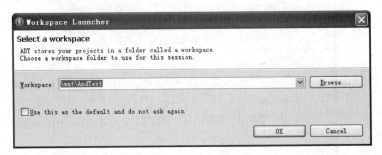

图 10.7　选择工作目录

Eclipse 启动后,选择菜单　File(文件) -> New(新建) -> Android Application Project (Android 应用项目),如图 10.8 所示。

2. 填写应用程序的参数

在"Android 新应用程序"信息对话框中输入应用程序名称、项目名称、包名等参数。并选择 Android SDK 的版本,如图 10.9 所示。

这个对话框中的参数含义如下。

- Application Name:这个项目的应用程序名称。
- Project Name:项目名称,系统默认为与应用程序同名。

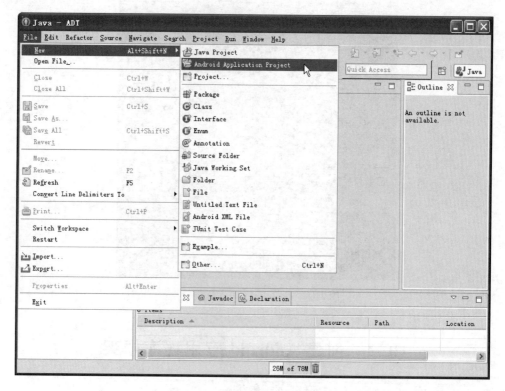

图 10.8 新建 Android 应用项目

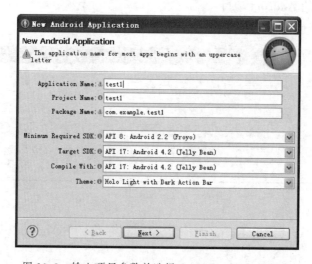

图 10.9 输入项目参数并选择 Android SDK 的版本

- Package Name：包名，遵循 Java 规范，用包名来区分不同的类是很重要的，示例中所用的包名是 com.example.test1。

单击图 10.9 所示对话框中的 Finish 按钮，系统自动生成一个 Android 应用项目框架，如图 10.10 所示。

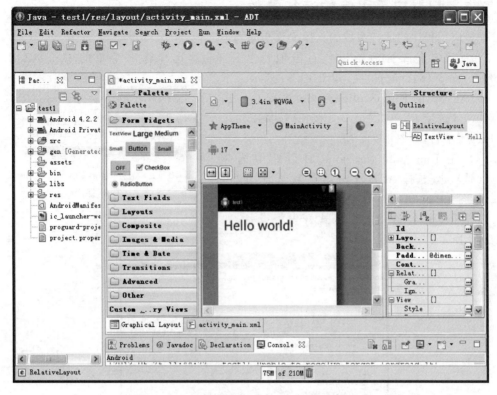

图 10.10　系统自动生成的 test1 应用项目框架

10.2.2　编写 MainActivity.java 代码

创建 test1 项目后,打开主程序 MainActivity.java 文件,可以看到系统自动生成的如下代码。

```
1    package com.example.test1;
2    import android.app.Activity;
3    import android.os.Bundle;

4    public class MainActivity extends Activity      ← 主程序是 Activity 的子类
5      { / ** Called when the activity is first created. * /
6      @Override
7      public void onCreate(Bundle savedInstanceState)
8        {
9            super.onCreate(savedInstanceState);
10           setContentView(R.layout.activity_main);    ← 显示 activity_main.xml
11     }                                                   定义的用户界面
12   }
```

在 Android 系统中,应用程序的入口程序(主程序)都是活动程序界面 Activity 类的子类。在上述代码中,最重要的是第 10 行,显示用户界面。

10.2.3 配置应用程序的运行参数

配置应用程序的运行系数的具体操作步骤如下。

（1）在"包资源管理器"中，右击项目名称 test1，选择弹出菜单的 Run AS | Run Configurations(运行配置)项，如图 10.11 所示。

（2）在弹出的 Run Configurations 对话框中选择 Android 选项卡，单击 Browse 按钮，选择需要运行的 test1 项目，如图 10.12 所示。

（3）在 Run Configurations 对话框中选择 Target 选项卡，选择 Always prompt to pick device 选项，如图 10.13 所示。

选择事先已经连接的嵌入式开发板设备，如图 10.14 所示。

图 10.11 选择"Run Configurations（运行配置）"

图 10.12 在 Run Configurations 对话框中选择 Android 选项卡

图 10.13 在 Target 选项卡选择 Always prompt to pick device 选项

10.2.4　在模拟器中运行应用程序

单击工具栏运行 Android Application 按钮 ，可以看到应用程序的运行结果(首次运行程序时可能耗时较长)，如图 10.15 所示。

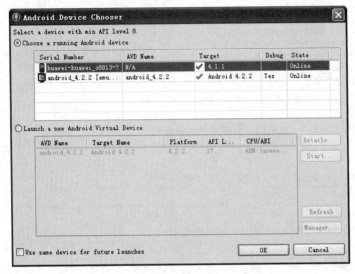

图 10.14　选择已经连接的嵌入式设备

图 10.15　在设备上显示程序
运行结果

10.3　Android 应用程序结构

10.3.1　目录结构

打开 test1 项目，在 Package Explorer(项目资源管理器)中可以看到应用项目的目录和文件结构，如图 10.16 所示。

实际上，图 10.16 所示的目录结构内容是最基本的，程序员还可以在此基础上添加需要的内容。下面对 Android 项目结构的基本内容进行介绍。

1. src 源代码目录

src 目录存放 Android 应用程序的 Java 源代码文件。在系统自动生成的项目结构中，有一个在创建项目时输入 Create Activity 名称的 java 文件 MainActivity.java，如图 10.17 所示。

2. 资源目录 res 及资源类型

Android 系统的资源为应用项目所需要的声音、图片、视频、用户界面文档等，其资源文件存放于项目的 res 目录下。资源的目录结构及类型如表 10.4 所示。

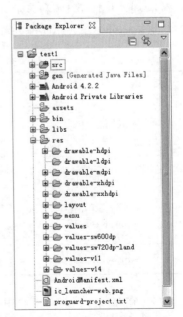

图 10.16　HelloAndroid 项目的
目录和文件结构

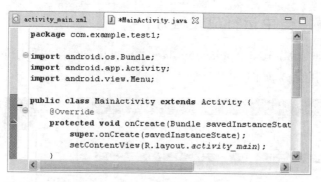

图 10.17 src 目录下的 MainActivity.java 源代码

表 10.4 Android 系统的资源目录结构及类型

目 录 结 构	资 源 类 型
res/values	存放字符串、颜色、尺寸、数组、主题、类型等资源
res/layout	xml 布局文件
res/drawable	图片(bmp,png,gif,jpg 等)
res/anim	xml 格式的动画资源(帧动画和补间动画)
res/menu	菜单资源
res/raw	可以放任意类型文件,一般存放比较大的音频、视频、图片或文档,会在 R 类中生成资源 id,封装在 apk 中。
assets	可以存放任意类型,不会被编译,与 raw 相比,不会在 R 类中生成资源 id。

(1) 目录 drawable 细分为 drawable-xhdpi、drawable-hdpi、drawable-mdpi、drawable-ldpi 子目录,分别存放分辨率大小不同的图标资源,以便相同的应用程序在分辨率大小不同的显示窗体上都可以顺利显示。系统开始运行时,会检测显示窗体的分辨率大小,自动选择与显示窗体分辨率大小匹配的目录,获取大小匹配的图标,如表 10.5 所示。

表 10.5 4 种分辨率大小不同的图标

子 目 录	图标分辨率大小	图 例
drawable-xhdpi	96×96	
drawable-hdpi	72×72	
drawable-mdpi	48×48	
drawable-ldpi	36×36	

(2) 在 layout 子目录存放用户界面布局文件。其目录中有一个系统自动生成 activity_main.xml 文件,它可以按可视化的图形设计界面显示,也可以按代码设计界面显示,如图 10.18 所示。

(a) 图形设计界面

(b) 代码设计界面

图 10.18　用户界面布局文件 activity_main.xml

activity_main.xml 布局文件代码如下。

```
1.    <?xml version = "1.0" encoding = "utf - 8"?>
2.    < LinearLayout xmlns: android = "http://schemas.android.com/apk/res/android"
3.         android: orientation = "vertical"
4.         android: layout_width = "fill_parent"
5.         android: layout_height = "fill_parent"
6.         >
7.    < TextView
8.         android: layout_width = "fill_parent"
9.         android: layout_height = "wrap_content"
10.        android: text = "@string/hello"
11.        />
12.   </LinearLayout >
```

布局文件参数解析如下。

- < LinearLayout >：线性布局配置,在这个标签中,所有元件都是按由上到下的排列
  排成。

- android：orientation：表示这个介质的布局配置方式是从上到下的垂直地排列其内部视图。
- android：layout_width：定义当前视图在屏幕上所占的宽度，fill_parent 即填充整个屏幕。
- android：layout_height：定义当前视图在屏幕上所占的高度。
- wrap_weight：随着文字栏位的不同而改变这个视图的高度或宽度。

在应用程序中需要使用用户界面的组件时，需要通过前面提到的 R.java 文件中的 R 类来调用。

（3）values 子目录存放参数描述文件资源。这些参数描述文件也都是 XML 文件，如字符串(string.xml)、颜色(color.xml)、数组(arrays.xml)等。这些参数同样也需要通过前面提到的 R.java 文件中的 R 类来调用。

3. gen 目录

Gen 目录存放由 ADT 系统自动产生的一个 R.java 文件，该文件将 res 目录中的资源与 ID 编号进行映射，从而可以方便地对资源进行引用，如图 10.19 所示。正如该文件头部注释的说明，该文件是自动生成不允许用户修改的。

```
/* AUTO-GENERATED FILE.  DO NOT MODIFY.

package com.example.helloandroid;

public final class R {
    public static final class attr {
    }
    public static final class dimen {
        public static final int padding_large=0x7f040002;
        public static final int padding_medium=0x7f040001;
        public static final int padding_small=0x7f040000;
    }
    public static final class drawable {
        public static final int ic_action_search=0x7f020000;
        public static final int ic_launcher=0x7f020001;
```

图 10.19 gen 目录下的 R.java 源代码

在程序中引用资源需要使用 R 类，其引用形式如下。

R.资源文件类型.资源名称

例如：

（1）在 Activity 中显示布局视图：

setContentView(R.layout.activity_main);

（2）程序中的组件对象 mButton 与用户界面布局文件中的按钮对象 Button1 建立关联：

mButton = (Button)finadViewById(R.id.Button1);

（3）程序中的组件对象 mEditText 与用户界面布局文件中的组件对象 EditText1 建立关联：

mEditText = (EditText)findViewById(R.id.EditText1);

程序中的 findViewById(int id)方法是 Java 控制程序中的组件对象与用户界面程序组件对象进行关联的桥梁,如图 10.20 所示。

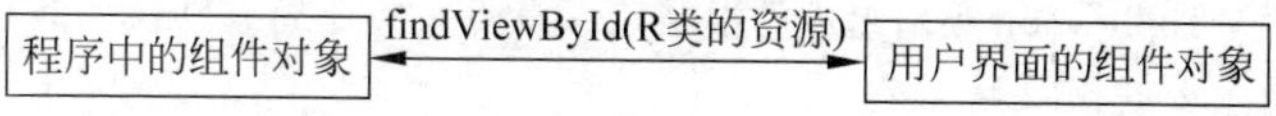

```
           findViewById(R类的资源)
程序中的组件对象  ◄──────────────►  用户界面的组件对象
```

图 10.20　Java 程序中的组件对象与用户界面程序组件对象进行关联

4. AndroidManifest.xml 项目配置文件

AndroidManifest.xml 是每个应用程序都需要的系统配置文件,它位于应用程序根目录下。AndroidManifest.xml 相当于一个注册表文件,Android 应用程序的应用组件及使用的权限都必须在这个文件中声明。例如,在配置文件中声明使用网络的权限、使用摄像头的权限等,以便系统运行应用程序时能正常调用这些组件或设备。

系统自动生成 AndroidManifest.xml 文件代码如下:

```xml
<?xml version = "1.0" encoding = "utf – 8"?>
< manifest xmlns: android = "http://schemas.android.com/apk/res/android"
    package = "com.example.test1"
    android: versionCode = "1"
    android: versionName = "1.0" >
    < uses – sdk
        android: minSdkVersion = "8"
        android: targetSdkVersion = "17" />
    < application
        android: allowBackup = "true"
        android: icon = "@drawable/ic_launcher"
        android: label = "@string/app_name"
        android: theme = "@style/AppTheme" >
        < activity
            android: name = "com.example.test1.MainActivity"
            android: label = "@string/app_name" >
            < intent – filter >
                < action android: name = "android.intent.action.MAIN" />
                < category android: name = "android.intent.category.LAUNCHER" />
            </ intent – filter >
        </activity>
    </ application >
</ manifest >
```

AndroidManifest.xml 文件代码元素的意义见表 10.6。

表 10.6　AndroidManifest.xml 文件代码说明

代 码 元 素	说　　明
manifest	xml 文件的根结点,包含 package 中所有的内容
xmlns: android	命名空间的声明。 xmlns: android="http://schemas.android.com/apk/res/android"使得 Android 中各种标准属性能在文件中使用
package	声明应用程序包
uses-sdk	声明应用程序所使用的 Android　SDK 版本

续表

代 码 元 素	说　明
application	application 级别组件的根结点。声明一些全局或默认的属性，如标签、图标、必要的权限等
android：icon	应用程序图标
android：label	应用程序名称
activity	Activity 是一个应用程序与用户交互的图形界面。每个 Activity 必须有一个 < activity >标记对应。如果一个 Activity 没有对应的标记，将无法运行
android：name	应用程序默认启动的活动程序 Activity 界面
intent-filter	声明一组组件支持的 Intent 值。在 Android 中，组件之间可以相互调用，协调工作，Intent 提供组件之间通信所需要的相关信息
action	声明目标组件执行的 Intent 动作。Android 定义了一系列标准动作：MAIN_ACTION、VIEW_ACTION、EDIT_ACTION 等。与此 Intent 匹配的 Activity，将会被当作进入应用的入口
category	指定目标组件支持的 Intent 类别

AndroidManifest. xml 文件的一般结构如图 10.21 所示，其中声明使用权限以及 service 组件在后面的章节会有详细介绍。

10.3.2　Android 应用程序架构分析

1. 逻辑控制层与表现层

从上面 Android 应用程序可以看到，一个 Android 应用程序通常由 Activity 类程序（Java 程序）和用户界面布局 XML 文档组成。

在 Android 应用程序中，逻辑控制层与表现层是分开设计的。逻辑控制层由 Java 应用程序实现，表现层由 XML 文档描述，如图 10.22 所示。

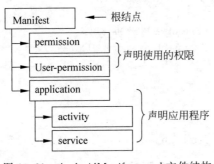

图 10.21　AndroidManifest. xml 文件结构

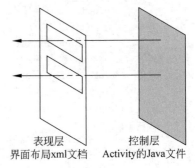

图 10.22　Android 应用程序的逻辑控制层与表现层

2. Android 程序的组成结构

Android 程序与 Java 程序的结构是相同的，打开 src 目录下的 MainActivity. java 文件，其代码如下。

```
1   package com.example.test1;        ←──包声明语句
```

```
2   import android.app.Activity;  ┐
                                   ├── 导入包
3   import android.os.Bundle;     ┘
                                              类标志
4   public class MainActivity extends Activity  ◄──── 类声明语句
                                              类名
5   {
6       public void onCreate(Bundle savedInstanceState) ◄── 重写 onCreate()方法
7       {
8           super.onCreate(savedInstanceState);  ◄── 调用父类 Activity 的 onCreate()方法
9           setContentView(R.layout. activity_main);
10      }                                     在屏幕上显示内容的方法
11  }
```

其中：

（1）第 1 行是包声明语句，包名是在建立应用程序的时候指定。在这里设定为：

package com.example.test1;

这一行的作用是指出这个文档所在的名称空间。package（包）是其关键字。使用名称空间的原因是程序一旦扩展到某个大小，程序中的变量名称、方法名称、类名等难免重复，这时就可以通过定义名称空间，将定义的名称区分开，以避免相互冲突的情形发生。

（2）第 2 行和第 3 行是导入包的声明语句。这两条语句的作用是告诉系统编译器，编译程序时要导入 android. app. Activity 和 android. os. Bundle 这两个包。import（导入）是其关键字。在 Java 语言中，使用任何 API 都要事先导入相对应的包。

（3）第 4 行～第 11 行是类的定义，这是应用程序的主体部分。Android 应用程序是由类组成的，类的一般结构为如下。

```
public class MainActivity extends Activity   //类声明
{
    … ；                                    // 类体
}
```

class 是类的关键字，HelloAndroid 是类名。在 public class MainActivity 后面的添加 extends Activity，则表示 MainActivity 类继承 Activity 类。这时，称 Activity 类是 MainActivity 类的父类，或称 MainActivity 类是 Activity 类的子类。extends 是表示继承关系的关键字。在面向对象的程序中，子类会继承父类所有方法和属性。也就是说，对于在父类中所定义的全部方法和属性，子类可以直接拿来使用。由于 Activity 类是一个具有屏幕显示功能的活动界面程序，因此，其子类 MainAndroid 也具有屏幕显示功能。

class 语句后面跟着的一对大括号｛　｝表示复合语句，是该类的主体部分，称为类体。在类体中定义类的方法和变量。

（4）第 6 行～第 10 行是在 MainActivity 类的类体中定义一个方法。

10.4　Android 应用程序设计示例

【例 10-1】　在模拟器中显示"我对学习 Android 很感兴趣！"。

（1）在 eclipse 中新建一个 Android 项目，其项目名称 Application Name 为 Ex01_01，包名 Package Name 为 com. ex01_01。

(2) 在系统自动生成的应用程序框架中,打开修改资源目录 res\values 中的字符串文件 string. xml,源程序如下。

```
1   < resources >
2       < string name = "app_name"> HelloAndroid </string >
3       < string name = "hello_world"> Hello world! </string >    ← 修改该行代码
4       < string name = "menu_settings"> Settings </string >
5       < string name = "title_activity_main"> MainActivity </string >
6   </resources >
```

在其程序第 6 行代码找到 XML 文档元素

```
< string name = "hello_world"> Hello world! </string >
```

将其修改为:

```
< string name = "hello_world">我对学习 Android 很感兴趣! </string >
```

(3) 保存程序。设置菜单"运行"的"运行配置"项,运行项目。在模拟器中的运行结果如图 10.23 所示。

【例 10-2】 设计一个显示资源目录中图片文件的程序。

(1) 在 eclipse 中新建一个 Android 项目,其项目名称 Application Name 为 Ex01_02,包名 Package Name 为 com. ex01_02。

(2) 把事先准备的图片文件 flower. png 复制到资源目录 res\drawable-hdpi 中,如图 1.24(a)所示。

(3) 打开源代码目录 src 中的 MainActivity. java 文件,编写代码如下。

图 10.23   程序在模拟器中运行
的显示结果

```
1    package com. ex01_02;
2    import android.app. Activity;
3    import android.os. Bundle;
4    import android. widget. ImageView;        ← 增加导入 ImageView 类的语句
5    public class MainActivity extends Activity {
6        /** Called when the activity is first created. */
7        @Override
8        public void onCreate(Bundle savedInstanceState) {
9            super. onCreate(savedInstanceState);
10           //   setContentView(R. layout. activity_main);   ← 注释该语句
11           ImageView img = new ImageView(this);         //创建 ImageView 对象并实例化
12           img. setImageResource(R. drawable. flower);   //ImageView 对象设置引用图片资源
13           setContentView(img);        ← 把 ImageView 对象显示到屏幕上
14       }
15   }
```

(4) 保存程序。设置菜单"运行"的"运行配置"项,运行项目。在模拟器中的运行结果如图 10.24(b)所示。

(a) 导入图片后应用程序目录　　　(b) 程序在模拟器中运行的结果

图 10.24　在模拟器中显示图片

10.5　Android 系统内核的编译与文件系统制作

编译创建 Android 内核及基本系统所需要的开发,搭建编译环境主要有以下几步:

(1) 安装 Fedora15 操作系统,使用 32bit 版本。

(2) 在 Fedora15 上安装交叉编译器,用于编译内核和程序。

(3) 在 Fedora15 上安装 mktools 工具链,用于将文件系统打包可烧写的映象文件。

下面以 Linux 操作系统 Fedora 15 版本为例进行说明。

10.5.1　安装系统及工具

1. 下载并安装 Fedora15

从 Fedora 的官方网站 http://ftp.sjtu.edu.cn/fedora/linux/releases/15/Fedora//i386/iso/ 下载 Fedora15 的 DVD 光盘映像文件 Fedora-15-i386-DVD.iso,安装 Fedora15。

安装 Fedora15 的过程中,在选择软件包时,建议除了一些 DNS\DHCP 服务器之类的选项不选,其他的软件包全部选中进行安装。注意,Fedora15 需要安装 32bit 版本,不要安装 64bit 版本。

2. 使用 root 用户登录

Fedora15 与之前的 Fedora 版本不同之处在于,Fedora15 默认不能用 root 用户登录 GUI,这会造成很大的不便,用以下方法可以使得 Fedora15 可以使用 root 用户登录。

在 Fedora15 下用普通用户登录后,打开终端,输入如下命令切换到 root 用户身份后修改/etc/pam.d/gdm 文件。

```
$ su root
password:          ←—— 输入 root 密码切换到 root 用户,此时密码不显示

# sudo  gedit  /etc/pam.d/gdm
```

在/etc/pam.d/gdm 文件中找到以下行,并在前面加上♯,把该行注释掉。

♯ auth required pam_succeed_if.so user != root quiet

然后保存退出,回到终端,用同样的方法编辑/etc/pam.d/gdm-password:

sudo gedit /etc/pam.d/gdm － password

在 gdm-password 中找到以下行,并在前面加上♯,将该行注释掉。

♯ auth required pam_succeed_if.so user != root quiet

保存退出后,重启 Fedora15,在登录界面上选择"其他",然后输入 root 用户名和密码即可用 root 用户登录了。

3. 安装交叉编译器

(1) 下载并解压 arm-linux-gcc 文件。

下载 arm-linux-gcc-4.5.1-v6-vfp.tgz,并复制到 Fedora15 某个目录下如 tmp/,然后进入该目录,执行解压命令:

```
♯cd /tmp
♯tar xvzf arm － linux － gcc － 4.5.1 － v6 － vfp.tgz － C /
```

注意:C 后面有个空格,并且 C 是大写的,它是英文单词 Change 的第一个字母,在此是改变目录的意思。

执行该命令,将把 arm-linux-gcc 安装到/usr/toolschain/4.5.1 目录。

(2) 设置环境变量。

运行命令:

```
♯gedit /root/.bashrc
```

编辑/root/.bashrc 文件,注意 bashrc 前面有一个.,修改最后一行为:

export PATH = $ PATH: /usr/toolschain/4.5.1/bin,

注意,路径一定要正确,否则将不会有效。如图 10.25 所示,保存退出。

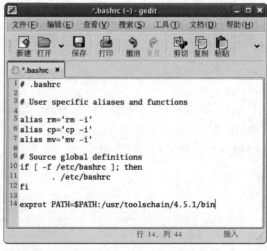

图 10.25 设置环境变量

重新登录系统,使以上设置生效,在命令行输入♯arm-linux-gcc-v 可以看到显示 arm-linux-gcc 的版本信息。

4. 安装文件系统制作工具 mktools 工具链

要把目标文件系统全部写入开发板中,一般还需要先把目标文件系统目录制作成单个的映像文件以便烧写或者复制,Linux 内核启动时,一般会根据命令行参数挂在不同格式的系统,如 yaffs2,ubifs,ext2 等。在此需要使用文件系统制作工具 mkyaffs2image-128M 和 mkyaffs2image-mlc2 这两个工具。

由于 NAND 闪存可分为三大架构,分别是单层式储存(Single Level Cell),即 SLC;多层式储存(Multi Level Cell),即 MLC;多位式存储(Multi Bit Cell),即 MBC。

mkyaffs2image-128M 工具适用于 SLC NAND Flash,而 mkyaffs2image-mlc2 工具适用于 MLC NAND Flash,它们都用来压制 yaffs2 格式的映像文件。

将文件系统制作工具 mktools. tar. gz 文件复制到 Fedora 的/tmp 目录下,解压:

```
♯ tar xvzf /tmp/mktools.tar.gz - C /usr/sbin
```

则会在/usr/sbin 目录下创建生成相应的工具集。

注意:C 是大写的,C 后面有个空格,C 是改变解压安装目录的意思。

5. 解压安装 Android 4.0.3 系统源代码

Android 4.0.3 系统由内核源码、系统源码和文件系统等 3 部分组成。其对应的压缩文件为:linux-3.0.8. tgz(内核源码)、android-4.0.3_r1-fs. tar. gz(系统源码)、rootfs_android4.0.3. tar. gz(文件系统)。将它们复制到\usr\android 目录下分别进行解压。

1) 解压 android 内核

```
♯ tar xvzf /usr/android/linux - 3.0.8.tgz
```

2) 解压 android 系统源码

```
♯ tar xvzf /usr/android/android - 4.0.3_r1 - fs. tar. gz
```

3) 解压 android 文件系统

```
♯ tar xvzf /usr/android/rootfs_android4.0.3.tar.gz
```

10.5.2　编译内核及制作文件系统映像文件

1. 编译 Android 内核

Android 所用的 Linux 内核和标准的 Linux 内核有所不同,但内核的方法和步骤是相似的(参见第 5 章 5.4 编译嵌入式 Linux 系统内核)。

```
♯ cd /usr/android/linux - 3.0.8
♯ cp android_defconfig .config    ← 注意 config 前面有个.
```

然后,可以执行 make menuconfig 对配置选项进行修改,保存修改后,使用 make 命令进行编译内核。

```
♯ make
```

最后,在 arch/arm/boot 目录下生成内核映像文件 zImage,将其烧写到嵌入式开发板即可。

2. 创建 Android 的文件系统

可以使用嵌入式开发板厂商提供的工具文件 build-android 来编译 android4.0.3_r1 源代码,用工具文件 genrootfs.sh 创建 Android 文件系统。

1) 编译 android 4.0.3_r1 源代码

```
# cd /usr/android/android-4.0.3_r1
# ./build-android
```

2) 创建文件系统

```
# ./genrootfs.sh
```

从编译好的 Android 源代码中提取需要的目标文件系统,最后会生成 rootfs_dir 目录。

3. 制作 Android 的文件系统映像文件

将上面所生成的 Android 文件系统创建成适用于 SLC NAND Flash 的 yaffs2 的映像文件,以便烧写到配备 SLC NAND Flash 的开发板中。

```
# mkyaffs2image-128M  rootfs_dir  rootfs_android.img
```

执行以下命令可将 Android 文件系统创建成适用于 MLC2 NAND Flash 的 yaffs2 的映像文件,以便烧写到配备 MLC NAND Flash 的开发板中。

```
# mkyaffs2image-mlc2  rootfs_dir  rootfs_android-mlc2.img
```

最后,生成 rootfs_android.img 或 rootfs_android-mlc2.img 文件系统映像文件,烧写到开发板即可。

内核映像文件和文件系统映像文件编译制作好后,就可以按第 5 章介绍的方法烧写到嵌入式开发板上了,这里不再赘述。

本 章 小 结

本章主要讲解建立 Android 系统开发环境的相关基础知识。首先介绍了在主机端(电脑)安装 Android 系统的方法;接着介绍了编写 Android 应用程序的方法;最后介绍了 Android 系统内核的编译及其文件系统映像文件的制作。读者由此可以在嵌入式系统开发板上开发运行 Android 应用程序。

习 题

1. Android 系统是基于什么操作系统的应用系统?
2. 试述建立 Android 系统开发环境的过程和步骤。
3. 如何编写和运行 Android 系统应用程序?
4. 编写 Android 应用程序,在模拟器中显示"我对 Android 很痴迷!"。
5. 编写 Android 应用程序,在模拟器中显示一个图形文件。

## 第 11 章

综合应用实例——通过云端控制远程设备

11.1 设计目标与系统结构

11.1.1 设计目标

这是一个经过简化的实际应用项目——基于云端 Web 服务器网关的远程设备控制系统。该项目要求在控制端(手机 Android 端程序)连接 Web 服务器后,通过发送控制指令,调用远程设备的驱动程序,控制设备的相关操作。其系统拓扑结构如图 11.1 所示。

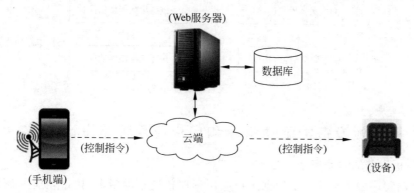

图 11.1 系统拓扑结构图

11.1.2 系统总体结构

基于 Web 服务器的远程控制系统是一个客户机/服务器系统,程序分为手机端、云端(网关)和设备端 3 部分,总体结构如图 11.2 所示。

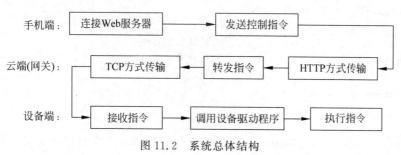

图 11.2 系统总体结构

11.2　开发板设备端程序设计

11.2.1　开发板设备端功能及程序结构

1. 开发板设备端程序功能

开发板设备端程序由用户应用程序和设备驱动程序组成，用户应用程序负责向服务器发起连接，并接收服务器发送来的控制指令。接收远程服务器端发送来的控制指令，调用驱动设备程序，执行控制动作。

2. 开发板设备端程序结构

开发板设备端程序结构如图11.3所示。

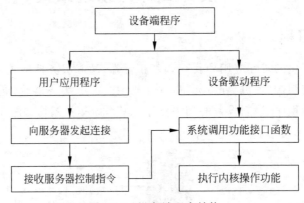

图 11.3　设备端程序结构

11.2.2　开发板设备端驱动程序和用户应用程序设计

1. 开发板设备端驱动程序

设备驱动程序的主要任务是根据用户应用程序传递来的指令，执行相应的操作。为了简化例题，便于讲解，这里没有指定驱动程序需要控制的具体的寄存器地址，仅用一条输出语句代替。在这里假设当指令为1111时，显示"打开设备"；当指令为1000时，显示"关闭指令"。如若要控制具体设备，参见第9章例题。

【**例 11-1**】　编写接收用户应用程序传递来服务器指令的设备驱动程序。

```
/*********************************
 *   设备驱动程序 ctrl_drv.c        *
 ********************************* /
1    # include < linux/module.h >      //模块驱动程序
2    # include < linux/kernel.h >      //内核常量定义模块
3    # include < linux/fs.h >
4    # include < linux/init.h >
5    # include < linux/delay.h >
6
7    # define     ctrl_drv_MAJOR   112    //设备号  创建设备入口点时要与此值一致
8    # define     DEVICE_NAME    "ctrl_drv_module"
```

```
9
10   void showversion(void)
11   {
12       printk("kernel: ********************************* \n");
13       printk("kernel: \t %s \t\n", DEVICE_NAME);
14       printk("kernel: ********************************* \n\n");
15   }
16
17   // -------- 设备对应的打开函数 ---------------
18   static int ctrl_open(struct inode * inode, struct file * file){
19       printk("kernel:  hello open. \n");
20       return 0;
21   }
22
23   // --------- 设备对应的写操作函数 -------------
24   static int ctrl_write(struct file * file, const char __user * buf,
25                       size_t count, loff_t * ppos){
26       printk("kernel: hello write. command = %d \n", count);
27       return 0;
28   }
29
30   // --------- 设备对应的 ioctl 函数 -------------
31   ssize_t ctrl_ioctl(struct inode * inode ,
32                       struct file * file,
33                       unsigned int cod,
34                       long data)
35   {
36     printk("kernel: hello ctrl_ioctl. cod = %d, command = %d\n", cod, data);
37     if(data == 1000)
38        {printk("kernel: operation  is  Close. \n");}
39     if(data == 1111)
40        {printk("kernel: operation  is  Open.  \n");}
41     return 0;
42   }
43
44   // ---- 设备向系统注册用的 OPS 结构,里面是对应的读操作入口 -----
45   static struct file_operations ctrl_flops = {
46       .open    =   ctrl_open,
47       .write   =   ctrl_write,
48       .ioctl   =   ctrl_ioctl,
49   };
50
51   // ------ 系统初始化 -----------
52   static int __init ctrl_init(void){
53       int ret;
54       ret = register_chrdev(ctrl_drv_MAJOR, DEVICE_NAME, &ctrl_flops);
55       showversion();
56       if (ret < 0) {
57         printk("kernel:  can't register major number. \n");
58         return ret;
59       }
```

> 根据指令执行
> 相应操作

```
60        printk("kernel: OOKK! initialized.\n");
61        return 0;
62    }
63
64    // ------ 系统卸载 ----------
65    static void __exitctrl_exit(void){
66        unregister_chrdev(ctrl_drv_MAJOR, DEVICE_NAME);
67        printk("kernel: " DEVICE_NAME " removed.\n");
68    }
69
70    // --- 内核模块入口,相当于 main()函数,完成模块初始化 ------
71    module_init(ctrl_init);
72    //--- 卸载时调用的函数入口,完成模块卸载 ------
73    module_exit(ctrl_exit);
74    // ------ 驱动程序版本信息 ----------
75    MODULE_LICENSE("GPL");
```

将设备驱动程序保存为 ctrl_drv.c。

2. 编写编译所需的 Makefile 文件和用户应用程序

1) 编写 Makefile 文件

为了方便调试、简化操作,本例仅介绍在宿主机上测试加载驱动程序的 Makefile 示例。如若要在开发板上测试驱动程序,请参见第 8 章和第 9 章编写 Kconfig 和 Makefile 文件的例题。

【例 11-2】 编写能在宿主机上加载设备驱动程序的 Makefile 编译文件。

```
/*******************************************
 *   编译驱动程序的 Makefile 文件代码    *
 ******************************************* /
1  obj-m := ctrl_drv.o
2  PWD := $ (shell pwd)
3  all:
4      make -C /lib/modules/$ (shell uname -r)/build M=$ (PWD) modules
5  clean:
6      rm -rf *.o *~ core.*.cmd *.mod.c ./tmp_version
```

将 Makefile 文件保存在驱动设备程序 ctrl_drv.c 同一文件目录下。执行 make 命令,生成设备驱动程序 ctrl_drv.ko,如图 11.4 所示。

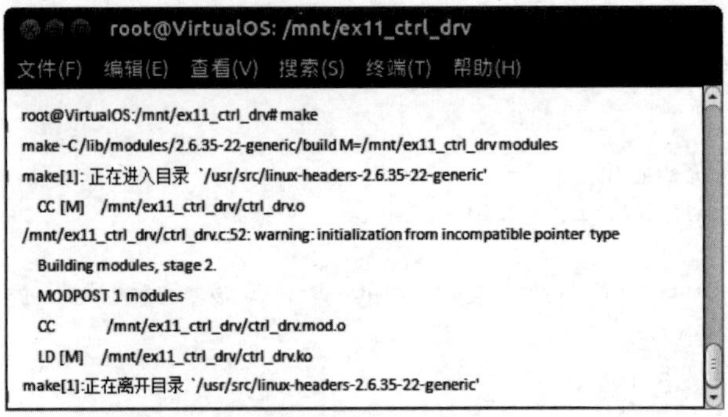

图 11.4   运行 make 命令,生成 ctrl_drv.ko

用 insmod 命令加载设备驱动程序,其命令如下。

```
# insmod  ctrl_drv.ko
```

则在屏幕上显示:

```
kernel: *********************************
kernel:   ctrl_drv_module
kernel: *********************************
kernel:
kernel: OOKK! initialized.
```

如果屏幕上没有显示,则可以通过运行 dmesg 命令查看,如图 11.5 所示。

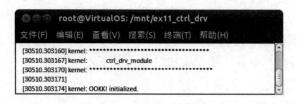

图 11.5 运行 dmesg 命令,查看在内核中输出的加载驱动程序信息

命令 dmesg 用来显示内核缓冲区的信息内容,内核中运行的各种消息都存放在这里。

2) 编写模拟指令的用户测试程序

首先编写一个简单的用户应用程序,测试驱动程序的运行状态。在本程序中,通过数组赋值模拟一个字符指令,将其传递给驱动程序。

【例 11-3】 编写模拟指令的用户测试程序。

```
/ *******************************
 *   接收服务器指令的应用程序 client.c   *
 ******************************* /
1    # include < stdio. h >
2    # include < stdlib. h >
3    # include < string. h >
4    # include < fcntl. h >        //调用设备驱动程序函数所必需的头文件

5    int main( int argc, char * argv[ ])
6    {
7        int fd;
8        int cmd;                //存放控制设备驱动程序操作的指令(数值型)
9        char buf[4];            //存放接收服务器转发来的指令(字符型)
10       strcpy(buf, "1111");   //给数组赋字符串
11       cmd = atoi(buf);       //将字符转换成整型数值
12       printf("cmd = % d \n", cmd);
13       fd = open("/dev/ctrl_drv", O_RDWR);
14       if(fd < 0){   printf("can't open! \n");}
15       write(fd, NULL, cmd);
16       return 0;
17   }
```

使用 GCC 命令编译程序。

```
# gcc client.c - o client
```

创建设备进入点之后，就可以运行测试程序。其运行结果如下。

```
# mknod   /dev/ctrl_drv   c   112   0
# ./client
cmd = 1111
[313490.042221] kernel: hello open.
[313490.042236] kernel: hello write. command = 1111
```
} 内核中驱动程序显示的内容

3）编写能接收服务器指令的用户应用程序

用户应用程序要实现以下两个功能。

- 向服务器端发起连接请求，接收服务器转发来的控制指令。
- 将指令传递给驱动程序，使其执行指令。

【例 11-4】 编写接收服务器指令的用户应用程序。

```
/ *******************************
 *   接收服务器指令的应用程序 client.c   *
 ******************************* /
1    # include < stdio. h >
2    # include < stdlib. h >
3    # include < errno. h >
4    # include < string. h >
5    # include < netdb. h >
6    # include < sys/types. h >
7    # include < netinet/in. h >
8    # include < sys/socket. h >          //套接字连接
9    # include < fcntl. h >               //调用设备驱动程序函数所必需的头文件
10
11   int main( int argc, char * argv[ ])
12   {
13     int sockfd, numbytes, fd;
14     int cmd;                           //存放控制设备驱动程序操作的指令(数值型)
15     char buf[4];                       //存放接收服务器转发来的指令(字符型)
16     char num[64];                      //存放长连接时发送心跳包的数据
17     struct hostent    * he;
18     struct sockaddr_in   their_addr;   } 声明与服务器建立连接的结构体
19
20     //从输入的命令行第 2 个参数获取服务器的 IP 地址
21     he = gethostbyname( argv[1] );
22
23     //客户端程序建立 TCP 协议的 socked 套接字描述符
24     if(( sockfd = socket( AF_INET, SOCK_STREAM, 0)) == - 1)
25       {
26         perror( "socket" );
27         exit(1);
28       }
29
30     //客户端程序初始化 sockaddr 结构体，连接到服务器的 4321 端口
```

```
31    their_addr.sin_family = AF_INET;
32    their_addr.sin_port = htons(4321);
33    their_addr.sin_addr = * ((struct in_addr * )he - > h_addr);
34    bzero(&(their_addr.sin_zero), 8);
35
36    //向服务器发起连接
37    if(connect(sockfd, (struct sockaddr * )&their_addr,
38              sizeof(struct sockaddr) ) ==  - 1)          发起连接
39      {
40        perror("connect");
41        exit(1);
42      }
43
44    while(1)
45    {
46        send(sockfd, num, 1, 0);   //发送心跳包
47        sleep(1 * 1); //线程休眠 1 秒
48        //接收从服务器发来的控制指令
49        if((numbytes = recv(sockfd, buf, 4, 0)) ==  - 1)   与服务     长连接
50        {                                                  器通信
51          perror("recv");
52          exit(1);
53        }
54        cmd = atoi(buf);
55        printf("cmd = % d \n", atoi(buf));
56        fd = open("/dev/ctrl_drv", O_RDWR);               向驱动程序发送指令
57        if(fd < 0){   printf("can't open! \n");}
58        write(fd, NULL, cmd);
59        ioctl(fd, 0x1, cmd);
60    }
61
62    /* 通信结束 */
63    close(sockfd);
64    return 0;
65  }
```

程序说明如下。

（1）第 44 行～第 59 行为无限循环，使得连接一直持续，构成一个长连接。

（2）程序第 46 行和第 47 行为开发板端的用户程序每隔 1 秒钟向服务器发送一次信息，以保持与服务器端的通信连接，俗称"心跳包"。

（3）程序第 48 行为接收服务器端传来的指令，将指令存放到数组 buf 中。

（4）程序第 54 行的 atoi()为头文件 stdlib. h 中定义的标准库函数，其作用是将字符串转换成整型数值，完成系统调用功能的 write()函数只能接受整型参数。

在虚拟机的 Linux 系统下，保存程序为 client. c，并用 gcc 命令编译程序。编译运行接收服务器指令的用户应用程序指令为：

```
#gcc  client.c  - o  client
```

视频讲解

11.3 服务器端网关程序设计

11.3.1 服务器端网关程序功能及结构

网关程序,指的是连接两个不同网络并转发网络消息的中间程序。

1. 服务器端网关程序功能

服务器端主要实现以下功能。

(1) 在与手机通信的网络中,以 HTTP 的方式等待手机端的连接信号。

(2) 接收手机端传来的控制指令,并向手机端发送返回信息。

(3) 在与设备通信的网络中,以 TCP 的方式等待设备端的连接信号。

(4) 向设备端转发来自手机端的控制指令,并接收设备端传回的信息。

2. 服务器端网关程序结构

服务器端程序由两个程序组成,一个程序负责与手机端通信,另一程序负责与开发板设备通信,其结构如图 11.6 所示。

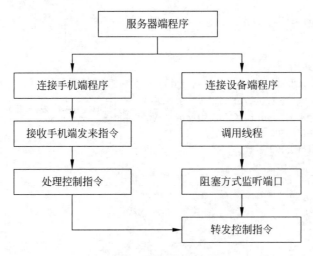

图 11.6 服务器端程序结构

11.3.2 网关程序的预备知识

为了讲解网关程序的设计方法,把网关程序按功能分解成几个简单模块,逐一讨论其设计方法。由于涉及要运行的程序较多,要求按以下顺序执行程序。

1. 安装和运行 wampServer

wampServer 是一个集成了 apache 服务、php 解释器和 mysql 数据库的三合一服务器软件系统环境,该集成环境在 Windows 系统下运行。

首先在服务器端安装和运行 wampServer,提供接收手机移动端发送指令的 Web 服务。wampServer 安装目录下的 www 目录是 apache 服务器默认的 Web 根目录,要把编写好的 PHP 程序保存到 www 目录之下。

2. 服务器端一个 PHP 程序写入数据，另一个 PHP 程序读取数据模块

由于网关程序需要一方面与手机端通信，另一方面与开发板设备通信，并把手机传来的信息转发给开发板设备，这是一个消息的生产者与消费者模式问题。

因此，将此功能简化为一个程序把数据写入文本文件，另一个程序从该文本文件中读取数据。由于通过云端传输的数据为 JSON 格式数据，所以在下面例题中需要构造和解析 JSON 格式数据。

【例 11-5】 设计一个 PHP 程序向文本文件 temp.txt 写入 JSON 格式数据，另一个 PHP 程序从该文本文件中读取数据。

(1) 设有服务器端程序 c:\wamp64\www\homeServer\ex11_5_1.php，该程序向文本文件 temp.txt 写入 JSON 格式数据。其代码如下。

```php
1   <?php
2     $ cmd = "open";
3     $ myfile = fopen("c:\\wamp64\\www\\homeServer\\temp.txt", "w")
4                        or die("Unable to open file!");
5     $ str =   '{"cmd":"'. $ cmd.'"}';
6     fwrite( $ myfile, $ str);
7     fclose( $ myfile);
8     echo $ cmd."";
9   ?>
```

(2) 设有服务器端程序 c:\wamp64\www\homeServer\ex11_5_2.php，该程序从文本文件 temp.txt 中读取 JSON 格式数据。其代码如下。

```php
1   <?php
2     $ myfile = fopen("c:\\wamp64\\www\\homeServer\\temp.txt", "r")
3                        or die("Unable to open file!");
4     $ json = fgets( $ myfile);   //读取文件数据

5     $ jsondata = json_decode( $ json, true);
6     $ cmd = $ jsondata["cmd"];
7     echo $ cmd;

8     fclose( $ myfile);
9   ?>
```

> 解析 JSON 格式数据，取出指令

3. 服务器端一个程序随机写入数据，且另一程序按轮询方式读取数据

在例 11-5 中，每次只能写入或读取一个数据。为了模拟用户随机进行"打开"或"关闭"的控制操作，需要按轮询方式来读取数据。

【例 11-6】 设计一个 PHP 程序模拟用户随机向文本文件 temp.txt 写入数据，另一个 PHP 程序按轮询方式从该文本文件中读取数据。

(1) 设有服务器端程序 c:\wamp64\www\homeServer\ex11_6_1.php，该程序每隔一定时间向 temp.txt 写入数据。

```php
1   <?php
2     set_time_limit(0);          //让程序一直执行下去
3     $ interval = 1;             //设置间隔一定时间写入一次数据
```

```
4      $ cmd = "open";
5      do{
6          $ myfile = fopen("c:\\wamp64\\www\\homeServer\\temp.txt", "w")
7                                    or die("Unable to open file!");
8          $ str =   '{"cmd":"'. $ cmd.'"}';
9          fwrite( $ myfile, $ str);
10         fclose( $ myfile);
11         if( $ cmd == "open"){
12             $ cmd = "close";
13         }else{                          模拟用户输入不同操作指令
14             $ cmd = "open";
15         }
16         echo $ cmd."\n";
17         sleep( $ interval);    //等待时间(单位为秒)，进行下一次写入数据操作
18     }while(true);
19  ?>
```

在命令行窗口运行 ex11_6_1.php，其命令为 php   c:\wamp64\www\homeServer\ex11_6_1.php，如图 11.7 所示。

图 11.7　每隔一定时间向文本文件写入数据

(2) 设有服务器端程序 c:\wamp64\www\homeServer\ex11_6_2.php，该程序每隔一定时间从 temp.txt 中读取数据，并判断指令是否有变化。若指令无变化，则不执行任何操作。其代码如下。

```
<?php
    set_time_limit(0);              //让程序一直执行下去
    $ interval = 1;                 //设置每隔一定时间读取一次数据
    $ x = "";
    do{
        $ myfile = fopen("c:\\wamp64\\www\\homeServer\\temp.txt", "r")
            or die("Unable to open file!");
        $ json = fgets( $ myfile);  //读取文件数据

        $ jsondata = json_decode( $ json, true);      解析 JSON 格式数据，取出指令
        $ cmd =  $ jsondata["cmd"];

        if( $ cmd == $ x){
            continue;
        }                             若指令没有改变，则跳出本次循环，否则显示指令
        $ x = $ cmd;
        echo $ cmd."\n";
```

```
    fclose( $ myfile);
    sleep( $ interval);           //等待时间(单位为秒),进行下一次读取数据操作.
}while(true);
?>
```

在运行 ex11_6_1.php 程序的同时,打开另一个命令行窗口,运行 ex11_6_2.php,其命令为:

```
php  c:\wamp64\www\homeServer\ex11_6_2.php
```

可以看到,每当 ex11_6_1.php 写入一个数据,ex11_6_2.php 就读出该数据,所读数据稍有滞后,如图 11.8 所示。

图 11.8　在另一窗口显示读出的数据

11.3.3　传送控制指令的网关程序

1. 接收来自手机移动端的数据

【例 11-7】　编写 Web 服务程序,接收手机移动端发来的 Json 格式数据,并将数据写入文本文件 temp.txt 中。

编写 PHP 程序代码,并将其代码保存在 Web 服务器 www\homeServer 目录之下,文件名为 postCommand.php,并事先在该目录下创建一个空的文本文件 temp.txt。

```
1    <?php
2      header('Content - Type: text/html; charset = utf - 8');
3      $ json = file_get_contents("php://input");
4      $ jsondata = json_decode( $ json, true);
5      $ cmd = $ jsondata["cmd"];      //取出提交的数据值
6
7      // $ cmd = $ _POST['cmd'];
8
9      $ myfile = fopen("temp.txt", "w") or die("Unable to open file!");
10     $ str =   '{"cmd":"'. $ cmd.'"}';
11     fwrite( $ myfile, $ str);
12     fclose( $ myfile);
13
14     echo '{"cmd":"'. $ cmd.'"}';   //构造出 JSON 格式,返回给客户端
15   ?>
```

非表单提交数据时,不能使用 $ _POST[ ]语句接收数据

当用表单提交数据时,用 $ _POST[ ]语句接收数据

写入文本文件

该程序需要与手机移动端程序配合调试,也可以用一个如下列代码所示的表单程序测试其接收数据情况。

【例 11-7-test】 编写一个测试提交数据到 Web 服务器的表单程序。

```
1   <!DOCTYPE html >
2   < html >
3     < head >
4       < meta charset = "utf - 8">
5     </head >
6     < body >
7       < form method = "post"
8             action = "http://58.199.89.161/homeServer/postCommand.php">
9           指令:< input type = "text" name = "cmd" />   < br/>
10          < input type = "submit" value = "提交"/>
11      </form >
12    </body >
13  </html >
```

将程序保存为 ex11-7-test. html。

在测试程序前,先要将例 11-7 的 postCommand. php 程序中的第 2 行～第 5 行注释,再把第 6 行的注释符去掉。运行 wampserver,使 Web 服务器处于运行状态,再运行 ex11-7-test. html 程序。当提交数据之后,可以在 Web 服务器 www\homeServer 目录之下的 temp. txt 文件中,看到保存了提交的数据。

2. 执行 TCP 协议的服务器端程序

在服务器端执行 TCP 协议,负责与开发板设备通信。该程序把 Web 服务端接收到的数据,转发给开发板上运行的用户应用程序。

【例 11-8】 编写转发给开发板设备端用户应用程序的 TCP 协议服务器程序。

服务器端程序使用 PHP 语言编写,其代码如下。

```
/ *************************************************************************
*    转发给设备端用户应用程序的 TCP 服务器端网关程序 Server.php              *
************************************************************************* /
1   <?php
2   //创建服务端的 socket 套接流,net 协议为 IPv4,protocol 协议为 TCP
3   $ socket = socket_create(AF_INET,SOCK_STREAM,SOL_TCP);
4
5   / * 绑定接收的套接流主机和端口,与客户端相对应 * /
6   if(socket_bind( $ socket,'58.199.89.161',4321) == false){
7       echo 'server bind fail:'. socket_strerror(socket_last_error());
8       / * 这里的 58.199.89.161 是在本地主机测试,可以改写为读者的 IP 地址 * /
9   }
10  //监听套接流
11  if(socket_listen( $ socket,4) == false){
12      echo 'server listen fail:'. socket_strerror(socket_last_error());
13  }
14  //让服务器无限循环等待客户端传过来的信息
15  do{
16      echo 'server is runing ...... '.'< br/>';
17      / * 等待接收客户端发来的连接信息 * /
18      $ accept_resource = socket_accept( $ socket);
```

```
19
20      if( $ accept_resource !== false){
21      // (1) ******* 接收开发板设备端发过来的信息 **********
22      /* 读取客户端发来的资源,并转化为字符串 */
23       $ string = socket_read( $ accept_resource,1024);
24      /* socket_read 的作用为读出 socket_accept()的资源并转换为字符串 */
25      echo 'server receive is :'. $ string. PHP_EOL.'< br/>';
26      /* PHP_EOL 为 php 的换行预定义常量 */
27      //(2) ******* 向开发板设备端发送返回的信息 **********
28      if( $ string != false){
29        $ return_client = 'server receive is : '. $ string. PHP_EOL;
30        /* 向 socket_accept 的套接流写入信息,也就是反馈信息给开发板设备端 */
31        //(3) **** 开始读取文本文件中指令的循环  *************** */
32        set_time_limit(0);              //让程序一直执行下去
33        $ interval = 1;                 //每隔 50ms 运行
34        $ x = "";
35        do{
36          $ myfile = fopen("c:\\wamp64\\www\\homeServer\\temp.txt", "r")
37                                      or die("Unable to open file!");
38          $ json = fgets( $ myfile);        // $ json 得到的数据为 JOSN 格式
39          $ jsondata = json_decode( $ json, true);
40          $ cmd = $ jsondata["cmd"];      //取出 JOSN 格式中的数据值     ⎤ 读取指令
41          if( $ cmd == $ x)                                              ⎥
42              { continue;  }             //若指令没有改变,则不执行操作    ⎥
43          $ x = $ cmd;                                                   ⎥
44          echo $ cmd."\n";               //返回到手机端屏幕显示          ⎦
45          fclose( $ myfile);             //关闭文本文件
46
47          $ str = $ cmd;
                                           ┌─ 向开发板应用
48          socket_write( $ accept_resource, $ str,strlen( $ str)); ←─ 程序发送指令
49          /* socket_write 的作用是向套接流写入信息 */
50          sleep( $ interval);            //延时一小段时间,进行下一次操作.
51          }while(true);
52        }  // if( $ string != false)_end
53        else{   echo 'socket_read is fail'.'< br/>';    }
54      } //if( $ accept_resource !== false)_end
55
56      /* socket_close 的作用是关闭 socket_accept()所建立的套接流 */
57      socket_close( $ accept_resource);
58    }while(true);                       //服务器等待连接循环结束
59    socket_close( $ socket);
```

在服务器的命令窗口中执行下列命令,运行该 PHP 程序。

```
> php   c:\wamp64\www\homeServer\server.php
```

运行结果如图 11.9 所示。

图 11.9 服务器上运行 PHP 程序

11.4 手机端程序设计

11.4.1 手机端功能及程序结构

1. 手机端功能

手机端主要实现以下功能。

(1) 应用 volley 框架,以 Http 协议的方式连接 Web 服务器。

(2) 向服务器端发送控制指令,并接收服务器返回的信息。

2. 手机端程序结构

手机端程序结构如图 11.10 所示。

11.4.2 手机端程序设计

【例 11-9】 设计一个连接远程服务器,并发送操作指令的手机程序。

1) 下载和安装 Volley

在开发 Android 应用项目的时候经常需要用到来自网络的数据,通常应用程序都会使用 HTTP 协议来发送和接收网络数据。Android 可以使用网络通信框架——Volley 进行数据量不大但通信频繁的网络操作。

可以到国内网站 http://download.csdn.net/detail/sinyu890807/7152015 下载 volley.jar。

新建一个 Android 项目,将 volley.jar 文件复制到 libs 目录下,如图 11.11 所示。

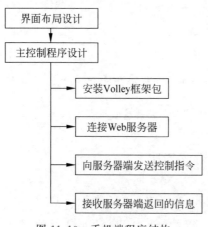

图 11.10 手机端程序结构

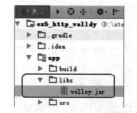

图 11.11 复制 volley 包

右击新粘贴的 volley.jar 项,在弹出菜单中单击 Add As Library 项完成 jar 包的安装,如图 11.12 所示。

　　2) 界面布局设计

　　在界面布局文件中,设置两个按钮,一个按钮用于发送“打开”命令,另一个按钮用于发送“关闭”命令。再设置两个文本标签,一个标签用于显示标题,另一个标签用于显示运行状态如图 11.13 所示。

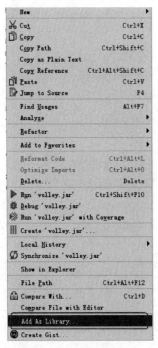

图 11.12　安装 volley.jar 包　　　　　　　　图 11.13　界面布局设计

　　3) 主控制程序 MainActivity.java 设计

```
1    package com.example.ex_volley_open_close;
2    import android.support.v7.app.AppCompatActivity;
3    import android.os.Bundle;
4    import android.view.View;
5    import android.widget.Button;
6    import android.widget.TextView;
7    import com.android.volley.Request;
8    import com.android.volley.RequestQueue;
9    import com.android.volley.Response;
10   import com.android.volley.VolleyError;
11   import com.android.volley.toolbox.JsonObjectRequest;
12   import com.android.volley.toolbox.Volley;
13   import org.json.JSONException;
14   import org.json.JSONObject;
15   import java.util.HashMap;
16   import java.util.Map;
17
```

```
18    public class MainActivity extends AppCompatActivity {
19        Button   openBtn, closeBtn;
20        TextView txt;
21        String commandStr;
22        @Override
23        protected void onCreate(Bundle savedInstanceState) {
24            super.onCreate(savedInstanceState);
25            setContentView(R.layout.activity_main);
26            openBtn = (Button)findViewById(R.id.button);
27            closeBtn = (Button)findViewById(R.id.button2);
28            txt = (TextView)findViewById(R.id.tView);
29            openBtn.setOnClickListener(new openClick());
30            closeBtn.setOnClickListener(new closeClick());
31        }
32
33        class openClick implements View.OnClickListener{
34            //连接服务器,并发送"打开"命令
35            @Override
36            public void onClick(View v) {
37                commandStr = "1111";        //发出"打开"指令
38                postServerData(commandStr);
39            }
40        }
41
42        class closeClick implements View.OnClickListener{
43            //连接服务器,并发送"关闭设备"命令
44            @Override
45            public void onClick(View v) {
46                commandStr = "1000";        //发出"关闭设备"指令
47                postServerData(commandStr);
48            }
49        }
50
51    void postServerData(String str){
52        Map<String,String> params = new HashMap<String, String>();   //创建 Map 对象
53        params.put("cmd", str);
54        String jsonURL = "http://58.199.89.161/homeServer/postCommand.php";
55        try {
56            RequestQueue mQueue = Volley.newRequestQueue(MainActivity.this);
57            JsonObjectRequest postRequest = new JsonObjectRequest(
58                Request.Method.POST,          //第 1 个参数
59                jsonURL,                      //第 2 个参数,请求的网址
60                new JSONObject(params),       //第 3 个参数 向服务器 POST 数据
61                new Response.Listener<JSONObject>() {
62                                              //第 4 个参数,响应正确时的处理
63                @Override
64                public void onResponse(JSONObject response) {
65                    try{
66                        String cmd = new String(response.getString("cmd"));
67                        txt.setText("连接服务器成功,并发送指令:" + cmd);
68                    }catch (JSONException e){ txt.setText("返回数据错误");}
```

```
69              }  // onResponse()_end
70          },    // Response.Listener<>_end
71          new Response.ErrorListener() {//第5个参数,错误时反馈信息
72              @Override
73              public void onErrorResponse(VolleyError error) {
74                      txt.setText("连接远程服务器错误");
75              }
76          } // Response.ErrorListener()_end
77      ){   };   //JsonObjectRequest()__end
78      mQueue.add(postRequest);
79      }catch (Exception e){   }
80  } //postServerData()__end
81  }
```

4）修改配置文件,添加访问网络权限

```
<uses-permission android:name="android.permission.INTERNET" />
```

运行程序时,首先启动 Web 服务器,然后再运行手机端应用程序。单击"打开"按钮,手机向服务器发送 1111 指令;单击"关闭"按钮,手机发送 1000 指令。程序运行结果如图 11.14 所示。

这时,在宿主机上通过超级终端 minicom,可以看到开发板驱动程序的执行结果情况。

图 11.14 向远程服务器
发送指令

```
# mknod  /dev/ctrl_drv  c  112  0
# ./client 58.199.89.161
cmd = 1111
kernel: hello open.
kernel: hello write. command = 1111
kernel: hello ctrl_ioctl. cod = 1, command = 1111
kernel: operation  is  Open.

cmd = 1000
kernel: hello open.
kernel: hello write. command = 1000
kernel: hello ctrl_ioctl. cod = 1, command = 1000
kernel: operation  is  Close.
```

本 章 小 结

本章通过一个经过简化的实际应用项目,详细介绍了移动设备通过云端的 Web 服务器控制远程设备的设计过程。在手机 Android 端程序中,应用 Volley 框架连接云端的 Web 服务器,并发送控制指令;Web 服务器把接收到的控制指令转发给 TCP 协议服务器程序;TCP 协议服务器程序与远程设备上运行的用户应用程序进行通信,通过用户应用程序调用设备驱动程序,并控制设备的相关操作。

习　　题

　　设计一个通过网关服务器远程控制电机运行的系统,通过手机发送电机正转、电机反转、电机停止运行等指令,远程电机执行相应的操作。其电机的控制电路原理图如图 11.15 所示。

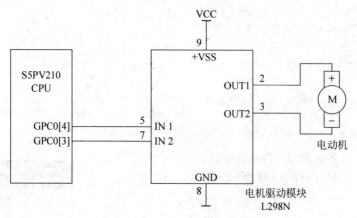

图 11.15　电机控制电路原理图

图书资源支持

感谢您一直以来对清华版图书的支持和爱护。为了配合本书的使用，本书提供配套的资源，有需求的读者请扫描下方的"书圈"微信公众号二维码，在图书专区下载，也可以拨打电话或发送电子邮件咨询。

如果您在使用本书的过程中遇到了什么问题，或者有相关图书出版计划，也请您发邮件告诉我们，以便我们更好地为您服务。

我们的联系方式：

地 址：北京市海淀区双清路学研大厦 A 座 714

邮 编：100084

电 话：010-83470236 010-83470237

客服邮箱：2301891038@qq.com

QQ：2301891038（请写明您的单位和姓名）

资源下载：关注公众号"书圈"下载配套资源。

资源下载、样书申请

书 圈

获取最新书目

观看课程直播